EUL VERLAG

Family Business

Herausgegeben von Prof. Dr. Sabine B. Rau, Vallendar, Prof. Dr. Peter Jaskiewicz, Edmonton (Kanada), Prof. Dr. Peter May, Vallendar, und Prof. Dr. Arist von Schlippe, Witten/Herdecke

Band 4
Markus Hehn
Auswirkungen der Beteiligung von Private Equity Gesellschaften auf die Governance von Familienunternehmen in Deutschland
Lohmar – Köln 2011 • 268 S. • € 57,- (D) • ISBN 978-3-8441-0020-4

Band 5
Fabian Bernhard
Psychological Ownership in Family Businesses – Three Essays on Antecedents and Consequences
Lohmar – Köln 2011 • 188 S. • € 48,- (D) • ISBN 978-3-8441-0049-5

Band 6
David Hanisch
Management Consulting in Family Businesses – An Organizational Boundary Perspective
Lohmar – Köln 2012 • 196 S. • € 49,- (D) • ISBN 978-3-8441-0206-2

Band 7
Katharina Heinrichs
Succession in Family Businesses – An In-Depth Qualitative Study of Succession in German Family-Owned Wineries
Lohmar – Köln 2014 • 180 S. • € 48,- (D) • ISBN 978-3-8441-0319-9

Band 8
Veronika Stefanie Rettenmeier
Stakeholder Support in Family Businesses – The Influence of Successor Legitimacy on Stakeholder Decisions
Lohmar – Köln 2014 • 224 S. • € 55,- (D) • ISBN 978-3-8441-0371-7

Band 9
Gerhard J. Fraune
Nachfolge durch Fremdmanager – Eine fallstudienbasierte Analyse von Führungsform und Anreizgestaltung in großen deutschen Familienunternehmen
Lohmar – Köln 2015 • 264 S. • € 57,- (D) • ISBN 978-3-8441-0397-7

Otto Beisheim School of Management

Gerhard J. Fraune

Nachfolge durch Fremdmanager

– eine fallstudienbasierte Analyse von Führungsform und Anreizgestaltung in großen deutschen Familienunternehmen –

Dissertation
zur Erlangung des Grades eines Doktors der Wirtschaftswissenschaften
(Dr. rer. pol.)

an der WHU – Otto Beisheim School of Management

Datum der Einreichung: 5. Juni 2013

Erstbetreuer: Prof. Dr. Peter Witt
Zweitbetreuer: Prof. Dr. Thomas Fischer

Reihe: Family Business · Band 9

Herausgegeben von Prof. Dr. Sabine B. Rau, Vallendar, Prof. Dr. Peter Jaskiewicz, Edmonton (Kanada), Prof. Dr. Peter May, Vallendar, und Prof. Dr. Arist von Schlippe, Witten/Herdecke

Dr. Gerhard J. Fraune

Nachfolge durch Fremdmanager

Eine fallstudienbasierte Analyse von Führungsform und Anreizgestaltung in großen deutschen Familienunternehmen

Mit einem Geleitwort von Prof. Dr. Peter Witt,
Bergische Universität Wuppertal

EUL VERLAG

Bibliografische Information der Deutschen Nationalbibliothek

Die Deutsche Nationalbibliothek verzeichnet diese Publikation in der Deutschen Nationalbibliografie; detaillierte bibliografische Daten sind im Internet über <http://dnb.d-nb.de> abrufbar.

Dissertation, WHU – Otto Beisheim School of Management, Vallendar, 2013

ISBN 978-3-8441-0397-7
1. Auflage April 2015

JOSEF EUL VERLAG GmbH
Brandsberg 6
53797 Lohmar
Tel.: 0 22 05 / 90 10 6-6
Fax: 0 22 05 / 90 10 6-88
http://www.eul-verlag.de
info@eul-verlag.de

Bei der Herstellung unserer Bücher möchten wir die Umwelt schonen. Dieses Buch ist daher auf säurefreiem, 100% chlorfrei gebleichtem, alterungsbeständigem Papier nach DIN 6738 gedruckt.

Geleitwort

Die hier als Buch veröffentlichte Dissertation von Gerhard Fraune widmet sich einer bedeutenden Fragestellung in der Theorie der Familienunternehmen, den Führungsformen und den Leistungsanreizen für Fremdmanager in Familienunternehmen. Es geht dem Autor um die geeignete Ausgestaltung der Corporate Governance in Familienunternehmen mit Fremdmanagern, wobei insbesondere die Organisation des Geschäftsführungsgremiums und die leistungsabhängige Vergütung der Mitglieder dieses Gremiums im Vordergrund stehen. Weiterhin geht es aber auch um die Frage, ob im Fall einer Aufnahme von Fremdmanagern in die Geschäftsführung eines Familienunternehmens interne Kandidatinnen bzw. Kandidaten besser geeignet sind als extern am Arbeitsmarkt rekrutierte Manager.

Die praktische Relevanz dieser Forschungsfragen ist unbestreitbar hoch. So werden in Deutschland jedes Jahr mehr als 20.000 Familienunternehmen an Nachfolger übergeben. Je älter das betreffende Familienunternehmen ist, je länger es sich also in Familienhand befunden hat, desto geringer werden die Chancen, im Fall einer Nachfolge einen familieninternen Übergang in der Geschäftsführung zu bewerkstelligen. Ähnliche Befunde gelten für andere europäische Länder wie Frankreich oder Italien. Insofern steigt die Anzahl der Übergaben, bei denen familienfremde Manager die Geschäftsführung von Familienmitgliedern übernehmen. Entsprechend wichtig werden dann Fragen der geeigneten Gestaltung von Geschäftsführungs- und Kontrollgremien im Familienunternehmen sowie Fragen der geeigneten Gestaltung von Leistungsanreizen für die Fremdmanager.

Die theoretische Relevanz der von Gerhard Fraune untersuchten Forschungsfragen ist ebenfalls hoch, da es bisher keine geschlossene Theorie des Familienunternehmens gibt. Es herrscht auch bisher keine Einigkeit über geeignete Formen der Corporate Governance in Familienunternehmen. Besonders intensiv wurden jedoch in der deutschsprachigen Forschung zu Familienunternehmen Fragen der Nachfolge untersucht. Dabei stehen allerdings in den meisten Arbeiten Fragen des Übergangs des Anteilseigentums im Vordergrund, nicht so sehr Fragen des Übergangs der Geschäftsführung. Ähnliches gilt für die Führungsformen und speziell das Zusammenspiel von Geschäftsführungs- und Kontrollorganen in Familienunternehmen. Schließlich wurden auch Fragen der geeigneten Anreizsetzung für Fremdmanager in Familienunternehmen schon wiederholt betrachtet, Studien für deutsche Unternehmen liegen in diesem Bereich aber nur wenige vor. Die Relevanz der vorliegenden Arbeit sehe ich darin, dass Gerhard Fraune speziell den Zeitpunkt des Wechsels von einer Familienführung zu einer Fremdführung betrachtet. Er untersucht empirisch, welche Führungsformen und welche Anreize Familienunternehmen wählen, wenn sie ihre Corporate Governance anlässlich einer Nachfolge neu gestalten können. Zudem liegt der Fokus auf großen deutschen Familienunternehmen, für die bisher eher wenige empirische Studien vorliegen, die aber von großer Relevanz für die deutsche Wirtschaft sind.

Die in diesem Buch vorgestellten Ergebnisse sind meiner Ansicht nach nicht nur für die Fortentwicklung der Theorie der Familienunternehmen, sondern auch für die Praxis des strategischen Managements in Familienunternehmen relevant und wichtig. Ich wünsche dem vorliegenden Buch daher eine gute Aufnahme in Forschung und Praxis.

Wuppertal, im Februar 2014 — Prof. Dr. Peter Witt

Vorwort

Familienunternehmen sind eine bedeutende Organisationsform und prägend für unser Wirtschaftssystem. Dennoch stellen sie ein bis dato nur wenig erschlossenes Forschungsfeld dar, mit vielen noch gar nicht oder nur im Ansatz bearbeiteten Fragestellungen. Mit meiner Untersuchung habe ich mir zum Ziel gesetzt, Antworten auf einige dieser Fragen zu geben. Die Arbeit richtet sich an Familienunternehmer sowie am Forschungsfeld Familienunternehmen interessierte Personen. Über das Interesse weiterer damit nicht umfasster Leserinnen und Leser würde ich mich außerordentlich freuen.

Die Erstellung der Arbeit wäre nicht möglich gewesen ohne die Unterstützung einer Reihe von Personen. An erster Stelle danke ich Prof. Dr. Peter Witt, der mich als mein Betreuer zunächst bei der Konkretisierung meines Themas unterstützt hat und mir später stets als kompetenter, erfahrener und konstruktiver Diskussionspartner äußerst hilfreich zur Seite gestanden hat. Prof. Dr. Thomas Fischer danke ich für sein Interesse an meinen Fragestellungen und die Übernahme des Zweitgutachtens. Danken möchte ich auch meinen zehn Gesprächspartnern in den Fallstudieninterviews. Abseits der theoretischen Erforschung des Untersuchungsthemas war die Befragung dieser gestandenen Familienunternehmer eine ganz besondere Phase während der Erstellung meiner Arbeit. Daneben haben mir weitere Personen geholfen, als Sparringspartner für theoretische Fragestellungen, als Testpersonen für die empirische Untersuchung, als Motivatoren oder als Korrekturleser. Auch dafür danke ich herzlich! Für die Aufnahme meiner Arbeit in die Schriftenreihe Family Business möchte ich zu guter Letzt dem Eul Verlag und den Herausgebern der Schriftenreihe herzlich danken.

Die vorliegende Arbeit wurde als Dissertationsschrift an der Wissenschaftlichen Hochschule für Unternehmensführung – Otto Beisheim School of Management – (WHU) in Vallendar bei Koblenz eingereicht und angenommen.

Paderborn, im Februar 2014 Gerhard Fraune

Inhaltsverzeichnis

Abbildungsverzeichnis

Tabellenverzeichnis

Abkürzungsverzeichnis

AG	Aktiengesellschaft
AktG	Aktiengesetz
BDI	Bundesverband der Deutschen Industrie e.V.
CEO	Chief Executive Officer
CF	Cash Flow
CFO	Chief Financial Officer
Dr. rer. pol.	Doktor der Staats- und Wirtschaftswissenschaften (rerum politicarum)
DAX30	Deutscher Aktienindex 30
Diss.	Dissertation
EBT	Earnings before taxes
EBIT	Earnings before interest and taxes
et. al.	und andere (et alii/ae/a)
etc.	und weitere (et cetera)
ETH	Eidgenössisch Technische Hochschule, Zürich
Ex ante	Im Vorhinein
Ex post	Im Nachhinein
F-PEC	Family – Power Experience Culture
FAZ	Frankfurter Allgemeine Zeitung
FHdW	Fachhochschule der Wirtschaft
FiF	Friedrichshafener Institut für Familienunternehmen
FM	Fremdmanagement / Fremdmanager
FU	Familienunternehmen
GF	Geschäftsführung
GGF	Gemischte Geschäftsführung
GmbH	Gesellschaft mit beschränkter Haftung
Hrsg.	Herausgeber
IfM Bonn	Institut für Mittelstandsforschung, Bonn
IfM Mannheim	Institut für Mittelstandsforschung, Universität Mannheim

IIFE	International Institute for Family Enterprises, Witten Herdecke
INSEAD	Institut Européen d'Administration des Affairs, Fontainebleau
LEN-Modell	Linear-Exponentiell-Normalverteilt-Modell
KG	Kommanditgesellschaft
KGaA	Kommanditgesellschaft auf Aktien
KMU	Klein- und mittelständische Unternehmen
MBI	Management Buy-In
MBO	Management Buy-Out
Mio.	Million(en)
Mrd.	Milliarde(n)
n	Anzahl (Studienteilnehmer o.ä.)
NFU	Nicht-Familienunternehmen
PAT	Prinzipal-Agent-Theorie
PhG	Persönlich haftender Gesellschafter
PwC	PricewaterhouseCoopers
RoA	Return on Assets (Gesamtkapitalrendite)
ROCE	Return On Capital Employed (Kapitalrendite-Kennziffer)
S&P 500	Standard & Poors (US-Index aus 500 Unternehmen)
ST	Stewardship-Theorie
TQ	Tobin's Q
UK	United Kingdom (Vereinigtes Königreich)
US(A)	United States (of America)
Vgl.	Vergleiche
VWL	Volkswirtschaftslehre
WHU	Wissenschaftliche Hochschule für Unternehmensführung, Vallendar
Wifu	Wittener Institut für Familienunternehmen
ZEW	Zentrum für europäische Wirtschaftsforschung, Mannheim
ZfB	Zeitschrift für Betriebswirtschaft

1 Einleitung

Die vorliegende Forschungsarbeit befasst sich mit Fragen zu Führungsformen und Leistungsanreizen für Manager in großen deutschen Familienunternehmen. Das einleitende Kapitel wird dazu genutzt, die besondere Relevanz des Themas für Wissenschaft und Praxis durch eine schrittweise Annäherung an den Untersuchungskontext herauszuarbeiten. Die Kernbegriffe Familienunternehmen, Nachfolge, Fremdmanager, Führungsform und Anreize werden sukzessive eingeführt.

1.1 Stellenwert von Familienunternehmen

Familienunternehmen haben gemessen an Kriterien wie Anzahl der Arbeitsplätze, Höhe der Umsätze oder Anteil am Bruttosozialprodukt weltweit einen sehr hohen Stellenwert für die jeweiligen nationalen Volkswirtschaften. In den meisten Wirtschaftsordnungen bilden sie die dominierende Organisationsform für Unternehmen.[1] Dies gilt auch hinsichtlich ihres Anteils an der Gesamtanzahl der Unternehmen. Das Institut für Mittelstandsforschung in Bonn (IfM Bonn) ermittelt für Deutschland einen Anteil von rund 95%.[2] Für viele kontinentaleuropäische und asiatische Länder werden vergleichbar hohe Anteile festgestellt, für Großbritannien und die USA zumeist geringere Anteile.[3] Differierende Angaben sind häufig in der unterschiedlichen Festlegung von Größenschwellen, unterschiedlichen Grundgesamtheiten oder unterschiedlichen Definitionen dessen, was ein Familienunternehmen ist, begründet.[4] Für

---

[1] Vgl. Miller et al. (2003: 514), Hennerkes (2005: 9 und 19) oder Ibrahim et al. (2008: 95).

[2] Vgl. Freund (2004: 64), Kayser & Wallau (2002: 111), Institut für Mittelstandsforschung Bonn (2007: 20), Institut für Mittelstandsforschung Bonn (2010a: 1) sowie Carrigan & Buckley (2008: 657). Hennerkes (2005: 19) spricht von „weit mehr als 90%".

[3] Vgl. Albach (2002: 165), Wiedmann (2002: 9 ff. und 41 f.), Achmad et al. (2009: 41), Chua et al. (2003b: 331), Chittoor & Das (2007: 65), Lubatkin et al. (2005: 325), Chrisman et al. (2004: 344), Schulze et al. (2003a: 179), Schulze et al. (2002: 247), Schulze et al. (2003b: 474) oder Handler (1989: 262). Die jeweiligen Angaben können stark schwanken (z.B. für die USA 20%-60%, vgl. Miller & Le Breton-Miller (2005: 3) und Olson et al. (2003: 641), 80% vgl. Lussier & Sonfield (2009: 103) oder 90-99%, vgl. Shanker & Astrachan (1996: 107) und Ibrahim et al. (2008: 95)).

[4] Vgl. Ibrahim et al. (2008: 96). Klein (2000: 158 und 160) zeigt aus der Verwendung unterschiedlicher Definitionen resultierende Anteilsspannen, z.B. Großbritannien 15-78,5%. Für die USA vgl. Cater & Justis (2010: 564) und Shanker & Astrachan (1996: 107 ff.). Eine einheitliche Definition wird z.B. dadurch erschwert, dass die Gruppe der Familienunternehmen in sich nicht homogen ist, vgl. Klein (2009: 67) und Carsud (2006: 859).

die Zukunft wird erwartet, dass Einfluss und Anzahl der Familienunternehmen in nahezu allen Volkswirtschaften weiter steigen wird.[5]

Bis heute existiert keine allgemein akzeptierte Definition des Begriffs Familienunternehmen.[6] Von den bisher vorgelegten Ansätzen hat sich noch keiner durchsetzen können.[7] Die Folge davon ist, dass Studien häufig nur eingeschränkt miteinander vergleichbar sind und dass Angaben über die Gesamtanzahl von Familienunternehmen oder ihren Anteil an verschiedenen gesamtwirtschaftlichen Größen letztlich nicht voll belastbar sind.[8] In dieser Arbeit wird zur Vereinfachung zunächst eine dichotome Abgrenzung in Familienunternehmen und Nicht-Familienunternehmen verwendet. Bei letzteren handelt es sich vorwiegend um sogenannte Publikumsgesellschaften, bei denen die Entscheidungsrechte auf einen breiten Kreis anonymer Gesellschafter (meist Aktionäre) verteilt sind.[9]

Es lässt sich feststellen, dass viele Familienunternehmen in Deutschland vergleichsweise klein sind. Mit zunehmender Unternehmensgröße (z.B. gemessen am Umsatz)[10] nimmt der Anteil der Familienunternehmen an der jeweiligen Gesamtanzahl der Unternehmen tendenziell ab. Rechnet man nur Unternehmen mit mehr als 1 Mio. Euro Umsatz ein, so liegt der Anteil der Familienunternehmen noch bei ca. 66%[11] und damit weiterhin in einem Bereich, in dem es angemessen erscheint, ihre Bedeu-

---

[5] Vgl. Venter et al. (2005: 283 f.) oder Klein (2004: VII).

[6] Vgl. Brockhaus (2004: 171 ff.), Klein (2000: 157), Rutherford et al. (2008: 1105), Munoz-Bullón & Sánchez-Bueno (2012: 472), Chua et al. (1999) oder Chrisman et al. (2004: 344). Aufgrund der großen Spanne der Erscheinungsformen von Familienunternehmen ist eine einheitliche Definition auch zukünftig nicht zu erwarten, vgl. Hack (2009: 5). Dieses Dilemma ist kein auf Deutschland beschränktes Phänomen, vgl. Schulze et al. (2001: 106).

[7] Insgesamt gibt es mehr als 90 unterschiedliche Definitionen, allen gemein ist eine mangelnde Operationalisierbarkeit, vgl. Collins & O'Regan (2011: 6). Chrisman et al. (2005: 556 ff.) kategorisieren die vorliegenden Definitionen in „components of involvement"- (formelle Einflussnahme der Eigentümerfamilie, z.B. Anteile und Geschäftsführerfunktionen) und „essence"-Ansätze (tatsächliche Einflussnahme der Eigentümerfamilie). Eine von der Stiftung Familienunternehmen herausgegebene Studie versucht mit der Unterscheidung in familienkontrollierte, eigentümergeführte und nominelle Familienunternehmen einen ähnlichen Ansatz, vgl. Zentrum für europäische Wirtschaftsforschung GmbH (2009: 2). Kapitel 1.2 geht näher auf die Abgrenzung von Familienunternehmen zu Nicht-Familienunternehmen ein.

[8] Vgl. Klein (2000: 157 und 160). Denn auch in amtlichen Statistiken werden Familienunternehmen aufgrund der fehlenden Definition meist nicht als eigene Kategorie erfasst.

[9] Die im Rahmen der empirischen Erhebung dieser Arbeit angewendeten Kriterien für eine Klassifizierung als Familienunternehmen werden in Kapitel 4.3.1 vorgestellt.

[10] Vgl. Klein (2004: 42). Eine Messung anhand von Mitarbeiterzahlen führt zu gleicher Aussage, vgl. Klein (2000: 162).

[11] Vgl. Klein (2000: 159) oder Klein (2003b: 23).

tung für die nationale Wirtschaftsordnung als herausgehoben zu bezeichnen.[12] Im Bereich der in dieser Arbeit im Vordergrund stehenden Unternehmen mit mehr als 0,5 Mrd. Euro Jahresumsatz überwiegen Nicht-Familienunternehmen (NFU). Doch mit 30% stellen auch hier Familienunternehmen (FU) einen signifikanten Anteil (vgl. folgende Abbildung).[13]

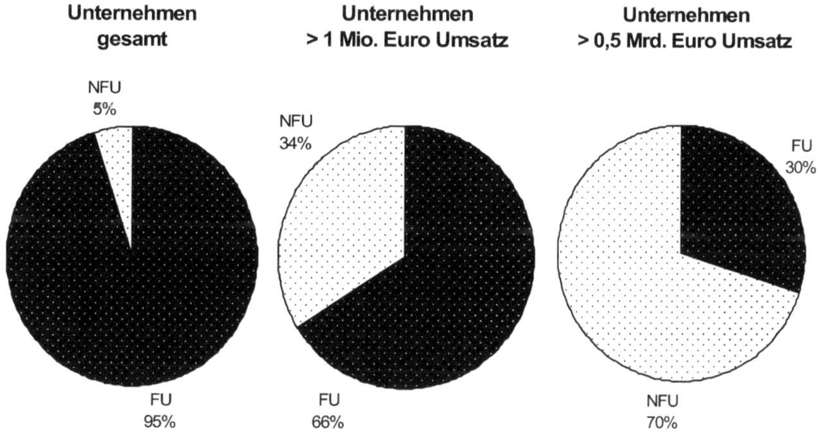

Abbildung 1: Anteile von Familienunternehmen an allen Unternehmen

Die volkswirtschaftliche Bedeutung von Familienunternehmen wird noch klarer, wenn man die von ihnen angebotene Anzahl von Arbeitsplätzen heranzieht. In Deutschland stellen Familienunternehmen etwa 72 % aller sozialversicherungspflichtigen Beschäftigungsverhältnisse und 82% aller Ausbildungsstellen.[14] Das IfM Bonn weist in einer empirischen Studie einen stabilisierenden Beitrag von Familienunternehmen für die deutsche Wirtschaft nach. Das Institut stellt konkret fest, dass die 500 größten Fami-

---

[12] Vgl. Klein (2000: 157) oder Institut für Mittelstandsforschung Bonn (2010a: 11). Im Jahr 2007 erzielten 2.688 deutsche Familienunternehmen einen Umsatz von mehr als 50 Mio. Euro, vgl. Institut für Mittelstandsforschung Bonn (2010a: 11). 2012 sind es 4.400 Familienunternehmen, vgl. Institut für Mittelstandsforschung Bonn (2012: 7).

[13] Vgl. Klein (2000: 172) und Institut für Mittelstandsforschung Bonn (2010d: 15). Details zur Auswahl der untersuchten Familienunternehmen werden in Kapitel 4.3.1 ausgeführt.

[14] Vgl. Freund (2004: 80 ff.). Erfasst werden nur Familienunternehmen mit mehr als 50.000 Euro Jahresumsatz.

lienunternehmen im Gegensatz zu den im DAX30 notierten Publikumsgesellschaften auch in wirtschaftlich schwierigen Jahren Arbeitsplätze im Inland schaffen.[15]

Auch aus regional- und kommunalpolitischer Sicht sind Familienunternehmen bedeutende Arbeitgeber. In ansonsten strukturschwachen Regionen haben sie als Gewerbesteuerzahler für viele Gemeinden in Deutschland existenzielle Bedeutung. Immer stärker in das öffentliche Bewusstsein rückt auch die unter den Schlagworten „Corporate Citizenship“ und „Corporate Social Responsibility“ diskutierte Wahrnehmung von gesellschaftlicher Verantwortung durch Unternehmen.[16] Traditionell engagiert sich die große Mehrheit der Familienunternehmen stärker als Publikumsgesellschaften für regionale, soziale, wissenschaftliche und kulturelle Belange.[17]

1.2 Unterschiede von Familienunternehmen zu Nicht-Familienunternehmen

Die Forschung zu Familienunternehmen geht davon aus, dass diese Unternehmensgattung spezifische Charakteristika aufweist, z.B. in Bezug auf Eigentum und Führung. Aus diesem Grund zielt sie darauf ab, Besonderheiten von Familienunternehmen herauszuarbeiten und zu begründen.[18] In der Tat erscheint der Aufbau eines eigenen Forschungsgebietes nur dann gerechtfertigt, wenn sich Familienunternehmen signifikant von Nicht-Familienunternehmen unterscheiden.[19]

Hinsichtlich der Eigentümerstruktur unterscheiden sich Familienunternehmen am deutlichsten dadurch von Nicht-Familienunternehmen, dass die Eigentümerschaft

---

[15] Vgl. Institut für Mittelstandsforschung Bonn (2007: 48 ff.) (Studie im Auftrag der Stiftung Familienunternehmen): während die DAX30-Unternehmen zwischen 2003 und 2005 ihre Beschäftigtenzahl in Deutschland um 1,6% pro Jahr reduziert haben, haben die 500 größten deutschen Familienunternehmen sie um 4,8% pro Jahr erhöht. Von 2006 bis 2010 haben sie ihre Beschäftigtenzahl in Deutschland um 9% ausgebaut, während die DAX30-Unternehmen sie um 7% reduziert haben, vgl. Zentrum für europäische Wirtschaftsforschung GmbH (2011: 2 und 36).

[16] Vgl. Albach (2006: 33 ff.), Mauritz (2004), McWilliams et al. (2006a), McWilliams et al. (2006b), McGuire et al. (2012), PricewaterhouseCoopers (2010: 6) oder Rhomberg & Jansen (2009).

[17] Vgl. Albach & Freund (1989: 19 ff.), Mauritz (2004: 277 ff.) oder Hennerkes (2005: 28 f.).

[18] Vgl. Carrigan & Buckley (2008: 656 f.).

[19] Vgl. auch Albach & Letmathe (2008: VII) oder Chrisman et al. (2005: 558 f). Hack (2009: 3 ff.) zeigt übersichtsartig betriebswirtschaftliche Dimensionen, in denen sich Familien- und Nicht-Familienunternehmen empirisch oder theoretisch belegt unterscheiden, vgl. auch Siebels & zu Knyphausen-Aufseß (2012: 280 ff.). Klein (2009: 63 ff.) analysiert Strukturmerkmale, in denen sich Familien- und Nicht-Familienunternehmen unterscheiden. Chrisman et al. (2011) gehen auf Unterschiede hinsichtlich soziologischer Aspekte ein.

meist nur einem engen Kreis von zueinander in verwandtschaftlicher Beziehung stehenden Personen vorbehalten ist. In Nicht-Familienunternehmen ist ein Anteilserwerb typischerweise unabhängig von familiären Beziehungen. Hinsichtlich der Unternehmensführung lassen sich die wesentlichen Unterschiede zwischen beiden Unternehmensgattungen in zwei Gruppen einteilen: Akteure und Führungsorganisation.

1.) Akteure: Für eine einfache Analyse der an der Führung eines Familienunternehmens beteiligten Akteure eignet sich das „three circle model" der US-Forscher TAGIURI UND DAVIS (1996), das ein Familienunternehmen als aus zwar unabhängigen, aber überlappenden Subsystemen bestehend beschreibt.[20]

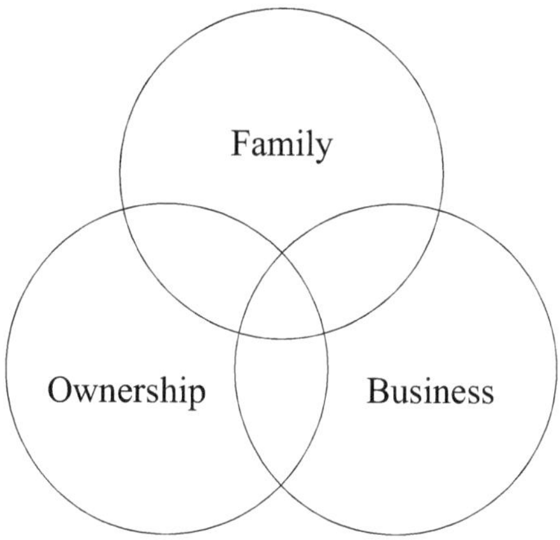

Abbildung 2: Das „three circle model" eines Familienunternehmens

Das „three circle model" unterscheidet drei für die Führung eines Familienunternehmens relevante Gruppen:

- Unternehmen („Business")
- Gesellschafter („Ownership") und
- die Familie („Family").[21]

---

[20] Vgl. Tagiuri & Davis (1996: 200), Gersick et al. (1999: 287) oder Chua et al. (2003b: 332). Gersick (1997: 6) hat das Modell detailliert. Das Modell hilft, statt gesellschaftsrechtlicher oder steuerlicher Aspekte zwischenmenschliche und psychologische Dimensionen des Nachfolgethemas in den Mittelpunkt zu stellen. Ein ähnliches Rollenmodell wird von Neubauer & Lank (1998: 14 f.) vorgestellt.

[21] Vgl. Lambrecht (2005: 273) oder Klein (2004: Abb. 2).

Meist sind einzelne Akteure mehr als einer Gruppe zuzuordnen. Für die einzelnen Gruppen gilt Folgendes:

Unternehmens-Sphäre: Im Gegensatz zu den meisten Nicht-Familienunternehmen arbeiten Gesellschafter von Familienunternehmen häufig selbst im Unternehmen. Sie übernehmen Verantwortung in Aufsichtsgremien, in der Geschäftsführung oder arbeiten operativ auf hierarchisch nachfolgenden Ebenen. Eine Beteiligung von Familienmitgliedern an der Unternehmensführung (strategisch oder operativ) erhöht ihre strukturelle Komplexität im Vergleich zu Nicht-Familienunternehmen.

Im Rahmen dieser Arbeit werden aus der Gruppe der familienfremden Akteure in Familienunternehmen die Fremdmanager untersucht.[22] Nach MERTENS (2004) sind Fremdmanager „angestellte Unternehmer", die nicht oder allenfalls gering am Eigenkapital des Familienunternehmens beteiligt sind und deren Anstellungsverträge im Regelfall zeitlich befristet sind. Im Gegensatz zu den übrigen Gesellschaftern ist die wirtschaftliche und persönliche Situation des Fremdmanagers nur in geringem Umfang von der wirtschaftlichen Lage des Unternehmens abhängig.[23] Diese auf vertragliche und finanzielle Kriterien bezogene Definition soll in Anlehnung an BECKER (2006) um zwei grundsätzlichere Kriterien ergänzt bzw. modifiziert werden. Demnach beschreibt Fremdmanagement den Fall, in dem

- ein familienfremder Manager, d.h. jemand, der nicht durch verwandtschaftliche Beziehungen mit der Eigentümerfamilie verbunden ist und keine Kapitalbeteiligung am Familienunternehmen hält,
- eine Funktion in einem Familienunternehmen wahrnimmt, die die Mitgliedschaft im ausschließlich mit familienfremden Managern besetzten obersten operativen Leitungsgremium beinhaltet.[24]

---

[22] Die Verwendung der Vorsilbe „Fremd" ist üblich aber bedauerlich, da damit eine distanzierte Beziehung zwischen Familie und Fremdmanager suggeriert wird, vgl. Obermaier (2006: 2). Alternative Bezeichnungen wie z.B. „familienexterne Manager" erschweren allerdings die Lesbarkeit. Aus pragmatischen Gründen wird daher der Begriff des Fremdmanagers auch in dieser Arbeit verwendet. Aus Gründen der Lesefreundlichkeit wird weiterhin für diesen und ähnliche Begriffe standardmäßig der Singular gewählt, sowie auf geschlechtsspezifische Differenzierungen verzichtet. Nur soweit es dem Sinn nach relevant ist, wird von diesen Grundsätzen abgewichen.

[23] Vgl. Mertens (2004: 17). Eine geringfügige Kapitalbeteiligung ist unschädlich, da mit ihr kein maßgeblicher Einfluss verbunden ist, vgl. Cravotta (2010: 5).

[24] Definition angelehnt an Becker (2006: 34).

Dieser erweiterten Definition wird in dieser Arbeit gefolgt. In der Literatur werden die Begriffe Fremdmanager, familienfremde Manager und externe Manager gelegentlich synonym verwendet oder die Bezeichnung Fremdmanager wird erweitert für alle familienfremden Führungskräfte eines Familienunternehmens verwendet.

Der Begriff der gemischten Geschäftsführung beschreibt in dieser Arbeit den Fall, in dem ein oder mehrere Fremdmanager zusammen mit einem oder mehreren Mitgliedern der Eigentümerfamilie das oberste operative Leitungsgremium eines Familienunternehmens bilden. Bei solchen gemischten Geschäftsführungen kann unterschieden werden in

- familiendominiert (familieneigene Manager haben Stimmenmehrheit oder finales Entscheidungsrecht)
- gleichberechtigt (die Stimmen von familieneigenen Managern und von Fremdmanagern zählen gleich)
- fremddominiert (Fremdmanager haben Stimmenmehrheit oder finales Entscheidungsrecht)[25]

Gesellschafter: Hinsichtlich der Gesellschafter weist sowohl die Anzahl der Gesellschafter als auch die Zusammensetzung des Gesellschafterkreises Unterschiede zu Nicht-Familienunternehmen auf. Die Anzahl der Gesellschafter ist bei Familienunternehmen häufig relativ gering, die Einflussnahme einzelner Gesellschafter auf Entscheidungen des Unternehmens aber groß. Häufig stehen alle Gesellschafter in verwandtschaftlicher Beziehung zueinander.

Familien-Sphäre:[26] Diese Gruppe entfällt bei der Betrachtung von Nicht-Familienunternehmen. In Familienunternehmen hingegen spielen in dieser Gruppe sowohl die bereits in den vorgenannten Gruppen berücksichtigten Familienmitglieder eine Rolle,

---

[25] Vgl. auch Abbildung 3. Häufig hat die Stimme des Vorsitzenden bzw. Sprechers des Gremiums ein herausgehobenes Gewicht. Hinsichtlich des rechtlichen Status kann ferner unterschieden werden in gleichrangige (alle Geschäftsführer haben den gleichen Rechtsstatus, z.B. persönlich haftende Gesellschafter, Geschäftsführer oder Vorstand) und nicht gleichrangige Gremien (dann meist Geschäftsleitung genannt), vgl. Jeuschede (2004: 20 f.).

[26] Familienmitglieder können Funktionen in mehr als einem Leitungsorgan des Familienunternehmens (z.B. Geschäftsführung, Beirat, Gesellschafterversammlung) wahrnehmen. Dies kann zu zusätzlichen Abgrenzungsproblemen führen, vgl. Jeuschede (2004: 22 f.). Klein (2004: 55) ergänzt als vierte Dimension die Führungsform des Unternehmens (in der Fortentwicklung des Modells („bulleye“) mit Management bezeichnet, siehe auch Pieper & Klein (2007) und Klein (2009: 69 ff.)).

als auch die Familienmitglieder, die nicht Gesellschafter sind und auch nicht im Unternehmen arbeiten. Dabei sind nicht immer die formellen Rechte der Einflussnahme über Gesellschaftsanteil oder Funktion entscheidend. Die faktischen Machtverhältnisse in Familienunternehmen beruhen teils eher auf informellen, verwandtschaftlichen Hierarchien als auf den durch Gesellschafteranteil bestimmten Verfügungsrechten.[27] Die Familie besitzt das Potenzial, im positiven wie im negativen Sinne Einfluss auf das Unternehmen zu nehmen – die Familiensphäre sollte daher ebenso wichtig genommen werden wie die des Unternehmens.[28]

Es wird deutlich, dass an Interaktionen, Kommunikation und Entscheidungen in Familienunternehmen mit der Familie eine Gruppe maßgeblich beteiligt ist, deren Einfluss in Nicht-Familienunternehmen unüblich ist. Ein weiterer fundamentaler Unterschied ist, dass einzelne Akteure Rollen in mehreren Gruppen wahrnehmen. Aus der Sicht dieser Akteure verbindet sie nicht nur das Unternehmen, sondern darüber hinaus mit der Familie ein weiteres soziologisches Gefüge. Es gehört zum Wesen des Familienunternehmens, dass sich unternehmerische Fragen mit persönlichen familiären Aspekten vermischen.[29] In diesem Sinne sind sie als mehrdimensionale dynamische Systeme zu verstehen.[30] Gemäß SIMON ET AL. (2005) ist es völlig natürlich, dass sich die einzelnen Gruppen des „three circle model“ und ihr Zusammenspiel unterschiedlich dynamisch entwickeln und sie jeweils über eigene Regeln der Kommunikation verfügen. Dem daraus resultierenden Potenzial für Emotionalität und Konflikte müsse mit einem aktiven Management jeder Gruppe gegengesteuert werden.[31]

---

[27] Vgl. Redlefsen & Witt (2006: 10), Redlefsen & Witt (2005: 14), Ahrens (1989: 256) oder Riedel (2003b: 33). Klein (2003/2004) definiert Familie als "...a group of people with kinship ties rooted in one couple as well as their partners by marriage and their legally adopted children", vgl. Klein (2003b: 2), Klein (2004: 11).

[28] Vgl. Witt (2008: 14), Albach (1995: 58 f.) oder Klein (2000: 87 ff.). Tagiuri & Davis (1996: 199) haben dieses Potenzial der Familie „bivalentes Attribut“ genannt, vgl. auch Chrisman et al. (2004: 335). Dyer (2003) fordert eine deutlich stärkere Berücksichtigung der Familie als eigener Variable in der Forschung über Familienunternehmen. Laut Kets de Vries (1993: 60) ist die Kombination der Systeme Unternehmen und Familie, die nicht zwingend kompatibel seien, gleichzeitig Stärke und Achillesferse. Zum Stellenwert der Familie, ihrer erheblichen Bedeutung für die Wirtschaftsstruktur und ihren Einfluss auf Wohlstand und Wachstum vgl. Alesina & Giuliano (2007). Zur sozialen Interaktion in Familien wird die Lektüre von Becker (1974) empfohlen.

[29] Vgl. PricewaterhouseCoopers (2008a: 23 f.).

[30] Vgl. Klein (2004: 4).

[31] Vgl. Simon et al. (2005: 17 und 19 ff.). Die Autoren weisen auch auf die wissenschaftlich belegte Existenz von typischen Entwicklungskrisen in jeder Gruppe hin. Le Breton-Miller et al. (2004: 305) folgern aus dieser höheren Komplexität, dass die Nachfolge in Familienunternehmen schwieriger ist.

Spannungsfelder in Familien sind in der Soziologie in zahlreichen Forschungsbeiträgen analysiert worden. Exemplarisch seien die Arbeiten von BENGSTON ET AL. (2005) und BERTRAND (2006) genannt.[32] Eine Auswirkung des Einflusses von Familie in Unternehmen ist die unterschiedliche zeitliche Perspektive der Akteure. Da das soziologische Gefüge der Familie ein Leben lang verbindet, sind die Ziele hinsichtlich des Unternehmens im Unterschied zu Akteuren in Nicht-Familienunternehmen sehr langfristig ausgelegt und Basis für langfristig orientierte Entscheidungen, die sie als Gesellschafter im gemeinsamen Unternehmen treffen.[33] Auf Langfristigkeit ausgerichtete Unternehmenswertentwicklung und Stabilität in der Unternehmenspolitik sind aus diesem Grund typische Merkmale eines Familienunternehmens.[34] Dies zeigt sich auch bei den im Vergleich zu Nicht-Familienunternehmen in aller Regel stärker gewichteten nicht-monetären Zielen. Hier beweisen Familienunternehmer ihre langfristige Orientierung insbesondere durch das zumeist vorrangige Ziel, die Kontinuität des Familieneinflusses im Unternehmen durch die Weitergabe an die nächste Generation zu sichern.[35] Es ist zu erwarten, dass das Thema der Nachfolge in Familienunternehmen aufgrund dieser Faktoren anders angegangen wird, als dies in Nicht-Familienunternehmen der Fall ist. Gleichzeitig resultieren aus der familiären Einflussnahme möglicherweise auch andere Anforderungen an Fremdmanager.[36]

2.) Führungsorganisation: Führung in Unternehmen wird im Allgemeinen ausgeübt durch institutionalisierte Gremien (z.B. Geschäftsführung, Gesellschafterausschuss, o.ä.). In der empirischen Erhebung dieser Untersuchung wurden große deutsche Familienunternehmen berücksichtigt. Nicht-Familienunternehmen vergleichbarer Größenordnung firmieren in aller Regel als Aktiengesellschaft und verfügen über gesetzlich klar definierte Gremien wie Vorstand, Aufsichtsrat und Hauptversammlung.

---

32 Vgl. Bengtson et al. (2005) und Bertrand & Schoar (2006). In der Forschung werden Familien und Unternehmen bisher weitgehend exklusiv von verschiedenen wissenschaftlichen Fachrichtungen untersucht (Soziologie und Wirtschaftswissenschaften). Integrative Ansätze fehlen, vgl. Simon et al. (2005: 18).

33 Vgl. Le Breton-Miller & Miller (2006: 732 ff.) oder Cassia et al. (2012).

34 Vgl. Witt (2008: 5 f.), James (1999: 41), Miller & Le Breton-Miller (2006) oder Hack (2009: 10).

35 Vgl. Chua et al. (2009: 360), Burkhart et al. (2003: 2168), Redlefsen (2004: 162) oder Fritsch & Grotz (2007: 31), Klein (2000: 109), Schachner et al. (2006: 592 und 601), Anderson & Reeb (2003: 1305), Boyd (2007), Kirchdörfer & Kögel (2000: 230) oder Institut für Mittelstandsforschung Bonn (2012: 17). Auch weitere nicht-ökonomische Ziele spielen eine große Rolle, z.B. Erhalt persönlicher Freiheit, Sicherheit, Wahrnehmung von Erfolg und Ansehen (vgl. Olson et al. (2003: 644)) oder nachhaltiges und umweltschonendes Wirtschaften (vgl. Gomez-Mejia et al. (2010: 243 f.)).

36 Vgl. Milton (2008: 1067), Long & Mathews (2011) und Mitchell et al. (2011).

Auch wenn große Familienunternehmen häufig nicht als Aktiengesellschaft organisiert sind, verfügen sie über eine ähnliche Aufteilung in Gremien. Allerdings sind die Grenzen der Aufgabenzuordnung fließender.[37] Eine Gesellschafterversammlung kann umfassendere Kompetenzen haben als die Hauptversammlung einer Aktiengesellschaft. Ein neben der Geschäftsführung existierendes Aufsichts- und Kontrollgremium, über das die meisten großen Familienunternehmen verfügen (dort zumeist Beirat, Verwaltungsrat/-ausschuss oder Gesellschafterrat/-ausschuss genannt),[38] hat häufig einen anderen Aufgabenkatalog als der Aufsichtsrat einer Aktiengesellschaft.[39] Daraus resultierend variieren auch die Aufgabenbereiche und Entscheidungskompetenzen von Geschäftsführungen und Aufsichtsgremien in Familienunternehmen stärker als dies in Nicht-Familienunternehmen der Fall ist.

Ein weiteres Unterscheidungsmerkmal hinsichtlich der Führungsorganisation ist die Zusammensetzung der Geschäftsführungen in Familienunternehmen. Häufig arbeiten dort Fremdmanager und Gesellschafter des Unternehmens zusammen. Aus der direkten Zusammenarbeit zwischen Gesellschafter und Fremdmanager könnten sich im Vergleich zu Nicht-Familienunternehmen ebenfalls Unterschiede bei der Wahl der Führungsorganisation und -akteure ergeben.

Ein drittes Unterscheidungsmerkmal ist die Führungsstruktur in Familienunternehmen. Zwar verfügen Familienunternehmen laut einer Untersuchung von ALBACH UND FREUND (1989) im Durchschnitt über ebenso große Geschäftsführungen wie Nicht-Familienunternehmen. Jedoch finden sich auf der zweiten Führungsebene deutlich weniger Positionen. Auch insgesamt ist der Delegationsgrad geringer (d.h. Familienunternehmen neigen dazu, Entscheidungen zu zentralisieren). Die Autoren folgern daraus, dass die Aufgabenbelastung für einen Geschäftsführer in einem Familienun-

---

[37] Von Schultzendorff (1984: 290 ff.) geht in seiner Untersuchung näher auf die „Einflusszentren" genannten Gremien in Familienunternehmen ein. In der Untersuchung von PricewaterhouseCoopers (2010: 8) geben die befragten Familienunternehmen an, dass sie aufgrund ihrer besonderen Eigentumsstruktur und Entscheidungsprozesse besser durch die Wirtschaftskrise 2008/09 gekommen seien als Nicht-Familienunternehmen.

[38] Vgl. Klein (2000: 168).

[39] Vgl. Witt (2008: 11 f.) oder Kirchdörfer & Kögel (2000: 229). In familiengeführten Familienunternehmen hat dieses Gremium häufig mehr eine beratende als eine kontrollierende Funktion, vgl. Klein (2004: 140 f.) oder May et al. (2006: 8 f.). Die Geschäftsführung führt die operative Führung aus und entwirft typischerweise Vorschläge für strategische Maßnahmen. Die Entscheidung darüber liegt in der Regel beim Aufsichtsgremium, weshalb dessen Aufgabe in dieser Arbeit auch als strategische Führung bezeichnet wird.

ternehmen höher ist als in einem Nicht-Familienunternehmen.[40] Auch dieser Unterschied zwischen den beiden Unternehmensgattungen könnte Auswirkungen auf die Wahl der Führungsorganisation und der jeweiligen -akteure haben.[41]

Die dargestellten Unterschiede beider Unternehmensgattungen und ihre potenziellen Effekte auf Führungsorganisation und beteiligte Akteure lassen erwarten, dass die Nachfolge in Familienunternehmen anderen Regeln folgt als in Nicht-Familienunternehmen. Eine gesonderte Untersuchung des Forschungsthemas mit Fokus auf Familienunternehmen ist somit gerechtfertigt.[42]

1.3 Formen der Nachfolge

Bei der Untersuchung der Nachfolge in Familienunternehmen werden zwei Nachfolgearten unterschieden:

- *Nachfolge im Eigentum (Eigentumsnachfolge):* betrifft die Übertragung des rechtlichen Anteilseigentums
- *Nachfolge im Management (Führungsnachfolge):* betrifft die Übertragung der Geschäftsführung[43]

Die Auswirkungen einer Trennung von Eigentum und Führung sind seit langem ein bedeutendes Thema der wissenschaftlichen Diskussion. Einer der einflussreichsten Beiträge zu diesem Thema ist die erstmalig 1932 veröffentlichte Arbeit von BERLE UND MEANS "The Modern Corporation and Private Property". Die Autoren beschäftigen sich mit der durch das Aufkommen von Publikumsgesellschaften verbundenen Trennung von Eigentum und Führung. Diese Trennung sehen sie als Hauptproblem dieser Unternehmensform an. Sie begründen dies damit, dass sich das Management

---

[40] Vgl. Albach & Freund (1989: 39 f.). Auch Aufsichtsgremien weisen in Familienunternehmen weniger Mitglieder auf als in Nicht-Familienunternehmen, vgl. Klein (2000: 169).

[41] Es gibt weitere signifikante Unterschiede, z.B. hinsichtlich Finanzierung (vgl. Albach & Freund (1989: 99 und 142 ff.)), Unternehmensstrategien (Witt (2008: 7)) oder Internationalisierung (Gómez-Mejia et al. (2010: 223)). Dazu auch: Chua et al. (2009: 356) und Chrisman et al. (2005: 558 und 569).

[42] Vgl. Albach & Letmathe (2008: VII) sowie Hack (2009: 3 ff.) und Klein (2009: 63 ff.). Die relevanten Forschungserkenntnisse zu Familienunternehmen werden in Kapitel 3 detailliert vorgestellt.

[43] Vgl. Mertens (2004: 9), Klein (2003a: 27 f.) oder Le Breton-Miller et al. (2004: 316). Laut Albach & Freund (1989: 27) wird die Führungsnachfolge erfahrungsgemäß vor der Eigentumsnachfolge geregelt.

der Kontrolle und Weisung der Eigentümer (Aktionäre) entziehen könne.[44] Zusammen mit der 1937 erschienen Arbeit von COASE „The Nature of the Firm“ stellt die Arbeit von BERLE UND MEANS die wesentliche Grundlage der heutigen Corporate Governance-Forschung dar.[45]

Die vorliegende Untersuchung behandelt die Führungsnachfolge in großen deutschen Familienunternehmen. In der folgenden Abbildung werden mögliche Führungsmodelle in Familienunternehmen dargestellt.

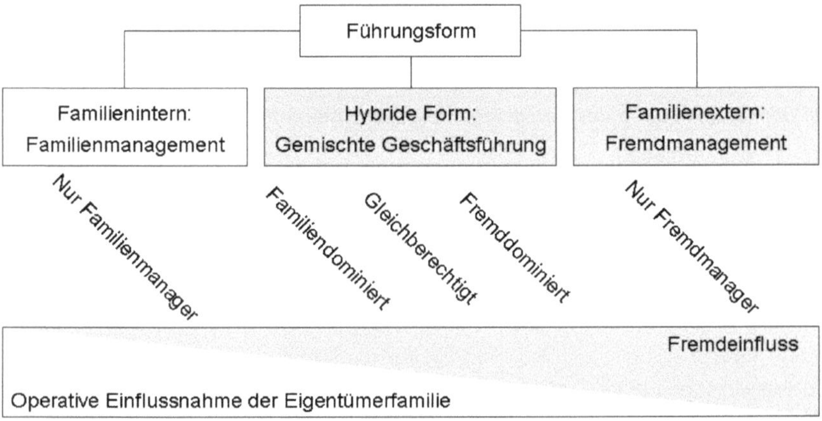

Abbildung 3: Grundmodelle der Führungsnachfolge[46]

Der untere Bereich der Abbildung zeigt ein Kontinuum zunehmenden operativen Einflusses familienfremder Manager. Art und Ausmaß des familienfremden Einflusses im

---

[44] Vgl. Berle & Means (1932) und Davis et al. (1997: 22). Unter Publikumsgesellschaften verstehen Berle und Means (1932) Unternehmen, deren Eigentum in den Händen vieler voneinander unabhängiger Teilhaber mit jeweils kleinen Anteilen liegt. La Porta et al. (1999) stellen fest, dass international das von Berle und Means (1932) beschriebene „moderne“ Unternehmen heute nicht mehr dominierend ist. Vielmehr sind viele große Unternehmen gekennzeichnet durch signifikante Großanteilseigner, die maßgeblich Einfluss auf das Unternehmen nehmen (können).

[45] Vgl. Kirchdörfer & Kögel (2000: 222). Corporate Governance ist gemäß Witt (2003: 1) definiert als „Organisation der Leitung und Kontrolle eines Unternehmens mit dem Ziel des Interessensausgleichs zwischen den beteiligten Anspruchsgruppen“. Auf den Begriff der Corporate Governance wird in Kapitel 2.1 näher eingegangen.

[46] Angelehnt an Becker (2006: 33 bis 37). Die in dieser Arbeit untersuchten Führungsformen gemischte Geschäftsführung und Fremdmanagement wurden durch Schattierung hervorgehoben.

obersten operativen Leitungsgremium des Familienunternehmens sind für den Eigentümer durch Führungsform und Geschäftsordnung skalierbar.[47]

1.4 Bedeutung der Nachfolge

Die Übergabe der Unternehmensleitung an einen neuen Geschäftsführer ist für jedes Unternehmen ein kritischer Prozess[48] – für Familienunternehmen gilt dies aufgrund der oben dargestellten, durch die beteiligten Akteure bedingten strukturellen Komplexität jedoch stärker als für Nicht-Familienunternehmen.[49] Zu der Komplexität tragen auch ein häufiger Einbezug familieninterner Kandidaten in den Auswahlprozess für Geschäftsführungspositionen sowie die nicht immer strikt voneinander trennbaren Nachfolgeprozesse hinsichtlich Eigentum und Führung bei. Da es sich somit um eine für Familienunternehmen spezifische Herausforderung handelt, ist das Thema der Nachfolge in Familienunternehmen auch aus wissenschaftlicher Sicht relevant.[50]

Die Bedeutung der Nachfolgethematik ergibt sich in der unternehmerischen Praxis aus der für Familienunternehmen existenziellen Bedrohung durch gescheiterte oder schlecht durchgeführte Nachfolgen und auf volkswirtschaftlicher Ebene durch die dargestellte große ökonomische Bedeutung von Familienunternehmen.[51] Der erfolgreiche Ablauf einer Nachfolge ist gemäß ARONOFF (2003) entscheidend für den Fort-

---

47 Vgl. Kirchdörfer & Kögel (2000: 229). Die Geschäftsordnung legt fest, welche Geschäfte der Zustimmung des Aufsichtsgremiums bedürfen. Nur für dem AktG unterworfene Unternehmen ist dies festgelegt, vgl. Mertens (2004: 32) und Klein (2009: 73). Schackmann (2003: 40) stellt fest, dass Übergänge zwischen den Grundmodellen in der Praxis häufig gleitend vollzogen werden. Die Vielfalt der in der Praxis vorkommenden Lösungen ist ein weiteres Argument dafür, eine vergleichsweise breit ausgelegte Definition von Fremdmanagement zu verwenden (s. Kapitel 1.2).

48 Vgl. Miller et al. (2003: 515) oder Gersick et al. (1999: 287). Für Unternehmen sind Nachfolgen auf allen strategischen Schlüsselpositionen wichtig. Diese Arbeit beschränkt ihre Betrachtung auf das oberste operative Leitungsgremium von Familienunternehmen.

49 Vgl. Klein (2004: 213), Miller & Le Breton-Miller (2006: 73) oder Brockhaus (2004: 165).

50 Vgl. Ibrahim et al. (2001: 245), Le Breton-Miller et al. (2004: 305), Albach & Freund (1989: 257 ff.), Kraus et al. (2011: 40) oder auch Oesterle (2002: 101 ff.). Zum Begriff der Komplexität in diesem Zusammenhang vgl. auch Klein (2009: 66).

51 Vgl. Klein (2003a: 24) oder Koropp & Grichnick (2007: 295). Bechtle (1983: 61 f.) identifiziert den Aufbau strategischer Erfolgspositionen als erstes und die Sicherung der Führungsnachfolge als zweites Fortbestandsziel eines Familienunternehmens.

bestand von Familienunternehmen.[52] MALONE (1989) stellt fest, dass strategische Planung und Nachfolgeplanung zusammengehören und in einem kontinuierlichen Prozess verankert werden müssen.[53] KLEIN (2003) ergänzt, dass der Nachfolgeprozess analogen Regeln folge wie der strategische Wandel und sich daher besonders für eine strategische Neuausrichtung eignet.[54]

Durch die entscheidende Bedeutung der Nachfolge für den Fortbestand des Unternehmens wird ihre erfolgreiche Gestaltung als die größte unternehmerische Herausforderung eines Familienunternehmers angesehen.[55] Auch von den Familienunternehmen selbst wird die existenzielle Bedeutung der Nachfolge wahrgenommen. Die in der Untersuchung von PRICEWATERHOUSECOOPERS (2006) befragten Familienunternehmen bewerten die in dieser Arbeit im Vordergrund stehende Führungsnachfolge als die im Vergleich zur Eigentumsnachfolge dringendere Herausforderung.[56] In der breiten Öffentlichkeit rückt die Bedeutung des Themas meist erst dann in das Bewusstsein, wenn Schwierigkeiten in Nachfolgeprozessen großer Familienunternehmen publik werden. Bekannte Unternehmen wie Müller-Milch, die Drogeriekette Müller, Tchibo, Haribo oder Bahlsen waren in den vergangenen Jahren in Deutschland hierfür Beispiele.[57]

---

[52] Vgl. Aronoff et al. (2003: 1). Zwar konnte die Kausalität zwischen einer gescheiterten Nachfolge und existenziellen Unternehmenskrisen wissenschaftlich bisher kaum belegt werden, die meisten Autoren sehen sie dennoch als gegeben an, z.B. Riedel (2003a: 1), Schwass (2003: 176), Oesterle (2002: 102), Wiedmann (2002: 126), Prudent (2003a: 77), Hofer & Charan (1991: 272), Bechtle (1983: 61 f.) oder Gerke-Holzhäuer (1996: 1). Das Rationalisierungskuratorium der deutschen Wirtschaft beziffert den Anteil von Insolvenzen, die sich unmittelbar auf Probleme in der Regelung der Nachfolge zurückführen lassen, auf 37%, vgl. Wiedmann (2002: 3). Miller et al. (2003) untersuchen das Scheitern familieninterner Nachfolgen.

[53] Vgl. Malone (1989: 341 f.). Riedel (2003a: 3) bezeichnet die Nachfolgeplanung neben der Investitions-, Absatz- und Finanzplanung als vierte zwingende Planung eines Unternehmens.

[54] Vgl. Klein (2003a: 23) oder Sharma et al. (1997: 4). Auch Thomas & Graves (2005: 94 und 107) sehen in der Nachfolge einen Katalysator für strategische Kursänderungen, insbesondere für eine Internationalisierung von Familienunternehmen.

[55] Vgl. May (2003: 89), Jeuschede (2004: 26), Trefelik (1998: 21), Bigliardi & Dormio (2009: 44) oder Janjuha-Jivraj & Spence (2009: 713). May (2003: 89) sieht in der Nachfolge eine „unvermeidliche Krise im Lebenszyklus eines Familienunternehmens". Aronoff et al. (2003: 2) beschreiben sie als finale Prüfung der Unternehmereigenschaft des übergebenden Seniors (ähnlich auch Reinhard Mohn (Bertelsmann), zitiert in Riedel (2003a: 1)).

[56] Vgl. PricewaterhouseCoopers (2006: 27 ff.). 69% der befragten Unternehmen beziehen eine Führungsnachfolge in ihre Planungen ein, nur 36% eine Eigentumsnachfolge. In der Untersuchung von Albach & Freund (1989: 25) hatte nur jedes siebte Familienunternehmen die Nachfolge geregelt, über ein Viertel hatte gar nichts geregelt. Gemäß Scherer (2005: 25) hat das Thema für Familienunternehmen die höchste Wichtigkeit und ist ihre größte Sorge.

[57] Vgl. z.B. Riedel (2003a: 2) oder Hennerkes (2005: 30). Wulf & Stubner (2010) werfen typische Probleme bei der Nachfolge auf. Chittoor & Das (2007: 71 f.) definieren Kriterien für einen erfolgreichen Nachfolgeprozess.

In vielen Fällen ist eine Nachfolge in einem Familienunternehmen für die direkt Beteiligten ein einmaliger Vorgang. Übergeber wie auch Nachfolger verfügen in der Regel über keine Erfahrungen in dieser Hinsicht. Verbunden mit der hohen Komplexität ist die Wahrscheinlichkeit für das Auftreten von Problemen im Verlauf des Nachfolgeprozesses daher hoch.[58] Die möglichen Negativfolgen sind vielschichtig. Als Beispiele seien genannt: sinkende Bonität, Demotivation auf nachgelagerten Führungsebenen, Weggang wichtiger Mitarbeiter, Probleme bei der Akquisition neuer Mitarbeiter, Unsicherheit durch juristische Auseinandersetzungen zwischen Familienmitgliedern und Vertrauensverlust bei Partnern auf Beschaffungs- und Absatzmärkten.[59] Von diesen Folgen und möglicherweise daraus resultierenden Gefahren für den Fortbestand des Unternehmens sind in Deutschland in jedem Jahr rund 1,4 Mio. Arbeitsplätze unmittelbar betroffen.[60] Im einzelwirtschaftlichen Entscheidungsproblem der Nachfolge in Familienunternehmen liegt somit auch eine gesamtwirtschaftlich bedeutsame Herausforderung.[61] Verschärft wird die Situation durch auf globalisierten Märkten immer stärker vernetzte Wirtschaftssysteme, in denen sich eine problematische Situation in einem Unternehmen durch Kettenreaktionen in weitere Unternehmen übertragen kann, auch über nationale Volkswirtschaften hinaus.[62]

Empirische Untersuchungen zeigen, dass nur 30% der Familienunternehmen bis in die zweite Generation überleben, knapp weniger als 14% bis in die dritte Generation.[63] Die Wahrscheinlichkeit, dass sich ein deutsches Familienunternehmen auch in der vierten Generation noch in Familienhand befindet, liegt bei nur 8% (siehe folgende Abbildung).[64] Alle übrigen Unternehmen werden zuvor entweder verkauft oder liquidiert.[65] Die Zahlen verdeutlichen, dass das Überleben bis in die zweite Generati-

---

58 Vgl. Schlömer et al. (2008: 157) oder Venter et al. (2005: 284).
59 Vgl. Bechtle (1983: 123) und Aronoff et al. (2003: 7 f.).
60 Vgl. Institut für Mittelstandsforschung Bonn (2010c: 26 f.). Bei Familienunternehmen mit mehr als 50 Mio. Euro Umsatz sind über 200.000 Arbeitsplätze betroffen.
61 Vgl. Klein (2003b: 24), Koropp & Grichnick (2007: 295) und Albach & Freund (1989: 19).
62 Vgl. Riedel (2003a: 6 f.) oder Schackmann (2003: 13 ff.). Ein Beispiel ist der Ausfall eines wichtigen Partners in der Lieferkette.
63 Vgl. Kets de Vries (1993: 60 ff.), Le Breton-Miller et al. (2004: 305), Chittoor & Das (2007: 65), Venter et al. (2005: 284), Massis et al. (2008: 183), Parrish (2009: 47) oder Tagiuri & Davis (1996: 200).
64 Vgl. Albach (2002: 167). Anzumerken ist, dass der Anteil der deutschen Familienunternehmen, die sich auch in vierter oder späterer Generation noch im Besitz der Gründerfamilie befinden, im europäischen Vergleich mit am höchsten ist, vgl. Klein (2000: 161).
65 Vgl. Chittoor & Das (2007: 65).

on für Familienunternehmen die schwierigste Hürde ist. 70% scheitern zuvor. Für die folgenden Generationsübergänge sinkt die Scheiternsquote (auf 53 bzw. 43%).

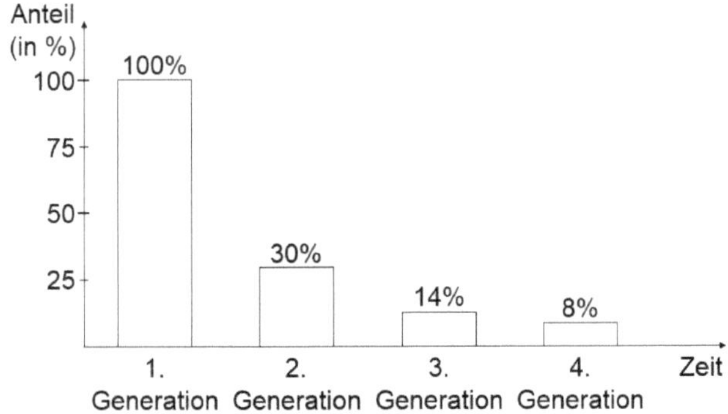

Abbildung 4: Wahrscheinlichkeiten für intergenerationale Übergaben

Zusätzliche Bedeutung erhält das Nachfolgethema in Familienunternehmen dadurch, dass noch immer ein großer Anteil der Nachfolgen ungeplant erfolgen muss, etwa aufgrund von Gesellschafterkonflikten, eine vorzeitige Aufgabe der Tätigkeit durch den Übergeber oder weil dieser plötzlich erkrankt oder stirbt. Die Untersuchung von ALBACH UND FREUND (1989) zeigt, dass insbesondere die ungeplanten Nachfolgen zu problematischen Situationen für ein Familienunternehmen führen.[66] Der von den Autoren festgestellte Anteil ungeplanter Nachfolgen liegt bei über 40%.[67] In einer späteren Untersuchung errechnet das IfM Bonn einen Anteil von 34% ungeplanter Nachfolgen, was als Hinweis auf eine möglicherweise verbesserte Nachfolgeplanung in Familienunternehmen interpretiert werden kann.[68] Jedoch entfallen über 26% der Fälle auf plötzliches Ausscheiden aufgrund von Krankheit, Unfall oder Tod. Diesen Fällen muss zumindest in Teilen mit einer vorausschauenden, professionellen und verbindlichen Nachfolgeplanung begegnet werden. Empirische Untersuchungen zei-

[66] Vgl. Albach & Freund (1989: 27).

[67] Vgl. Albach & Freund (1989: 55). Unvorhergesehene Änderungen des Gesellschafterkreises stellen ein großes Problem für Familienunternehmen dar. Die Einrichtung von Institutionen zur Konfliktlösung wird daher von Redlefsen (2002) und Redlefsen & Witt (2006) empfohlen. Denn gemäß Pardo-del-Val (2009: 176) ist ein erfolgreicher Nachfolgeprozess nicht der, der Konflikte vermeidet, sondern der, der sie erfolgreich bewältigt.

[68] Vgl. Freund (2004: 65 f.), extrapolierter Wert für die Jahre 2005-2009. Die genannten Arbeiten könnten nur eingeschränkt vergleichbar sein. Industrielle Familienunternehmen weisen niedrigere und tendenziell weiter sinkende Werte für unplanmäßige Nachfolgen auf, vgl. Institut für Mittelstandsforschung Bonn (2006: 50 f.).

gen, dass eine sorgfältige Nachfolgeplanung die Überlebenswahrscheinlichkeit des Unternehmens erhöht und stärkeres Wachstum erwarten lässt.[69] Dennoch nehmen noch immer erst vier von zehn deutschen Familienunternehmen eine solche Planung vor.[70]

1.5 Häufung von Nachfolgefällen

Verschiedene Autoren führen an, dass in den Geschäftsführungen deutscher Familienunternehmen aufgrund einer im Vergleich zu anderen Industrienationen abweichenden Altersstruktur in den nächsten Jahren überproportional viele Nachfolgen zu erwarten sind. Als Grund wird der hohe Anteil neu gegründeter Unternehmen nach dem Zweiten Weltkrieg gesehen. Viele dieser Unternehmer gäben ihre Funktion nun an Nachfolger ab.[71] Eine solche, vereinzelt auch als „Klumpenrisiko" bezeichnete Ballung von Nachfolgefällen lässt sich aus öffentlichen Statistiken allerdings nicht ableiten. So entspricht gemäß WIEDMANN (2002) zumindest die Altersstruktur von Eignern kleiner und mittelständischer Unternehmen in Deutschland den europäischen Durchschnittswerten.[72] Auf Basis der Daten des IfM Bonn kann für den Zeitraum 2010-2014 mit 110.000 Unternehmensübergaben gerechnet werden. Dies entspricht einem Anteil von rund 15% an der Gesamtanzahl der Familienunternehmen in Deutschland (730.000) und liegt damit sogar knapp unter dem Anteil, den die euro-

---

[69] Vgl. Duh et al. (2009: 256).

[70] Vgl. May et al. (2006: 6). Die Existenz eines schlüssigen und dokumentierten Notfallkonzeptes wird von Banken im Rahmen einer Bonitätsbeurteilung ebenso positiv gewürdigt wie bei Lieferantenbewertungen in stark vernetzten Wirtschaftssystemen. Vereinzelt tun sich auch große Familienunternehmen schwer mit der Nachfolgeplanung, vgl. Drake (2008: 132 ff.). Gemäß der Studie von PricewaterhouseCoopers (2010: 5 und 18 f.) fehlt in deutschen Familienunternehmen jedoch „nur" in 27% der Fälle eine Nachfolgeplanung, während der Anteil weltweit gesehen höher liegt (38%).

[71] Vgl. Hennerkes (2005: 22), Wiedmann (2002: 126), Gersick et al. (1999: 288) oder Gerke-Holzhäuer (1996: 1).

[72] Vgl. Hennerkes (2005: 22 f.) und Wiedmann (2002: 125). In der Altersstruktur kann ein wichtiges Indiz für die Anzahl zu erwartender Nachfolgefälle gesehen werden.

päische Kommission für Gesamteuropa erwartet.[73] Es kann daher gefolgert werden, dass für Deutschland insgesamt kein Sondereffekt zu berücksichtigen ist.

1.6 Häufung von Fremdmanagement

Sich zu entscheiden, familienfremden Managern die Verantwortung für die Führung der Geschäfte des eigenen Unternehmens zu übertragen, fällt vielen Unternehmerfamilien nicht leicht.[74] Denn oftmals definieren sie ihre familiäre Identität zu einem großen Teil über die eigene Ausübung der Geschäftsführung. Dies wird als Basis des bisherigen Erfolgs und als Kern des familiären Selbstverständnisses angesehen. Die Übergabe der Geschäftsführung an Fremdmanager wird von einigen Unternehmerfamilien daher als persönliche Niederlage empfunden.[75] Die mit der Entscheidung über die Führungsform verbundenen Diskussionen sind aus diesem Grund geeignet, innerhalb der Familie zu intensiven Diskussionen zu führen.[76] Auch besteht eine signifikante Gefahr, die entsprechende Entscheidung hinauszuschieben oder zu verdrängen.[77]

Die Mehrzahl der Familienunternehmer bevorzugt zunächst die familieninterne Übergabe, d.h. die Übertragung der Unternehmensführung an eigene Nachkommen.[78] Ein Grund dafür kann die damit verbundene Erwartung sein, dass ein Familienmitglied

---

[73] Vgl. Institut für Mittelstandsforschung Bonn (2010c: 20), Europäische Kommission (2006: 9). Die europäische Kommission erwartet für den Zeitraum 2007-2017, dass sich in Europa ein Drittel der Unternehmer zurückgezogen hat bzw. zurückziehen wird. Bei angenommener Gleichverteilung entspricht dies einem Anteil von etwa 16,7% in dem vom IfM Bonn zugrunde gelegten 5-Jahreszeitraum. Dies deckt sich mit einer PwC-Studie, die einen im europäischen Vergleich unterdurchschnittlichen Anteil von Nachfolgen in Deutschland prognostiziert, vgl. PricewaterhouseCoopers (2006: 41). Anmerkung: Das IfM Bonn hat sein Schätzverfahren 2010 überarbeitet und setzt nun Übergabewürdigkeit gemessen an einem Mindest-Jahresgewinn voraus. Auf die hier ermittelten Anteile hat die neue Methodik allerdings keinen Einfluss, denn aus früheren IfM Bonn-Publikationen ergeben sich nahezu die gleichen Anteile (vgl. Institut für Mittelstandsforschung Bonn (2004: 66), Freund (2004: 66) oder Schröer & Freund (1999: 25)).

[74] Vgl. Helfat & Bailey (2005: 47).

[75] Vgl. May et al. (2005: 4 f. und 9). Über drei Viertel der befragten Familienunternehmen mit Fremdmanagement gaben an, diese Führungsform nur deshalb gewählt zu haben, weil eine familieninterne Führung nicht möglich war. Überraschenderweise zeigen sie sich aber nahezu ebenso zufrieden mit ihrer Führungsform wie die Eigentümer familiengeführter Unternehmen.

[76] Vgl. Fritsch & Grotz (2007: 3 und 8).

[77] Vgl. Schäfer (2006: 18).

[78] Vgl. Albach (2002: 165), Riedel (2003d: 19), Anderson & Reeb (2003: 1306), Mertens (2003: 284), Schwarz (2001: 2385), Mertens (2004: 11), Jeuschede (2004: 28) oder Institut für Mittelstandsforschung Bonn (2012: 26). Die Untersuchung von PricewaterhouseCoopers (2008a: 1, 13 und 32) stellt eine in Deutschland mit 73% überproportional vorhandene Neigung zur Eigentumsübertragung innerhalb der Familie fest (internationaler Durchschnitt 51%).

das Unternehmen eher in ihrem Sinne führt, da es bereits im Unternehmensumfeld und mit denselben Werten aufgewachsen ist.[79] In einigen Fällen dürfte auch die unausgesprochene Erwartung der Familie eine Rolle spielen, auf einen familieneigenen Nachfolger besser Einfluss nehmen zu können als auf einen familienfremden Nachfolger.[80] Die Präferenz für familiäre Nachfolger kann soweit führen, dass objektiv nicht geeignete Nachfolger in die Geschäftsführung aufgenommen werden.[81]

Erst langsam setzt sich die Erkenntnis durch, dass die Wahrnehmung der operativen Unternehmensführung keinesfalls immer in der Hand der Eigentümerfamilie liegen muss.[82] ALBACH (1995) fordert unter dem Begriff „Öffnungsmanagement" die konsequente Öffnung von Familienunternehmen für familienfremde Manager und zusätzlich auch für den Kapitalmarkt und beschreibt beides als Erfolgsbedingung für Familienunternehmen.[83] Die Einstellung eines Fremdmanagers ist ein Weg, um aktuelles Managementwissen in das Familienunternehmen zu integrieren oder um einen Mangel an familien- und unternehmensinternen Kandidaten auszugleichen.[84]

Festzustellen ist, dass die Akzeptanz von Fremdmanagern stark von der Unternehmensgröße abhängt. Denn tendenziell steigt der Anteil familienexterner Nachfolger mit zunehmender Unternehmensgröße und Internationalisierung.[85] Bei den Familienunternehmen mit einem jährlichen Umsatz von mehr als 0,5 Mrd. Euro liegt in der Untersuchung von KLEIN (2000) der Anteil rein familienexterner Führung mit knapp 30% mehr als doppelt so hoch wie der entsprechende Durchschnittswert der Grund-

---

79 Vgl. Schwarz (2001: 2385) und Klein (2009: 76).
80 Vgl. Anderson & Reeb (2003: 1306).
81 Vgl. Bechtle (1983: 122 und 147).
82 Vgl. Hennerkes (2005: 43) oder Jeuschede (2004: 32).
83 Vgl. Albach (1995), Albach & Freund (1989: 269), Albach (2002: 168) oder auch Wiedmann (2002: 132) und Fritsch & Grotz (2007: 3).
84 Vgl. Dyer (1989: 222 f. und 227). Anlass für einen Führungskräftebedarf kann neben der Managementnachfolge auch ein durch Unternehmenswachstum bedingter Bedarf oder ein gewünschter Strategiewechsel sein. Schackmann (2003: 47) sieht in Fremdmanagement auch eine denkbare Zwischenstufe vor einem Unternehmensverkauf.
85 Vgl. Habig & Berninghaus (1998: 12 f. und 91), Klein (2000: 171), von Schultzendorff (1984: 39), Schackmann (2003: 45), Freund (2004: 72), May et al. (2005: 3) oder PricewaterhouseCoopers (2008b: 6 und 8 f.).

gesamtheit (14%).[86] Der Grund dafür wird von den meisten Autoren in den mit zunehmender Unternehmensgröße steigenden Qualifikationsanforderungen an die Bewerber gesehen. Hinzu kommt eine wegen der begrenzten Anzahl eigener Kandidaten sinkende Wahrscheinlichkeit, in den eigenen Reihen ausreichend qualifizierte Nachfolger zu finden.[87] Durch den Einbezug der auf dem externen Managermarkt zur Verfügung stehenden Kandidaten erweitern Familienunternehmen massiv ihre Auswahloptionen für diese sehr wichtige Unternehmensressource.[88] Denn auf dem externen Managermarkt stehen viel mehr qualifizierte, erfahrene und motivierte Manager zur Verfügung als in jeder noch so großen Familie.

CRAVOTTA hat 2010 eine Untersuchung veröffentlicht, die sich mit Managementstrukturen in deutschen Familienunternehmen beschäftigt. Die Untersuchung bestätigt, dass der Anteil reiner Familienführung mit zunehmender Unternehmensgröße abnimmt.[89] CRAVOTTA (2010) ermittelt für Familienunternehmen mit einem Umsatz von mehr als 0,5 Mrd. Euro einen Anteil von 28% rein familiengeführter Unternehmen. In den übrigen untersuchten Familienunternehmen wird die Geschäftsführung aber ganz (Fremdmanagement, 28%) oder teilweise (gemischte Geschäftsführungen,

[86] Vgl. Klein (2000: 171), Basis ist eine Zufallsstichprobe aus der Hoppenstedt-Firmendatenbank 1995. Im Gesamtschnitt der Untersuchung praktizieren 44% der deutschen Familienunternehmen eine familieninterne Führung, 42% eine gemischte Geschäftsführung und 14% eine rein familienexterne Führung. Der tendenzielle Anstieg des Anteils wird über verschiedene Umsatzgrößenklassen dargestellt.

[87] Vgl. Mertens (2004: 17), Aronoff & Ward (2000: 4), Freund (2004: 72), Anderson & Reeb (2003: 1301 f.), Chittoor & Das (2007: 71) oder Ahrens (1989: 257).

[88] Vgl. Chua et al. (2009: 364).

[89] Die Anzahl der Familienunternehmen mit über 0,5 Mrd. Euro Umsatz liegt bei Klein (2000) mit 87 höher als bei Cravotta (2010), der relative Anteil niedriger (9%). In der 2002 von Klein analog durchgeführten Untersuchung (n=1.159, vgl. Klein (2004: 39, 128 ff. und 246 ff.)) wurden die Ergebnisse strukturell anders aufbereitet, die Vergleichbarkeit ist daher eingeschränkt. Ergänzend liegen drei weitere Untersuchungen vor. Bei Jeuschede (2004: 22) betrugen die Anteile 17,4% (Fremdmanagement), 63,6% (gemischte Geschäftsführung) und 19% (Familienführung). Die Stichprobe war kleiner (n=152), Auswertungszeitraum und Unternehmensgrößen sind unbekannt. Bei May et al. (2005: 3) betrugen die Anteile entsprechend 10,2%, 30,7% und 59,1%. 7,5% der 361 untersuchten Familienunternehmen erzielten einen Umsatz über 0,5 Mrd. Euro, die Anteile der verschiedenen Führungsformen wurden aber nicht nach Umsatz (durchschnittlich ca. 40-50 Mio. Euro) differenziert. Auch PricewaterhouseCoopers (2008b: 9 und 18 f.) untersuchen im Durchschnitt kleinere Unternehmen (n=118, knapp die Hälfte mit einem Umsatz kleiner als 50 Mio. Euro, ein Drittel über 80 Mio. Euro). Die Anteile der Führungsformen betrugen entsprechend 15%, 60% und 25%.

43%) von Fremdmanagern ausgeübt.[90] Die folgende Abbildung zeigt die Verteilung der Führungsformen in der Untersuchung von CRAVOTTA (2010).

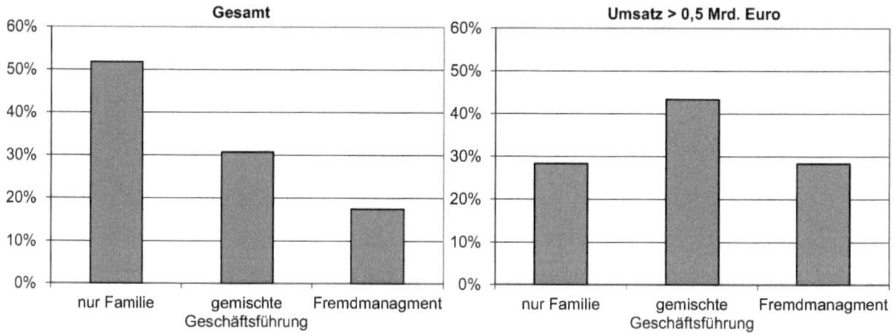

Abbildung 5: Anteil von Familienmitgliedern an der Geschäftsführung

Bei der Wahl der präferierten Nachfolgeform ist für die kommenden Jahre mit einer anhaltenden Verschiebung der Anteile zugunsten familienexterner Lösungen zu rechnen.[91] Nach der Untersuchung von PRICEWATERHOUSECOOPERS (2006) hat eine deutliche Verschiebung bereits in den vergangenen Jahren stattgefunden. Die Studie prognostiziert, dass in den nächsten Jahren nur noch ein Drittel der Unternehmer ihr Unternehmen an einen familieninternen Nachfolger übergeben werden können.[92] Die übrigen Unternehmer haben demnach im Wesentlichen nur die Auswahl, familienfremde Manager zu beauftragen (d.h. aus Sicht der Familie eine Trennung von Eigentum und Führung vorzunehmen) oder das Unternehmen zu veräußern.[93]

---

90 Vgl. Cravotta (2010: 4 und 21). 60 der 475 untersuchten Familienunternehmen (12,6%) erzielen einen Umsatz von über 0,5 Mrd. Euro. Es handelt sich um deutsche Mehr-Generationen-Familienunternehmen (definiert dadurch, dass sie mindestens 100 Jahre alt sind) des produzierenden Gewerbes. Innerhalb aller gemischten Geschäftsführungen herrscht in 56,2% der Fälle Gleichrangigkeit der Geschäftsführer, in 37% der Fälle waren Familienmanager Vorsitzende bzw. Sprecher, bei den übrigen 6,8% übernahmen Fremdmanager diese Funktion.

91 Vgl. Bailey & Helfat (2003: 348), Venter et al. (2005: 298) oder Albach & Freund (1989: 91). PricewaterhouseCoopers (2008b: 6 und 10) erwartet eine Zunahme von Fremdmanagement insbesondere für mittlere Familienunternehmen, die größeren hätten diese Führungsform bereits in den vergangenen Jahren stärker genutzt.

92 Vgl. PricewaterhouseCoopers (2008a: 3, 24 und 35).

93 Vgl. Riedel (2003c: 38) oder Kapitza (2004: 126 f.).

Die Zweckmäßigkeit familieninterner Führung wird in Wissenschaft und Praxis immer wieder bezweifelt.[94] Immer häufiger steht zudem faktisch kein familieninterner Nachfolger zur Verfügung,[95] entweder weil

- die Nachkommen die Nachfolge nicht antreten wollen (da sie sich z.B. beruflich anders orientieren oder aus anderen Gründen nicht bereit sind) oder
- die Nachkommen die Nachfolge nicht antreten sollen (da z.B. keiner der Nachkommen als hinreichend qualifiziert für die Nachfolge befunden wird).[96]

Verschiedene Autoren berichten über eine in den vergangenen Jahren zurückgehende Bereitschaft der eigenen Nachkommen von Unternehmern zur Nachfolge. Laut ALBACH (2002) finden Familienunternehmen tatsächlich nur noch selten einen geeigneten Nachfolger in den eigenen Reihen: „... nur im glücklichen Fall findet sich ein Nachfolger, der kann und will“[97]. An der Einstellung externer Führungskräfte führt dem Autor zufolge oft allein schon wegen nicht vorhandener oder nicht gewillter qualifizierter eigener Nachkommen kein Weg vorbei.[98]

Fremdmanager können auch für die temporäre Führung eines Familienunternehmens eine adäquate Lösung sein. Dies kann z.B. dann der Fall sein, wenn eine Generationenlücke überbrückt werden soll oder wenn bereits ein familieninterner Nachfolger ausgewählt wurde, diesem aber noch Zeit gegeben werden soll, um sich auf die Führungsaufgabe vorzubereiten.[99] Über die Hälfte der in der Studie von

---

94 Vgl. Klein (2004: 217). Zu Details wird auf Kapitel 3 verwiesen.

95 Vgl. Riedel (2003d: 19). Dem Autor zufolge trifft dies bereits auf die Mehrzahl der Nachfolgefälle zu. Gerke-Holzhäuer (1996: 44) gibt eine Auswahl an Argumenten für eine zurückgehende Bereitschaft zur Nachfolge.

96 Vgl. Gruhler (1998: 174), Handler (1989: 272) oder Chua et al. (2009: 355). Felden & Klaus (2007: 29) stellen fest, dass in knapp 30% der Fälle Kinder oder Mitarbeiter nicht geeignet für die Nachfolge sind, Basis: Daten des IfM Bonn aus 2003. Die verringerte Verfügbarkeit familieneigener Nachfolger beeinträchtigt möglicherweise auch die Fähigkeit der Familie zur Ausübung effizienter Kontrolle sowie zur Auswahl von Fremdmanagern, vgl. auch Bechtle (1983: 148). Familienunternehmen sind dann nicht nur in der Geschäftsführung, sondern auch in ihren Aufsichtsgremien auf familienexterne Expertise angewiesen.

97 Vgl. Albach (2002: 165).

98 Vgl. Albach (2002: 169). Laut Felden & Klaus (2007: 29) sind auf Basis von Daten des IfM Bonn aus dem Jahre 2003 in knapp 57% der Fälle Kinder nicht an der Nachfolge interessiert, ähnlich Albach & Freund (1989: 43). Zellweger et al. (2012: 40) stellen in ihrer Untersuchung einen Anteil von 74% fest. Im Jahr 2004 konnte in 43,8% der vom IfM Bonn untersuchten Unternehmen eine Übergabe an Familienmitglieder erfolgen, vgl. IfM Bonn, zitiert nach Krüger (2006: 240) sowie Mertens (2004: 12). Im Jahre 2002 lag der Anteil bei 45,6%.

99 Vgl. Bechtle (1983: 145), Mertens (2004: 19), Hennerkes (2005: 177) oder Habig & Berninghaus (1998: 91).

PRICEWATERHOUSECOOPERS (2008) befragten Familienunternehmen würden im Fall eines unvorhergesehenen Ausfalls des Übergebers ebenfalls einen externen Manager wählen, bis geeignete Nachfolger aus der Familie ein hinreichendes Alter erreicht haben.[100] CHITTOR (2007) sieht einen wichtigen Vorteil von Fremdmanagement darin, personelle Anpassungen flexibler vornehmen zu können. Besetzungsfehler könnten im Gegensatz zu familieninternen Lösungen einfacher korrigiert werden.[101]

Im Ausnahmefall kann auch ein Überschuss an geeigneten Nachfolgern in den eigenen Reihen Auslöser für die Einstellung von Fremdmanagern sein, falls sich die Beteiligten nicht auf einen Kandidaten einigen können. Fremdmanagement kann in diesem Fall ein Instrument der Konfliktlösung bzw. -vermeidung sein.[102] Die folgende Abbildung zeigt häufig genannte Gründe in der Literatur für den Einsatz von Fremdmanagern.

Abbildung 6: Gründe für die Wahl eines familienfremden Nachfolgers [103]

---

[100] Vgl. PricewaterhouseCoopers (2008a: 15).

[101] Vgl. Chittoor & Das (2007: 71).

[102] Vgl. Chittoor & Das (2007: 69 ff.), Fritsch & Grotz (2007: 8) und Mertens (2004: 18 f.). Ahrens (1989: 257) weist auf Risiken aus einer solchen Konstellation hin. Allgemein sind Instrumente zur Konfliktlösung in deutschen Familienunternehmen noch nicht ausreichend etabliert, auch wenn diese im internationalen Vergleich weiter entwickelt sind, vgl. PricewaterhouseCoopers (2008a: 23 f.).

[103] Diese und weitere Gründe nennen z.B. Bechtle (1983: 148 ff.), Bailey & Helfat (2003: 349 f.), Mertens (2004: 18 f.), Jeuschede (2004: 62 ff.) oder Koeberle-Schmid & Nützel (2005: 58). Laut Ahrens (1989: 257) lassen sich die Gründe gruppieren nach a) freier Entscheidung, b) Einwirkung von außen oder c) Uneinigkeit der Gesellschafter. Letzteres sei für den übernehmenden Fremdmanager die schlechteste Ausgangsbasis, vgl. Jeuschede (2004: 64).

Auch für die Bildung einer gemischten Geschäftsführung kommen viele der in der Abbildung genannten Gründe in Betracht. Eine wichtige zusätzliche Funktion, die ein Fremdmanager in gemischten Geschäftsführungen wahrnehmen kann, ist die direkte Einarbeitung und Unterstützung familieneigener Nachfolger.[104]

Streben Familienunternehmen eine familieninterne Nachfolge an, so ist vermehrt die Tendenz festzustellen, dass sich familieninterne Kandidaten gegen externe Kandidaten bewähren müssen.[105] Mittlerweile berücksichtigen 77% der deutschen Familienunternehmen für den Auswahlprozess von Führungspositionen sowohl Bewerber ausder Familie als auch familienexterne Bewerber.[106] Während früher häufig nepotistische Motive ein Grund dafür waren, der familieninternen Nachfolge den Vorrang zu geben, zeigen Familienunternehmer heute eine zunehmende Rationalisierung und Professionalisierung des Entscheidungsverhaltens.[107] Eine durch Rücksichtnahme auf die Familie begründete Beschränkung der Nachfolgerauswahl auf Familienmitglieder stellt aus Sicht von JEUSCHEDE (2004) eine Gefährdung für das Unternehmen dar.[108] Viele große und etablierte Familienunternehmen hätten dies erkannt. Familienmitglieder bekommen dort nicht mehr automatisch unternehmerische Verantwortung übertragen, vielmehr müssen sie sich nachweisbar für die Geschäftsführung qualifizieren.[109] Dies erfolgt in der Regel durch eine streng an Leistungskriterien aus-

---

[104] Vgl. Bechtle (1983: 152). Ein weiterer Grund kann die Aufnahme eines zusätzlichen Gesellschafters sein, um einen Kapitalbedarf des Unternehmens zu decken. Weitere Gründe siehe z.B. Aronoff & Ward (2000: 7 ff. und 37 f.).

[105] Vgl. Prudent (2003a: 77 f.).

[106] Vgl. PricewaterhouseCoopers (2008a: 14). In der vergleichbaren Studie von 2006 lag dieser Anteil erst bei 56%, vgl. PricewaterhouseCoopers (2006: 27 f.). In einer Intes-Studie aus dem Jahr 2006 gaben knapp 70% der befragten Familienunternehmen (n>300) an, dass bei ihnen die Eignung Vorrang vor der Familienzugehörigkeit habe – bei den überdurchschnittlich erfolgreichen Studienteilnehmern lag der Anteil jedoch bei etwa 83%, vgl. May et al. (2006: 1 und 6).

[107] Vgl. Bechtle (1983: 122) und Prudent (2003a: 78). Nepotismus bezeichnet eine Vorteilsverschaffung für Familienmitglieder bzw. nahe Verwandte. Chua et al. (2009: 360) definieren Professionalisierung als Dezentralisierung von Entscheidungskompetenzen im Rahmen einer Öffnung für Fremdmanager und für moderne Managementwerkzeuge. Dawson (2011: 190 und 196) zeigt, dass dies wichtige Voraussetzungen sind, falls Familienunternehmen externe Investoren anziehen wollen. Zum Status der Nutzung von Kapitalmarktinstrumenten durch deutsche Familienunternehmen siehe Achleitner et al. (2011).

[108] Vgl. Jeuschede (2004: 14). Bei reiner Leistungsorientierung sei es langfristig offensichtlich, dass Eigentum und Führung getrennt werden müssen, vgl. Chittoor & Das (2007: 71). Jedoch geben noch 23% der befragten Familienunternehmen in der Studie von PricewaterhouseCoopers (2008a: 14) an, für eine bei ihnen geplante Nachfolge ausschließlich familieneigene Kandidaten zu berücksichtigen.

[109] Vgl. Riedel (2003b: 33 f.), Prudent (2003a: 78) oder Jeuschede (2004: 28). Jeuschede (2004) nennt als Beispiele Bertelsmann, Oetker, Würth und Heraeus.

gerichtete Auswahl des Nachfolgers.[110] Erwartet werden zumeist ein guter Studienabschluss, Tätigkeiten im eigenen Unternehmen sowie eine mehrjährige Berufstätigkeit außerhalb des eigenen Unternehmens.[111]

Der Deutsche Governance Kodex für Familienunternehmen fordert für die Beurteilung von Führungskandidaten aus der Familie die Anwendung derselben Kriterien und Verfahren wie für Fremdmanager.[112] Soweit das Unternehmen einen Beirat eingerichtet hat, ist dieser häufig in die Bewertung der Qualifikation von Bewerbern aus der Familie involviert.[113] Die Eignungsbewertung von Fremdmanagern wird teilweise durch den Unternehmensbeirat vorgenommen, häufig aber auch durch die Gesellschafter selbst oder sogar die bestehende Geschäftsführung.[114]

Andere Eigentümerfamilien gehen einen Schritt weiter und schließen Familienmitglieder grundsätzlich von der Wahrnehmung operativer Funktionen im eigenen Unternehmen aus (z.B. Haniel und Porsche). Allerdings ist jeder Fall individuell zu betrachten. Denn häufig ist zu beobachten, dass sich Unternehmer zwar entschließen, Fremdmanager einzusetzen, dabei aber Schwierigkeiten haben, diesen volle Entscheidungskompetenzen zuzubilligen oder sie als gleichberechtigte Partner in einer gemischten Geschäftsführung zu akzeptieren.[115]

Neben einer in der Praxis steigenden Anzahl fremdgemanagter Familienunternehmen ist die Notwendigkeit einer Untersuchung des Themas insbesondere durch die Tatsache begründet, dass etwa jede zweite Nachfolge in Familienunternehmen durch Einsetzung eines Fremdmanagements scheitert.[116] Dabei ist aber auffällig, dass es eine Reihe großer Familienunternehmen gibt, die zum Teil seit Generationen sehr erfolgreich ein Fremdmanagement installiert haben (z.B. Henkel, Vorwerk, Porsche). MAY (2003) sieht im Scheitern von Fremdmanagern daher auch keinen Auto-

---

[110] Vgl. Chittoor & Das (2007: 71).
[111] Vgl. Jeuschede (2004: 76) und Albach & Freund (1989: 47 f. oder 66).
[112] Vgl. Kommission Governance Kodex für Familienunternehmen (2011: Kapitel 4.2) und Witt (2008: 3).
[113] Albach & Freund (1989: 215) nennen Nachfolgesicherung als eine der Aufgaben eines Beirates.
[114] Vgl. May et al. (2005: 7 f.). Knapp 60% der von May et al. (2005) untersuchten Familienunternehmen nutzen die Hilfe von Headhuntern bzw. Personalberatern.
[115] Vgl. Jeuschede (2004: 27 ff.).
[116] Vgl. Becker (2006: 43).

matismus.[117] Wichtig für Familienunternehmen sei es, zu erkennen, dass es sich bei der Nachfolge um eine grundlegende Zäsur für ein Familienunternehmen handelt. Diese erfordere umfangreiche Veränderungen nicht nur im Unternehmen, sondern auch in der Rollenwahrnehmung der Eigentümerfamilie.

1.7 Eingrenzung des Themas und weiterer Aufbau der Arbeit

Die vorliegende Forschungsarbeit untersucht die Beschäftigung von Fremdmanagern in der obersten operativen Führungsebene großer deutscher Familienunternehmen. Diese Unternehmen haben herausragende Bedeutung für die deutsche Volkswirtschaft. Sowohl ihre absolute Anzahl als auch ihre relative Bedeutung (z.B. Anteil an der nationalen Wirtschaftsleistung und der Gesamtanzahl der Arbeitsplätze) macht sie zu einer wichtigen Organisationsform von Unternehmen in Deutschland.

Es gibt eine Reihe von Unterschieden zu Nicht-Familienunternehmen. Zwei wesentliche Unterschiede liegen in der bestimmenden Einflussnahme einer oder weniger Eigentümerfamilien sowie einer zumeist abweichenden Form der Führungsorganisation. Ergänzend zu diesen institutionellen Abgrenzungskriterien ist für Familienunternehmen charakteristisch, dass bei der Besetzung von operativen Führungspositionen verwandtschaftlich verbundene Personen zumeist unmittelbar in die Auswahl einbezogen werden. Aus dieser Vermengung von familiärer und unternehmerischer Sphäre könnte resultieren, dass Entscheidungen bezüglich der Besetzung von Führungspositionen in Familienunternehmen anderen Regeln folgen als in Nicht-Familienunternehmen. Eine Reihe von gescheiterten Nachfolgen in Familienunternehmen impliziert, dass das Nachfolgeereignis das Potenzial für schwerwiegende Fehler birgt. Die Aufgabe der Betriebswirtschaftslehre als anwendungsorientierter Wissenschaft ist es, Lösungswege für diese praxisrelevante Problemstellung zu finden.[118] Es besteht daher eine Berechtigung für wissenschaftliche Untersuchungen zu Fragestellungen der Nachfolge in Familienunternehmen.

In den vergangenen Jahren ist eine Häufung von Nachfolgen durch Fremdmanager zu beobachten. Treiber dieser Entwicklung sind im Wesentlichen gestiegene Qualifi-

---

[117] Vgl. May (2003: 89), „Das Scheitern ist kein Naturgesetz“.
[118] Vgl. Wiedmann (2002: 16 ff.), von Schultzendorff (1984: 11 ff.) oder Bechtle (1983: 3).

kationsanforderungen und eine zurückgehende Bereitschaft von Familienmitgliedern, die Nachfolge anzutreten. Viele Unternehmen haben aber Probleme mit der Entscheidung für die Einbeziehung von Fremdmanagern in ihre Nachfolgeplanungen. Zudem gestaltet sich ein signifikanter Anteil der Nachfolgen durch Fremdmanager in der Praxis als schwierig. Die vorliegende Arbeit fokussiert sich auf diesen Themenbereich der Führungsnachfolge durch Fremdmanager in Familienunternehmen. In der Wissenschaft herrscht Konsens, dass in der Governance- und Führungsstruktur eines Unternehmens sowie der effizienten Anreizgestaltung für Manager die wesentlichen Instrumente liegen, um den Erfolg einer Vertragsbeziehung zwischen Familienunternehmen und Fremdmanager zu steigern.[119] Im Vordergrund dieser Arbeit stehen daher die Eignung von Führungsformen unter Beteiligung von Fremdmanagern sowie die optimale Gestaltung von Anreizen für Fremdmanager in Familienunternehmen.

Im nachfolgenden *Kapitel 2* werden die für diese Themen relevanten theoretischen Grundlagen vorgestellt. *Kapitel 3* gibt einen Überblick über den bisherigen Forschungsstand. Soweit es hilfreich erscheint, wird auch auf Erkenntnisse zu angrenzenden, Familienunternehmen betreffende Fragestellungen eingegangen. Aus dem Forschungsüberblick wird abgeleitet, welche Aspekte bisher noch nicht ausreichend erforscht wurden (Forschungslücke). Darauf basierend werden die Forschungsfragen der Untersuchung ausgearbeitet. *Kapitel 4* beschreibt die Vorgehensweise bei der empirischen Prüfung der Forschungsfragen. Grundlage der Prüfung sind Fallstudieninterviews mit zehn renommierten deutschen Familienunternehmern. Die aus den Interviews gewonnenen Erkenntnisse zur Theoriefortschreibung werden in *Kapitel 5* vorgestellt. *Kapitel 6* fasst die Ergebnisse der Arbeit zusammen und gibt einen Ausblick auf Implikationen für Wissenschaft und Praxis.[120] Die folgende Abbildung zeigt die einzelnen Kapitel der vorliegenden Arbeit im Überblick:

---

[119] Vgl. Davis et al. (1997: 2 und 23 ff.). Was unter Anreizen für Manager zu verstehen ist, wird in Kapitel 2.3 vertieft.

[120] Das Vorgehen entspricht der von Yin (2003b: 152) vorgestellten linear-analytischen Struktur einer Fallstudienuntersuchung.

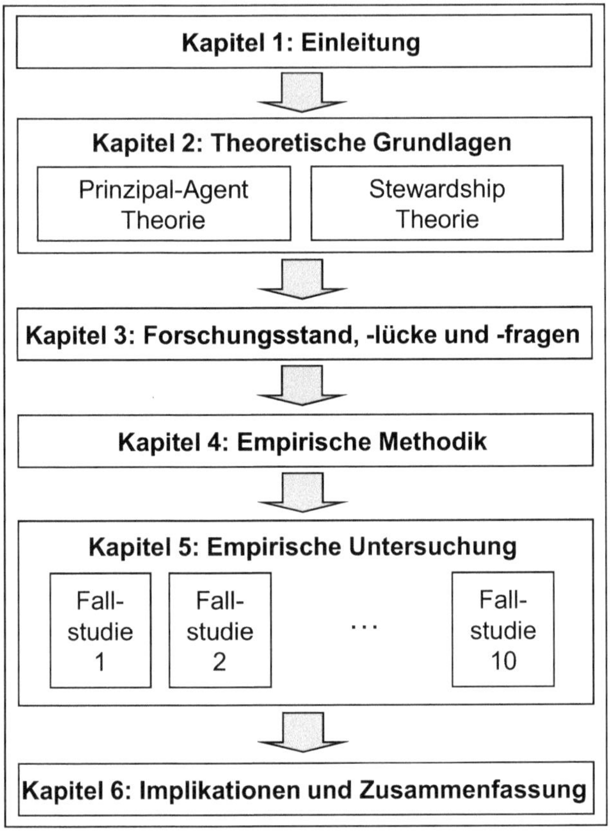

Abbildung 7: Aufbau der Untersuchung

2 Theoretische Grundlagen

Die folgende Abbildung bietet einen Überblick über die wichtigsten Ansätze für die Analyse des Verhaltens von Individuen in Institutionen:

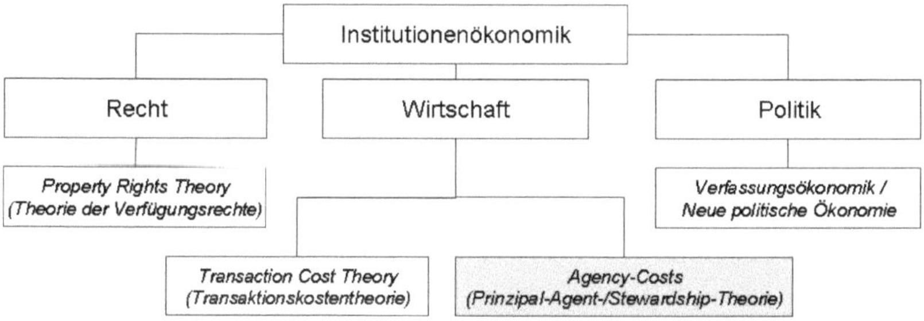

Abbildung 8: Theorien der Unternehmung[121]

Die Institutionenökonomik bündelt verschiedene Theorien zur Analyse von Unternehmen und unterscheidet drei Bereiche von Institutionen: Recht, Wirtschaft und Politik. Im Mittelpunkt der Institutionenökonomik steht die Analyse von ökonomischen Institutionen (z.B. Verträge, Verfügungsrechte, Hierarchien, Märkte) mit dem Ziel, deren Struktur, Verhaltenswirkungen, Effizienz und Wandel zu erklären.[122] Für die vorliegende Arbeit sind die Prinzipal-Agent- und Stewardship-Theorie relevant, die zur Analyse von Agency-Kosten aus der vertraglichen Beziehung zwischen Eigentümer und Fremdmanager in Familienunternehmen genutzt werden.[123]

[121] Vgl. Kirchdörfer & Kögel (2000: 223 ff.), Boyd (2007: 10 ff.) oder Kieser & Walgenbach (2007: 50). Gemäß Ebers & Gotsch (2006: 247) gibt es keine einheitliche Neue Institutionenökonomik. Vielmehr handelt es sich mit der Theorie der Verfügungsrechte, der Prinzipal-Agent-Theorie und der Transaktionskostentheorie um drei verschiedene, sich ergänzende Ansätze. Andere Klassifizierungen sind möglich, so führen z.B. Seth & Thomas (1994: 167 ff.) Prinzipal-Agent- und Transaktionskosten-Theorie als eigenständige Ansätze und nicht als Teil der Neuen Institutionenökonomik.

[122] Vgl. Ebers & Gotsch (2006: 247). Die Neue Institutionenökonomik versteht Organisationen als Netzwerk vertraglicher Auftragsbeziehungen, das abhängig ist von effizienter Vertragsgestaltung.

[123] Gegenstand der Betrachtung ist in der Neuen Institutionenökonomik die Effizienz von Verträgen. Zur Analyse dienen die Transaktionskostentheorie sowie insbesondere die Prinzipal-Agent- und Stewardship-Theorie.

2.1 Prinzipal-Agent-Theorie

Thematisch sind die in dieser Arbeit im Vordergrund stehenden Themen Führungsform und Anreizgestaltung Teilaspekte der Corporate Governance – der Organisation von Leitung und Kontrolle in Unternehmen mit dem Ziel des Interessensausleichs zwischen den beteiligten Anspruchsgruppen.[124] In Bezug auf Familienunternehmen wird in diesem Zusammenhang auch der Begriff Family Business Governance genutzt. Dieser umfasst die Business Governance (auf das Familienunternehmen bezogen) und die Family Governance (auf die Unternehmerfamilie bezogen).[125] Die Prinzipal-Agent-Theorie ist seit Jahrzehnten eine der wichtigsten Grundlagen der betriebswirtschaftlichen Governance-Forschung.[126] Da in der Wissenschaft bisher überwiegend die neoklassische Interpretation der Prinzipal-Agent-Theorie Anwendung gefunden hat, wird zunächst diese vorgestellt bevor später auf Modifizierungen im Rahmen der Neuen Institutionenökonomik eingegangen wird.

2.1.1 Einführung

Die Prinzipal-Agent-Theorie analysiert vertragliche Beziehungen zwischen einem Auftraggeber (Prinzipal) und einem Auftragnehmer (Agenten).[127] Für beide Akteure liegt unter anderem die Annahme zugrunde, dass sie sich individuell nutzenmaximierend verhalten. Da die Interessen der Akteure in Konflikt zueinander stehen (können), verfolgt ein Agent möglicherweise nicht von selbst vollständig die Ziele des ihn

---

[124] Vgl. Witt (2003: 1).

[125] Vgl. Witt (2008: 3), Aronoff & Ward (1996), Klein (2009: 68), Koeberle-Schmid & Nützel (2005), Pieper (2003) sowie Witt (2003: 1). Diese Definition wurde gewählt, da sie den in dieser Arbeit untersuchten Interessensausgleich zwischen Eigentümer und Manager in den Vordergrund stellt. Im Vergleich zur Corporate Governance sind zusätzliche Dimensionen der Family Business Governance die Familie und die mögliche Existenz nicht-monetärer Ziele. Zur Umsetzung des Family Business Governance-Kodexes in deutschen Familienunternehmen vgl. May et al. (2006).

[126] Vgl. Witt (2003: 1), Witt (2008: 2). Die Prinzipal-Agent-Theorie wird auch in Arbeiten über Familienunternehmen eingesetzt, vgl. Chua et al. (2009: 356). In deutschsprachigen Arbeiten wird sie vereinzelt mit dem Begriff Agenturtheorie bezeichnet.

[127] Vgl. Ebers & Gotsch (2006: 258), Kirchdörfer & Kögel (2000: 226) und Ross (1973: 134). Die Prinzipal-Agent-Theorie beschränkt sich auf den Vertrag zwischen den Akteuren sowie die in ihm geregelte Kompensation, vgl. Chua et al. (2009: 36 und 362). Neben vertraglichen Regelungen haben rechtliche Rahmenbedingungen (Gesellschafts-, Kapitalmarkt- und Strafrecht) Einfluss auf die Beziehung zwischen Prinzipal und Agent, vgl. Kirchdörfer & Kögel (2000: 224).

beauftragenden Prinzipals.[128] Die Theorie befasst sich mit der Frage, wie sicherzustellen ist, dass der Agent das tut, was im Sinne des Prinzipals ist, und nicht das, was ihm selber nützt.

Konsens ist, dass die Entwicklung der Prinzipal-Agent-Theorie auf die Arbeit von BERLE UND MEANS „The Modern Corporation and Private Property" aus dem Jahr 1932 zurückgeht. Die Autoren kommen zu dem Schluss, dass das Hauptproblem großer Unternehmen die Trennung von Eigentum und Führung ist. Denn dadurch tragen zwar die Aktionäre bzw. Gesellschafter das wirtschaftliche Risiko, verlieren jedoch die Kontrolle über das Unternehmen an die Unternehmensleitung. Diese erhält die grundsätzliche Möglichkeit, eigene Ziele zu verfolgen.[129] Weiterhin hatte auch die Arbeit von VON HAYEK (1945) „The Use of Knowledge in Society" einen maßgebenden Einfluss auf die Entwicklung der Prinzipal-Agent-Theorie.[130] Er beschreibt unvollkommene Informationen als ursächlich für das Grundproblem der Notwendigkeit von Koordinierung wirtschaftlicher Aktivitäten. Letztlich als Begründer der Theorie gilt aber ROSS (1973) mit seinem Aufsatz „The Economic Theory of Agency: The Principal's Problem".[131] Die genannten Autoren beschäftigen sich mit der Kernfrage, ob durch die Trennung von Eigentum und Führung ökonomische Nachteile, Fehlallokationen oder Wohlfahrtsverluste entstehen. Wenn dem so ist, so resultiert daraus die Frage, wie die Zusammenarbeit zwischen Prinzipal und Agent gestaltet werden kann, um diese Effekte zu begrenzen.[132] Die Prinzipal-Agent-Theorie bietet einen konzeptionellen Rahmen, um diese Frage zu analysieren.[133] JENSEN UND MECKLING (1976) prägten mit ihrem Aufsatz „Theory of the firm" den Be-

---

[128] Vgl. Chua et al. (2009: 357) und Ebers & Gotsch (2006: 258 f.). Pratt & Zeckhauser (1985: 2) sehen eine Agency-Beziehung immer als gegeben, wenn ein Individuum von dem Verhalten eines anderen abhängt. Typische Konstellationen dafür sind die Kreditgeber-Kreditnehmer- oder die Eigentümer-Mitarbeiter-Konstellation, vgl. Chrisman et al. (2004: 348) oder Eisenhardt (1989a: 60).

[129] Vgl. Kirchdörfer & Kögel (2000: 222 f.). Berle & Means (1932) beziehen sich auf Publikumsgesellschaften, auch die Arbeit von Coase (1937) ist in diesem Zusammenhang zu nennen. Die Agency-Sichtweise findet sich bereits bei Smith (1776), vgl. Witt (2003: 4), Witt (2008: 2) oder Sharma (2004: 15). Gutenberg (1983: 500 ff.) spricht in diesem Zusammenhang von „unipolaren" und „bipolaren" Unternehmen. Unipolare Unternehmen vereinen Eigentum und Führung in einem Pol (z.B. ein geschäftsführender Alleingesellschafter), bei bipolaren Unternehmen fallen Eigentum und Führung auseinander, vgl. auch Miller et al. (2003: 515).

[130] Vgl. von Hayek (1945).

[131] Vgl. Ross (1973). Eine weitere frühe Arbeit zu dem Thema stammt von Harris & Raviv (1979).

[132] Vgl. Spremann (1990: 562) und Mertens (2004: 13).

[133] Vgl. Chrisman et al. (2004: 336) und Davis et al. (1997: 24). Mögliche Arten von Agency-Kosten werden in Kapitel 2.1.3 beschrieben.

griff der Agency-Kosten für alle mit Prinzipal-Agent-Konflikten verbundenen Kosten.[134]

Im Kontext der vorliegenden Arbeit wird mit der Anstellung eines Fremdmanagers in einem Familienunternehmen eine typische Prinzipal-Agent-Beziehung geschaffen.[135] Der Eigentümer eines Familienunternehmens wird durch die Trennung von Eigentum und Führung zum Prinzipal und der mit der Führung des operativen Geschäfts beauftragte Fremdmanager zu seinem Agenten.[136]

2.1.2 Merkmale von Prinzipal-Agent-Beziehungen

Die Prinzipal-Agent-Theorie behandelt das Märkten inhärente Merkmal unvollkommener Informationen der Marktteilnehmer. Diese wird als „asymmetrische Informationsverteilung bezeichnet". Dabei ist von zwei Akteuren (Prinzipal und Agent) einer relativ gesehen besser informiert als der andere.[137] Zweites Merkmal ist, dass die beiden Akteure (zumindest partiell) unterschiedliche Interessen verfolgen („divergierende Nutzenfunktionen").[138] Drittes Merkmal ist, dass alle Marktteilnehmer über begrenzte Rationalität verfügen, d.h. über eine begrenzte Fähigkeit, Informationen auf-

---

[134] Vgl. Jensen & Meckling (1976), Chrisman et al. (2004: 335), Chua et al. (2003a: 97 f.) oder Chua et al. (2009: 357). Ebers & Gotsch (2006: 262) beschreiben Agency-Kosten als die in Kosten ausgedrückte Differenz einer Leistungserstellung durch einen Agenten bei vollständiger Information beider Partner („first best solution") einerseits und einer Leistungserstellung bei ungleicher Informationsverteilung („second best solution") andererseits. Eisenhardt (1989a: 58) beschreibt asymmetrische Informationsverteilung, voneinander abweichende Ziele der Vertragspartner und unmögliche bzw. zu teure Kontrollmöglichkeiten des Prinzipals als Parameter der Agency-Kosten.

[135] Vgl. Ross (1973), Chrisman et al. (2004: 335), Kirchdörfer & Kögel (2000: 230), Mertens (2004: 13) oder Hack (2009: 5 ff.). Witt (2008: 5) ergänzt in dieser Hinsicht für den Fall eines Familienunternehmens mit gemischter Geschäftsführung, dass familieneigene Geschäftsführer dann sowohl Prinzipal als auch Agent sein können. Das Monitoring der Fremdmanager sei für diesen zu deutlich niedrigeren Transaktionskosten möglich, als für andere Gesellschafter. Modelltheoretisch liegt dann eine zweistufige Prinzipal-Agent-Beziehung vor.

[136] Vgl. Davis et al. (1997: 22), Chua et al. (2003a: 98 f. und 102 ff.) oder Witt (2001b: 75). Agency-Kosten können in jeder Konstellation auftauchen, in der es auf kooperativen Input der Vertragspartner ankommt, vgl. Jensen & Meckling (1976: 309). Im Falle der Beteiligung externer Anteilseigner sind Agency-Kosten differenzierter zu betrachten, vgl. Chrisman et al. (2004: 340). Nur beim theoretischen Modell des vollkommenen Wettbewerbs fallen keine Agency-Kosten an, vgl. Witt (2001b: 77).

[137] Vgl. Pratt & Zeckhauser (1985: 2) oder Chua et al. (2009: 358). Jensen & Meckling (1976: 308) weisen darauf hin, dass die Ansätze von Property-Rights- und Prinzipal-Agent-Theorie hochgradig komplementär zueinander sind. Die Property-Rights-Theorie unterscheidet hinsichtlich Eigentumsrechten in formale (das Recht am Eigentum) und reale Autorität (effektive Entscheidungskontrolle). Der Schlüssel, um beide Autoritäten analysieren und abgrenzen zu können, liegt in der asymmetrischen Information, vgl. Aghion & Tirole (1997: 1 f. und 27).

[138] Vgl. Chrisman et al. (2004: 336 f.), Williamson (1975: 317 f.) oder Jensen & Meckling (1976: 308).

zunehmen, zu verarbeiten und zu erinnern, um optimale Lösungen zu verfolgen („bounded rationality").[139] Die folgenden Unterkapitel gehen auf diese drei Merkmale näher ein.

2.1.2.1 Asymmetrische Informationen

Informationsasymmetrien zwischen Vertragspartnern entstehen, wenn für mindestens einen von zwei Partnern Unsicherheit über Verhaltensmerkmale des jeweils anderen bestehen. Anders formuliert liegt eine Informationsasymmetrie vor, wenn mindestens ein Vertragspartner das Vertragsergebnis durch ein Verhaltensmerkmal potenziell beeinflussen kann, das dem Partner vor Vertragsabschluss (ex ante) nicht transparent war.[140] In der Praxis sind die meisten Vertragsbeziehungen durch Informationsasymmetrien gekennzeichnet. Dies ist der Grund für die Vereinbarung von umfangreichen vertraglichen Haftungs- oder Ausschlussrechten. Im hier interessierenden Fall handelt der Fremdmanager (Agent) im Auftrag des Eigentümers des Familienunternehmens (Prinzipal). Es liegt eine Informationsasymmetrie vor, denn sowohl vor als auch nach Vertragsschluss verfügen beide Parteien nicht über denselben Informationsstand hinsichtlich der übertragenen Aufgaben, des Kontextes sowie ihrer eigenen Motive und Verhaltensweisen. Z.B. kennt der Fremdmanager vor Vertragsschluss relevante Details des Unternehmens (geschäftliche Informationen) weniger gut als der Eigentümer. Gleichzeitig kennt der Eigentümer Indikatoren für die Leistung des Fremdmanagers (z.B. Kenntnis- und Erfahrungsstand, Fähigkeiten, etc.) weniger gut als dieser selbst. Nach Vertragsschluss offenbaren sich die Informationsdefizite sukzessive der jeweils anderen Partei. Parallel dazu entstehen neue Asymmetrien, da der Fremdmanager operative Details des Unternehmens bald bes-

[139] Vgl. Chua et al. (2003a: 98), Eisenhardt (1989a: 58 f.) oder Arrow (1980: 36). Haben die Vertragspartner identische Nutzenfunktionen, liegt keine Informationsasymmetrie und damit kein Agency-Konflikt vor, vgl. Davis et al. (1997: 22).

[140] Bei Vertragsschluss transparente Verhaltensmerkmale führen dagegen nicht zu Informationsasymmetrien, ebenso wenig wie Merkmale, die alle Partner bei ihrem Auftreten überraschen. Denn in diesen Fällen hatte keine Partei einen Informationsvorsprung, vgl. Spremann (1990: 562 ff.). Zur Bandbreite von Informationsasymmetrien in der familienexternen Nachfolge vgl. Institut für Mittelstandsforschung Bonn (2010b) und Institut für Mittelstandsforschung Bonn (2008).

ser kennt als der Eigentümer. Die Beziehung bleibt daher von Informationsasymmetrien gekennzeichnet.[141]

In der Praxis wird üblicherweise das Hilfsmittel des Vertrages verwendet, um Konflikte aus Informationsasymmetrien zu reduzieren. Ein Vertrag regelt die wichtigsten Merkmale (z.B. Leistung und Gegenleistung) einer Vertragsbeziehung. Hilfreich wären in diesem Zusammenhang Verträge, die sämtliche Eventualitäten abdecken und an jedes relevante Ereignis bzw. jeden relevanten Zustand eine vertragliche Folge knüpfen (sog. Kontingenzverträge).[142] Dies ist laut KIESER ET AL. (2007) nur theoretisch möglich.[143] Denn alle relevanten Ereignisfolgen bzw. Umweltzustände müssten vollständig antizipierbar sein, dokumentiert werden und jeweils mit Konsequenzen beschrieben werden. Dem stehen nicht aufzulösende Informationsasymmetrien, die im Folgenden noch zu beschreibenden begrenzten kognitiven Fähigkeiten von Menschen („bounded rationality") sowie hohe Kosten für die Informationsbeschaffung entgegen. Neben der praktischen Unmöglichkeit der Erstellung spricht auch eine fehlende Flexibilität gegen Kontingenzverträge.[144] In der Praxis bleiben Verträge daher immer unvollständig.[145]

Auch Verträge, die Eigentümer von Familienunternehmen und Fremdmanager miteinander schließen, sind zwangsläufig unvollständig. Der Wille des Eigentümers, dem Fremdmanager Handlungsspielräume einzuräumen, tritt erschwerend hinzu. Denn würde der Eigentümer alle Handlungen des Fremdmanagers vollständig vorgeben und kontrollieren, bräuchte er ihn nicht. Es läge de facto eine Eigentümer-

---

[141] Vgl. Witt (2003: 5), Chrisman et al. (2004), Backes-Gellner & Wolff (2001: 395), Bamberg & Coenenberg (2000: 171), Ebers & Gotsch (2006: 261), Kieser & Walgenbach (2007: 51) oder Pratt & Zeckhauser (1985: 1). Relevante Details des Unternehmens und der Unternehmerfamilie umfassen neben der wirtschaftlichen Situation des Unternehmens insbesondere auch Absichten und Verhalten der Familie im Umgang mit Fremdmanagern, vgl. auch Mertens (2004: 21 ff.). In der zunehmenden Internationalisierung, für die weitere, über die geschäftlichen Kenntnisse hinausgehende Qualifikationen erforderlich sind, sehen Gomez-Mejia et al. (2010: 244) einen Treiber für zunehmende Informationsasymmetrien.

[142] Vgl. Arrow (1980: 32), Williamson (1975: 317 f.), Harris & Raviv (1979: 231) oder Ebers & Gotsch (2006: 260 f.).

[143] Vgl. Kieser & Walgenbach (2007: 50 f.). Der Autor beschreibt eine prinzipielle Antizipierbarkeit von Verhalten, jedoch keine vollständige.

[144] Vgl. Spremann (1990: 573 ff.), Rost & Osterloh (2009: 123) oder Kirchdörfer & Kögel (2000: 226).

[145] Vgl. Williamson (1975: 318), Chrisman et al. (2004: 337), Ebers & Gotsch (2006: 260 f.) oder Gächter et al. (2001: 146). Während Kontingenzverträge auch als „first best-Verträge" bezeichnet werden können, werden unvollständige Verträge als „second best-Verträge" bezeichnet, vgl. Winter (2001: 491 ff.).

Geschäftsführung vor.[146] CHUA ET AL. (2009) führen an, dass Informationsasymmetrien in Familienunternehmen problematischer sein könnten als in Nicht-Familienunternehmen. Denn die Leistung von Fremdmanagern ist wegen der Existenz nichtökonomischer Unternehmensziele und langfristigerer Perspektiven für die Zielerreichung schwieriger zu messen.[147]

Es lassen sich zwei Grundtypen von asymmetrischer Information unterscheiden (diese können auch gemeinsam in einer Vertragsbeziehung auftreten)[148]:

- Qualitätsunsicherheit (hidden characteristics): Eine Qualifikation des einen Vertragspartners steht unbeeinflussbar fest, wird dem anderen jedoch erst nach Vertragsabschluss bekannt, z.B. Begabung des Fremdmanagers. Dieser Grundtyp erfasst das „Können" der Vertragspartner.
- Verhaltensunsicherheit (hidden action und hidden intention): Ein Verhaltensmerkmal ist kurzfristig beeinflussbar, jedoch kann der Vertragspartner selbst ex post nicht immer mit Sicherheit sagen, wie sich der andere verhalten hat, z.B. Fleiß, Sorgfalt, Fairness bzw. Neigung zu opportunistischem Handeln[149] Dieser Grundtyp erfasst das „Wollen" der Vertragspartner.

---

[146] Vgl. Davis et al. (1997: 23).

[147] Vgl. Chua et al. (2009: 365).

[148] Die Rückführung von Verhaltensweisen auf die genannten Grundtypen von Informationsasymmetrien kann im Einzelfall in der Praxis schwierig sein. Zudem entstehen Vertragsbeziehungen in der Praxis meist nicht zu einem singulären Zeitpunkt, sondern in einem Zeitraum (meist in zahlreichen sequentiellen Einzelschritten), was eine eindeutige ex ante- bzw. ex post-Betrachtung schwierig macht. Darüber hinaus sind häufig nicht nur zwei Vertragspartner involviert, sondern mehrere Parteien, vgl. Spremann (1990: 585).

[149] Vgl. Chrisman et al. (2004: 336 f.), Winter (2001: 498) und Spremann (1990: 562 f.). Opportunistisches Verhalten ist als eigennütziges Verhalten zu verstehen, welches auch Hinterlist umfassen kann (z.B. durch Zurückhaltung oder Verzerrung von Informationen). Opportunismus tritt in Familienunternehmen ebenso auf wie in Nicht-Familienunternehmen, vgl. Chua et al. (2009: 357 f.). Die Verhaltensunsicherheit beinhaltet hier den bei Spremann (1990) separat behandelten Grundtyp des Holdups; so auch Mertens (2004: 28 ff.) oder Lubatkin et al. (2005: 314).

Grundtyp:	Qualitätsunsicherheit (hidden characteristics)	Verhaltensunsicherheit (hidden action + hidden intention)
Verhalten des Fremdmanagers	Für den Fremdmanager nicht kurzfristig beeinflussbar - wird dem Eigentümer erst ex post bekannt	Für den Fremdmanager beeinflussbar - wird dem Eigentümer möglicherweise selbst ex post nicht bekannt
Ausprägung	Qualifikation Begabung Talent	Fleiß/Anstrengung Sorgfalt Fairness Eigennutz

Abbildung 9: Grundtypen von Informationsasymmetrien

In laufenden Vertragsbeziehungen spielt Zeit eine nicht unwesentliche Rolle für die Gestaltung der Zusammenarbeit zwischen Prinzipal und Agent. Denn es besteht die Möglichkeit, dass Informationsasymmetrien im Zeitverlauf bei guter Zusammenarbeit der Vertragsparteien geringer werden und es zur Ausbildung von Vertrauen zwischen ihnen kommt. Vertrauen führt in einer Vertragsbeziehung zu Motivation sowie zum Verzicht auf einseitiges Vorteilsstreben und das Ausnutzen von Informationsasymmetrien.[150] Laut KLEIN (2009) ist ein hohes Maß an Zielübereinstimmung Voraussetzung für Vertrauen zwischen Akteuren. Sie definiert Vertrauen als die Wahrscheinlichkeit, mit der Person A annimmt, dass Person B Handlung x durchführt und nicht die „Falsch"-Handlung y. Spieltheoretisch lässt sich einfach zeigen, dass es für Partner, die auch zukünftig in Beziehung zueinander stehen, sinnvoll ist, Reputation und Vertrauen aufzubauen.[151]

2.1.2.2 *Divergierende Nutzenfunktionen*

RAPPAPORT (1998) stellt fest, dass Manager wie alle Individuen eigene Interessen verfolgen und dass diese von denen der Eigentümer des Unternehmens abweichen

[150] Vgl. Witt (2003: 12) oder Albach (1997: 1277).

[151] Vgl. Klein (2009: 69 und 76 ff.). Die Erforschung der Quellen von Vertrauen steht noch am Anfang. Neurowissenschaftler untersuchen die bestimmenden Faktoren, vereinzelt erforschen auch Wirtschaftswissenschaftler und Neurologen gemeinsam in Experimenten die Rolle von Vertrauen. Haucap et al. (2011) zeigen die Bedeutung von Vertrauen und dessen Bildung am Beispiel gesellschaftlicher Gewohnheiten in 26 Ländern.

können.[152] Der grundlegendste Interessensgegensatz ist das Gewinnstreben des Eigentümers, da Gewinnsteigerungen vom Fremdmanager implizit mehr Anstrengungen verlangen.[153] Verbunden mit dem Merkmal der asymmetrischen Informationsverteilung besteht potenziell die Gefahr, dass der Manager nicht ausschließlich bzw. nicht mit vollem Engagement die Interessen des Eigentümers verfolgt.[154] Zwar ist es nicht zwingendes Ziel, dass alle Entscheidungen des Fremdmanagers den Wohlstand des Eigentümers auch tatsächlich erhöhen. Sie müssen aber ursprünglich darauf ausgerichtet sein. Problematisch ist daher der Fall, in dem der Fremdmanager nicht die Interessen des Eigentümers verfolgt, sondern seinen gegebenen Informationsvorsprung und seine eingeräumten Handlungsspielräume opportunistisch für eigene Ziele ausnutzt. Solche Entscheidungen des Agenten können geschäftlicher Natur sein (z.B. riskante Strategien, um persönliches Prestige zu erwerben), aber auch die Inanspruchnahme individueller Vorteile auf Kosten des Prinzipals (sog. perquisites, z.B. unnötige Reisekosten oder Spesen) betreffen. Für den Eigentümer sind opportunistische Entscheidungen des Fremdmanagers in aller Regel mit Agency-Kosten verbunden.[155]

Charakteristisch für Vertragsbeziehungen im Sinne der Prinzipal-Agent-Theorie ist neben der Neigung des Agenten, den eigenen Nutzen auch zu Lasten des Prinzipals zu steigern, die mangelnde intersubjektive Überprüfbarkeit der Leistung des Agenten für den Prinzipal.[156] Diese wird im Fall von Familienunternehmen durch die stärkere Bedeutung nicht-ökonomischer Ziele verstärkt. Ob ein Manager solche Ziele verfolgt, ist ebenso wie die Zielerreichung selbst grundsätzlich schwieriger zu messen als bei ökonomischen Zielen (z.B. Renditekennziffern). Bei Familienunternehmen können divergierende Nutzenfunktionen zudem auch aus voneinander abweichenden Planungshorizonten resultieren. Denn während Familienunternehmen häufig das sehr

---

[152] Vgl. Rappaport (1998), Jensen & Meckling (1976: 310) und McConaughy (2000: 122). Gemäß Kirchdörfer & Kögel (2000: 225 und 230) bestehen Unternehmen in diesem Sinne aus Gruppen mit unterschiedlichen Interessen, die in Beziehungen zueinander stehen und unterschiedliche Informationen, Risikoneigungen und Erwartungen haben.

[153] Vgl. McConaughy (2000: 122). Die Prinzipal-Agent-Theorie behandelt die fehlende Motivation des Agenten, im Sinne des Prinzipals zu handeln, vgl. Davis et al. (1997: 23).

[154] Vgl. Rappaport (1998: 3).

[155] Vgl. Jensen & Meckling (1976: 308 und 313), Witt (2008: 5), Chrisman et al. (2004: 336) und Chua et al. (2003a: 98). Im Fokus steht meist Opportunismus des Agenten. Aber auch der Prinzipal kann sich opportunistisch verhalten, vgl. Ebers & Gotsch (2006: 274).

[156] Vgl. Davis et al. (1997: 22) und Pfaff & Pfeiffer (2001: 361).

langfristige Ziel des Erhaltes des Unternehmens für nachfolgende Generation anstreben, könnte der Fremdmanager seine Entscheidungen an seinem persönlichen Zeithorizont ausrichten. Dieser könnte der Laufzeit seines Anstellungsvertrages entsprechen.[157]

2.1.2.3 Begrenzte Rationalität

Die Anerkennung der begrenzten Rationalität stellt innerhalb der Wirtschaftswissenschaften eine Fortentwicklung der neoklassischen Sichtweise eines über vollkommene Markttransparenz verfügenden „homo oeconomicus" dar.[158] Denn die Begrenztheit der kognitiven Fähigkeiten eines Menschen zur Verarbeitung von Informationen bedingt sowohl, dass nicht alle Informationen aufgenommen und abgespeichert werden können, als auch, dass nicht alle theoretisch denkbaren Entwicklungen antizipierbar und beherrschbar sind.[159] Selbst wenn alle Informationen aufgenommen werden könnten, hätte ein einzelnes Individuum nicht die Kapazität, diese derart zu verarbeiten, dass objektiv optimale Entscheidungen getroffen werden.[160]

Das Merkmal der begrenzten Rationalität trifft in der Praxis auf alle Individuen zu und führt im Ergebnis zum Abschluss unvollständiger Verträge.[161] Im Kontext dieser Arbeit wird das Merkmal der begrenzten Rationalität aufgrund seiner faktischen Unveränderlichkeit nicht weitergehend behandelt. Im Vordergrund der weiteren Betrachtung stehen die beiden ersten Merkmale, die Informationsasymmetrie und die divergierenden Nutzenfunktionen von Prinzipal und Agent.

2.1.3 Auswirkungen von Prinzipal-Agent-Beziehungen

Konflikte in einer Prinzipal-Agent-Beziehung resultieren letztlich in Kosten, für die Jensen und Meckling (1976) den bereits erwähnten Begriff der Agency-Kosten geprägt haben. Die Existenz von Agency-Kosten verhindert grundsätzlich das Erreichen

---

[157] Zu wirtschaftlichen und nicht-wirtschaftlichen Zielen von Familienunternehmern und ihren Fremdmanagern siehe auch Smeja (2006: 22 ff.).
[158] Vgl. Kirchdörfer & Kögel (2000: 224).
[159] Vgl. Chrisman et al. (2004: 336 f.).
[160] Vgl. Simon (1993: 156).
[161] Vgl. Kapitel 2.1.2.1 und Chrisman et al. (2004: 337). Da begrenzte Rationalität immer gegeben ist, konzentrieren sich die Autoren auf Informationsasymmetrie und divergierende Nutzenfunktionen.

einer effizienten Lösung. Die Herausforderung für das Management einer Agency-Beziehung liegt daher in der Minimierung dieser Kosten.[162]

Es lassen sich zwei Arten von Konflikten in Prinzipal-Agent-Beziehungen unterscheiden:

- Adverse Selektion
- Moral Hazard[163]

Adverse Selektion beruht auf Qualitätsunsicherheiten und zeigt sich in der Wahl einer nicht optimalen Lösung. Zwar stellt der Markt mikroökonomisch betrachtet die zu bevorzugende Austauschform dar. Voraussetzung ist, dass er informationseffizient ist, d.h. bei geringen Transaktionskosten Qualität zutreffend anzeigt.[164] Kausal für das Auftreten von adverser Selektion sind aber Märkte, die ihre Informationsfunktion nicht ausreichend erfüllen. Dies kann sich auf die Qualität als auch auf den Marktpreis eines Gutes beziehen. Das Gut Managementleistung ist sehr heterogen und von vielen Faktoren abhängig. Seine Bewertung am Markt ist daher unsicher.[165] Auch der Arbeitsmarkt für Fremdmanager ist daher unvollkommen und nicht in der Lage, eine informationseffiziente Bewertung zur Verfügung zu stellen.[166] Ist ein Markt nicht informationseffizient, werden Güter nicht vollständig leistungsgerecht, sondern in gewissem Maße pauschalierend bewertet.[167] Im Sinne der mikroökonomischen Theorie des Tausches liegt dann Marktversagen vor.[168] Die Akteure sind in diesem Fall auf zum Markt alternative Austauschformen (sog. alternative Kooperationsdesigns) angewiesen, um Informationsasymmetrien zu reduzieren. Es handelt sich bei der adversen Selektion demnach um ein vorvertragliches Phänomen.

---

[162] Vgl. Pratt & Zeckhauser (1985: 3). Agency-Kosten sind real existierende Kosten, vgl. Jensen & Meckling (1976: 357).
[163] Vgl. Chrisman et al. (2004: 336 f.) oder Hendry (2002: 98).
[164] Vgl. Spremann (1990: 568, 574 f.), sogenanntes first-best Design. Theoretisch stellt der Markt immer ein Gleichgewicht her. Der Autor bezeichnet die adverse Selektion als ein Phänomen des Wettbewerbs verschiedener Austauschformen untereinander.
[165] Vgl. Witt (2003: 136).
[166] Vgl. Witt (2003: 2).
[167] Als Beispiel wird der Gebrauchtwagenmarkt angeführt (vgl. Akerlof (1970) oder Petersen (2007)). Käufer richten ihre Zahlungsbereitschaft nicht nur am Wert des tatsächlich angebotenen Fahrzeuges aus, sondern stark an Durchschnittspreisen für typische Fahrzeuge in definierten Klassen. Anbieter von überdurchschnittlich guten Fahrzeugen bieten daher nicht am Markt an, da sie keinen angemessenen Preis erwarten können.
[168] Vgl. Spremann (1990: 573 ff.).

Moral Hazard beruht auf Verhaltensunsicherheiten. Hierbei handelt es sich um ein Phänomen, das erst nach Abschluss des Vertrags Wirkung entfaltet. Gemeint ist das durch Eigeninteresse getriebene Ausführen oder Unterlassen von Handlungen durch den Agenten, welche gleichzeitig nachteilig für die Interessen des Prinzipals sind.[169] Man spricht dann vom opportunistischen Ausnutzen von Vertragslücken, denn in Verträgen können wie beschrieben nicht alle Aspekte einer Zusammenarbeit abschließend behandelt werden.[170] Ausdruck findet Moral Hazard neben der Verfolgung eigener Interessen durch den Agenten auch in geringer Arbeitsmotivation oder Vorteilsnahme auf Kosten des Prinzipals.[171] Die folgende Abbildung erweitert die Gegenüberstellung der beiden Grundtypen asymmetrischer Information:

Grundtyp:	Qualitätsunsicherheit (hidden characteristics)	Verhaltensunsicherheit (hidden action + hidden intention)
Verhalten des Fremdmanagers	Für den Fremdmanager nicht kurzfristig beeinflussbar - wird dem Eigentümer erst ex post bekannt	Für den Fremdmanager beeinflussbar - wird dem Eigentümer möglicherweise selbst ex post nicht bekannt
Ausprägung	Qualifikation Begabung Talent	Fleiß/Anstrengung Sorgfalt Fairness Eigennutz
Auswirkung	Adverse Selektion	Moral Hazard
Auftreten	Vor Vertragsabschluss	Nach Vertragsabschluss

Abbildung 10: Informationsasymmetrien und ihre Auswirkungen

[169] Vgl. Chrisman et al. (2004: 337).

[170] Spremann (1990: 572) präzisiert die Ursache für Moral Hazard, die nur indirekt in Delegation und Handlungsspielräumen zu sehen ist. Ursächlich sei eher die Plastizität von Ressourcen, d.h. das Maß, in dem eine Ressource geeignet ist, auch für nicht im Interesse des Prinzipals liegende Zwecke eingesetzt zu werden. Balafoutas et al. (2011) weisen opportunistisches Ausnutzen von Informationsvorteilen empirisch nach.

[171] Vgl. Jensen & Meckling (1976: 309), Ebers & Gotsch (2006: 261 f.) oder Kirchdörfer & Kögel (2000: 226). Es sei an dieser Stelle darauf hingewiesen, dass die vorgenommene Zuordnung von adverser Selektion zu Qualitätsunsicherheit und von Moral Hazard zu Verhaltensunsicherheit die überwiegende Anzahl von Auswirkungen aus Informationsasymmetrien erfasst. Spremann (1990: 574) stellt aber fest, dass auch aus Verhaltensunsicherheit adverse Selektion resultieren kann. Auch Jensen erkennt später, dass sein (zusammen mit Meckling erarbeitetes) Konzept die Ursachen für Agency-Kosten nicht vollständig erfasst, vgl. Jensen (1994: 45).

2.1.4 Lösungen für Prinzipal-Agent-Konflikte

Für die Reduzierung von Agency-Kosten kommen unterschiedliche Mechanismen in Betracht. Man kann unterscheiden zwischen allgemeinen Mechanismen im Rahmen von Corporate Governance-Systemen und Mechanismen, die durch individuelles Zusammenspiel der Vertragspartner entstehen.[172]

Auf die allgemeinen Kontrollmechanismen von Corporate Governance-Systemen geht WITT (2001) ein. Diese Mechanismen sind primär auf die Eingrenzung und den Abbau von Agency-Kosten aus Moral Hazard gerichtet, d.h. im Rahmen einer laufenden Vertragsbeziehung. Der Autor nennt und beschreibt die Ausübung von Kontrolle durch:

- Stimmrechte
- Aufsichtsgremien
- Märkte: Kapital-, Produkt- und Arbeits-/Managermärkte
- Publizität
- Haftung[173]

SPREMANN (1990) konzentriert sich in seiner theoretischen Analyse auf Maßnahmen, die im individuellen Zusammenspiel der Vertragspartner zum Abbau von Informationsasymmetrien beitragen (sog. alternative Kooperationsdesigns), sowohl vor als auch nach Vertragsabschluss. Er nennt exemplarisch folgende Beispiele:

- Offenbarung
- Autorität
- Anreizsystem.[174]

---

[172] Da eine optimale (sog. pareto-effiziente) Allokation in einer Prinzipal-Agent-Beziehung nicht erreicht werden kann, dienen die genannten Mechanismen nur deren Annäherung, vgl. Ross (1973: 138), Ebers & Gotsch (2006: 262 f. und 265 ff.). Denn gemäß Mertens (2004: 35) und Davis et al. (1997: 23) bleibt trotz aller Maßnahmen diskretionärer Handlungsspielraum und damit ein Risiko für Opportunismus durch Agenten. Schulze et al. (2002: 250) visualisieren den Zusammenhang zwischen einzelnen Governance-Instrumenten und Agency-Konflikten.

[173] Vgl. Witt (2001b: 75 ff.). Im Vordergrund des Beitrages stehen Aktiengesellschaften. Bei ungelösten Prinzipal-Agent-Konflikten können weitere externe Mechanismen in Betracht kommen, z.B. das Auftreten neuer Wettbewerber, sinkende Ratings oder erzwungene Änderungen der Eigentumsverhältnisse, vgl. Davis et al. (1997: 23), Ebers & Gotsch (2006: 266 ff.) oder Mertens (2004: 40). Die Möglichkeit erzwungener Änderungen in der Eigentümerstruktur (z.B. durch feindliche Übernahmen) ist in Familienunternehmen allerdings stark eingeschränkt. Zu den juristischen Mechanismen (vier Instrumentarien: Kapitalmarkt-, Gesellschafts-, Straf- und Individualvertragsrecht) vgl. Kirchdörfer & Kögel (2000: 223 ff.).

Beim Kooperationsdesign der Offenbarung konstruiert der Prinzipal Entscheidungssituationen, in denen er aus der vom Fremdmanager getroffenen Entscheidung ein bestimmtes Merkmal des Fremdmanagers ablesen kann. Offenbarungsdesigns werden vorvertraglich eingesetzt, z.B. im Rahmen von Auswahlgesprächen. Das Konzept der Autorität hingegen beschreibt einen vertraglichen Rahmen, in dem sich der Fremdmanager den Weisungen des Eigentümers unterwirft und der im Falle von Zuwiderhandlung mit Sanktionsmöglichkeiten (z.B. bezüglich Pensionszusagen oder Abfindungen) verbunden ist. Diesem Kooperationsdesign entspricht der Arbeitsvertrag. Das dritte Kooperationsdesign nach SPREMANN (1990) bilden Anreizsysteme. Diese bilden auch einen thematischen Schwerpunkt dieser Untersuchung. Beschrieben werden damit Maßnahmen, die den Fremdmanager motivieren sollen, im Sinne des Eigentümers zu handeln. Wie beim Kooperationsdesign der Autorität handelt es sich um ein Konzept, das nach Vertragsschluss eingesetzt wird.[175]

Grundtyp:	Qualitätsunsicherheit (hidden characteristics)	Verhaltensunsicherheit (hidden action + hidden intention)
Verhalten des Fremdmanagers	Für den Fremdmanager nicht kurzfristig beeinflussbar - wird dem Eigentümer erst ex post bekannt	Für den Fremdmanager beeinflussbar - wird dem Eigentümer möglicherweise selbst ex post nicht bekannt
Ausprägung	Qualifikation Begabung Talent	Fleiß/Anstrengung Sorgfalt Fairness Eigennutz
Auswirkung	Adverse Selektion	Moral Hazard
Auftreten	Vor Vertragsabschluss	Nach Vertragsabschluss
Lösungs-mechanismen (exemplarische Auswahl)	Personalauswahl Offenbarung	Allgemeine Kontrollmechanismen Anreizsysteme Autorität

Abbildung 11: Informationsasymmetrien, Auswirkungen, Lösungsmechanismen

[174] Vgl. Spremann (1990: 56 und 576 ff.). Da die originäre Kooperationsform (der Markt) keine Lösung bereitstellt (Marktversagen), bezeichnet der Autor diese Maßnahmen als „alternative Kooperationsdesigns" (alternativ zum Markt).

[175] Vgl. Spremann (1990: 576).

Der Eigentümer hat das Ziel, Informationsasymmetrien soweit wie sinnvoll zu reduzieren und sich vor verbleibenden Nachteilen zu schützen.[176] Einzelne der genannten Maßnahmen können gezielt zur Reduktion von Agency-Kosten eingesetzt werden. Im Hinblick auf Agency-Kosten aus adverser Selektion werden die Vertragspartner vor Vertragsabschluss insbesondere Such- und Prüfungskosten aufwenden.[177] Der Eigentümer prüft zunächst die Bewerbungsunterlagen, nutzt Drittauskünfte (z.B. Referenzen), Vorstellungsgespräche, Auswahlunterstützung durch Personalberater, weiterführende persönliche Gespräche (z.B. gemeinsam mit weiteren Familienmitgliedern oder der aktuellen Geschäftsführung) und vereinbart eine vertragliche Probezeit.

Der Fremdmanager seinerseits nutzt öffentlich zugängliche Informationen sowie gegebenenfalls auch informelle Berichte aus seinem Kontaktnetzwerk, um einen möglichst vollständigen Eindruck über den Eigentümer und das Familienunternehmen zu erhalten.[178]

Nach Vertragsabschluss kommen insbesondere Agency-Kosten aus Moral Hazard in Betracht. Als individuelle Mechanismen der Vertragspartner zur Reduktion dieser Kosten beschreibt WITT (2001) präzise Vorgaben in Kombination mit umfangreichen Verhaltens- und Ergebniskontrollen sowie Verhaltens- und Entscheidungsspielräume in Kombination mit Leistungsanreizen.[179] In der Praxis zielt ein Zusammenspiel der Mechanismen darauf ab, dass der Fremdmanager aus Eigeninteresse die Interessen

---

[176] Vgl. Spremann (1990: 569).

[177] Vgl. Chrisman et al. (2004: 337) oder Spremann (1990: 568). Kosten aus adverser Selektion können nicht vollständig vermieden werden, da die Eigenschaften eines Agenten weder gänzlich objektiv erkennbar und bewertbar noch statisch sind. Ein vollständiges Bild über seine Person ist daher nicht möglich.

[178] Vgl. Bechtle (1983: 248 ff. und 374).

[179] Vgl. Witt (2001b: 75 ff.) und Bamberg & Coenenberg (2000: 170). Kosten aus Moral Hazard treten nicht auf, wenn das Problem der adversen Selektion im Vorfeld des Vertrags vollständig gelöst wurde (theoretischer Fall). Denn dann handelt der ausgewählte Fremdmanager nicht opportunistisch und stets im Interesse des Eigentümers. In der Praxis ist es aber für den Eigentümer ratsam, sich gegen Vermögensverlust durch Agency-Kosten zu schützen, vgl. Davis et al. (1997: 22).

des Eigentümers verfolgt.[180] Verhaltenskontrollen wie Sanktionen (z.B. Vertragsstrafen, Abfindungsverlust, Reputationsverlust), Bindungen (z.B. verzögerte Bonuszahlungen, langfristige Pensionsansprüche) oder Managementprozesse reduzieren Nachteile aus Informationsasymmetrien unmittelbar. Ergebniskontrollen durch den Eigentümer erlauben ex post Rückschlüsse auf das Verhalten des Fremdmanagers, wobei zusätzlich nicht determinierbare externe Umstände Einfluss auf die Ergebnisse haben können. Instrumente für Verhaltens- und Ergebniskontrollen in Familienunternehmen können beispielsweise Kontrollorgane (z.B. ein Beirat), vergangenheitsbezogene Berichtssysteme (z.B. Berichterstattung, Monitoring, Reporting), zukunftsgerichtete Frühwarnsysteme (z.B. internes Risikomanagement, Budgetierung) und strategische Planung sein.[181] Im Vergleich zu Nicht-Familienunternehmen könnten Familienunternehmen ein verstärktes Interesse haben, Fremdmanager intensiv zu kontrollieren. Denn zumeist ist das Vermögen von Eigentümern zu einem großen Anteil im Familienunternehmen gebunden.[182] Zielgerichtete Leistungsanreize (z.B. Gehaltsanreize, Handlungsspielräume) sind das wesentliche Instrument des Eigentümers, um gute Leistungen des Fremdmanagers zu honorieren.[183] Alle genannten individuellen Mechanismen zielen darauf, das Verhalten des Agenten von außen zu steuern. Sie werden daher unter dem Begriff extrinsische Anreize subsumiert.[184]

Durch das Ausweichen auf die genannten Mechanismen und Instrumente entstehen zusätzliche Kosten für die Vertragspartner und damit Wohlfahrtsverluste. Würde der Markt effiziente Lösungen bereitstellen, würden diese Kosten nicht entstehen.[185] Zwar sind alle genannten Maßnahmen darauf gerichtet, Informationsasymmetrien

---

[180] Vgl. Chrisman et al. (2004: 337) oder Ebers & Gotsch (2006: 265 ff.). Pratt & Zeckhauser (1985: 6) führen an, dass Eigentümer und Fremdmanager das gemeinsame Ziel haben, Monitoring- und Anreizstrukturen so aufzubauen, dass Agency-Kosten minimal sind, da in den meisten Fällen daraus resultierende Vorteile zwischen Eigentümer und Fremdmanager aufgeteilt würden. Spremann (1990: 576) widerspricht und sieht das Handeln von Vertragspartnern nicht durch die gemeinsame Zielsetzung der Minimierung von Agency-Kosten dominiert, sondern durch individuelle Optimierung, solange diese gerade noch akzeptabel für die Gegenseite ist.

[181] Vgl. Witt (2001a: 85 ff.), Pfaff & Pfeiffer (2001: 375 ff.), Chrisman et al. (2004: 337), Davis et al. (1997: 23), Schachner et al. (2006: 595) und Spremann (1990: 580 f.). Zu Grundprinzipien des Monitorings vgl. Pratt & Zeckhauser (1985: 5 f.).

[182] Vgl. Witt (2003: 11), Anderson & Reeb (2003: 1305), Munoz-Bullón & Sánchez-Bueno (2012: 476).

[183] Vgl. Witt (2001b: 75), Chua et al. (2009: 359) und Koeberle-Schmid & Nützel (2005: 41 ff.).

[184] Extrinsische Anreize resultieren aus den Begleitumständen einer Tätigkeit, vgl. Staehle (1999: 165 f.). Dazu zählen auch Status, Anerkennung, Beförderungen, Unternehmensorganisation und -führung oder Arbeitsbedingungen, vgl. Herzberg et al. (2010), Kieser & Walgenbach (2007: 470 f.).

[185] Vgl. Chrisman et al. (2004: 336 f. und 340). Diese Kosten werden als Transaktionskosten bezeichnet.

abzubauen und damit die Risiken von adverser Selektion oder Moral Hazard zu reduzieren. Ebenso wie die vorgenannten Corporate Governance-Mechanismen können sie diese aber nicht vollständig ausschließen. Je weiter Agency-Kosten durch geeignete Governance-Strukturen gesenkt werden können, desto besser stellt sich die Wettbewerbsfähigkeit des betreffenden Unternehmens dar.[186]

Die aus adverser Selektion und Moral Hazard resultierenden Kosten können in der Praxis ein Vielfaches der Kosten betragen, die zur Reduktion der Informationsasymmetrie hätten aufgewendet werden müssen. Aus diesem Grund kann es durchaus rational sein, hohe Kosten für die genannten Maßnahmen aufzuwenden.[187] Theoretisch werden Maßnahmen solange vorgenommen, wie sie die Unternehmensperformance steigern, d.h. solange der Nutzen daraus größer ist als die Kosten, die sie verursachen.[188] In der Praxis steht dieser Vorgehensweise die Schwierigkeit entgegen, dass die Kosten der Maßnahmen und ihre Effekte schwer zu messen und die Agency-Kosten nicht quantifizierbar sind, zumindest nicht kardinal (z.B. in Geldgrößen).[189] Für eine wissenschaftliche Bewertung sind bereits Situationen mit gegenläufigen Effekten auf Agency-Kosten problematisch. So weist HACK (2009) darauf hin, dass die Auswirkungen von Prinzipal-Agent-Problemen in Familienunternehmen mit aktiven und passiven Familienanteilseignern aufgrund der gegenläufigen Effekte von Altruismus (grundsätzlich positiver Effekt) und Moral Hazard (negativer Effekt) nicht eindeutig zu bestimmen sind.[190]

2.1.5 Erweiterung im Rahmen der Neuen Institutionenökonomik

In den vergangenen Jahrzehnten bildete die Prinzipal-Agent-Theorie in ihrer bisher dargestellten neoklassischen Ausprägung das Fundament der Corporate Governance-Diskussion.[191] Ihre Anwendung als Grundlage für die wirtschaftswissenschaftliche Analyse des Handelns von Akteuren auf Märkten ist jedoch umstritten.

---

186 Vgl. Witt (2003: 11).
187 Vgl. Spremann (1990: 563).
188 Vgl. Chrisman et al. (2004: 340). Die Autoren weisen an dieser Stelle jedoch darauf hin, dass kein linearer Zusammenhang zwischen Maßnahmen zur Interessensangleichung von Fremdmanager und Eigentümer sowie der Unternehmensperformance hergeleitet werden kann, da viele andere Faktoren diese Relation ebenfalls beeinflussen.
189 Vgl. Spremann (1990: 576) oder auch Hack (2009: 8).
190 Vgl. Hack (2009: 8). Auf Altruismus wird in den Kapiteln 2.1.5 und 2.2 weiter eingegangen.
191 Vgl. Corbetta & Salvato (2004b: 121 ff.).

Die Kritik bezieht sich im Wesentlichen auf die Grundannahmen, die die neoklassische Prinzipal-Agent-Theorie über die beteiligten Akteure trifft. Diese werden als homogene, streng rational und opportunistisch im Sinne des klassischen „homo oeconomicus" handelnde Individuen gesehen. Unterschiedliche Charaktere der Beteiligten sowie Wechselbeziehungen zwischen ihrem Verhalten finden jedoch keine Berücksichtigung.[192] Die Neue Institutionenökonomik stellt eine Weiterentwicklung dieser neoklassischen Sichtweise dar.

Problematisch ist, dass die in der Prinzipal-Agent-Theorie getroffene Kernannahme des opportunistisch handelnden Individuums empirisch nie belegt werden konnte.[193] Diese Annahme wird von Soziologen als vereinfachend und hinderlich betrachtet. Die Rolle von Vertrauen hingegen sei wissenschaftlich belegt.[194] Kritiker führen daher an, dass auf Basis der Prinzipal-Agent-Theorie gewonnene Erkenntnisse nicht generalisiert werden können. Die Theorie erlaube bei isolierter Betrachtung keine verlässliche Vorhersage von Handlungen der untersuchten Akteure.[195]

Auch die Annahmen bezüglich vollkommener Märkte und vollkommener Transparenz werden kritisiert. In der institutionenökonomischen Sichtweise der Prinzipal-Agent-Theorie werden diese Annahmen auf Basis des Merkmals der begrenzten Rationalität an die Realität angepasst.[196] Die Neue Institutionenökonomik geht daher nicht von vollkommenen Märkten aus. Ein weiterer Kritikpunkt ist die Annahme des ökonomischen Maximierungsprinzips als dominierendes Unternehmensziel. Insbesonde-

---

192 Vgl. Becker (1974: 1063), Kirchdörfer & Kögel (2000: 224), Davis et al. (1997: 20), Corbetta & Salvato (2004a: 357) oder Sharma (2004: 15 f.). Eine weitere Annahme der neoklassischen Prinzipal-Agent-Theorie ist die des vollkommenen Marktes. Diese wurde durch verschiedene empirische Studien widerlegt und findet sich in der institutionenökonomischen Prinzipal-Agent-Theorie daher nur in eingeschränkter Form, vgl. Kirchdörfer & Kögel (2000: 227).

193 Vgl. Hack (2009: 7). Dem Model des Agenten ist Opportunismus inhärent (vgl. Davis et al. (1997: 23) oder auch Balafoutas et al. (2011) und Schoar & Washington (2011)). Gächter et al. (2001: 161) stellen in ihrer auf Experimenten basierenden Untersuchung aber fest, dass Merkmale von Opportunismus sehr oft nicht vorliegen.

194 Vgl. Greenwood (2003: 492) und Davis et al. (2000) (Davis et al. (2000: 573) belegen empirisch eine positive Korrelation zwischen Vertrauen und Unternehmensperformance). In der wissenschaftlich nicht geprüften Grundannahme des Misstrauens in menschliches Verhalten sieht Albach (1997) den Schwachpunkt von Konfliktmodellen wie der Prinzipal-Agent-Theorie. Er plädiert dafür, grundsätzlich Harmoniemodelle wie die Stewardship-Theorie anzuwenden, vgl. Albach (1997: 1257, 1270 f. und 1282) und auch Witt (2008: 2).

195 Vgl. Gomez-Mejia et al. (2005: 1507), Bruce et al. (2005) und Donaldson (1990: 369 f.).

196 Vgl. Kirchdörfer & Kögel (2000: 221). Auch andere ökonomische Theorien (z.B. die Spieltheorie) stehen in der Kritik, da sie begrenzte Rationalität von Menschen nicht ausreichend berücksichtigen.

re für Familienunternehmen gilt das ökonomische Maximierungsprinzip häufig nicht uneingeschränkt – nicht-ökonomische Ziele haben bei diesen Unternehmen einen hohen Stellenwert (z.B. der generationsübergreifende Erhalt des Eigentums am Unternehmen).[197] Insbesondere im Kontext von Familienunternehmen wird die Anwendbarkeit der neoklassischen Prinzipal-Agent-Theorie daher grundsätzlich in Frage gestellt.[198]

Eine modernere Auffassung besteht darin, dass die neoklassische Prinzipal-Agent-Theorie nur in modifizierter Form geeignet ist, das Handeln von Teilnehmern an Märkten treffend zu bewerten. Sie integriert in Bezug auf Familienunternehmen die Aspekte Altruismus und nicht-ökonomische Ziele. In Familien spielt Altruismus eine große Rolle.[199] Aus ökonomischer Sicht ist Altruismus eine Nutzenfunktion, in der die Wohlfahrt des einzelnen positiv verbunden ist mit der Wohlfahrt anderer.[200] Auf Familienunternehmen übertragen heißt das, dass ein Familienmitglied etwas unternimmt, was auf die Steigerung des Nutzens der Familie ausgerichtet ist, aber nicht zwingend auch seinen eigenen Nutzen maximiert. Derartige positive Effekte von Altruismus werden beispielsweise von EDDELSTON UND KELLERMANNS (2007) in Familienunternehmen in Form von verminderten Gesellschafterkonflikten beschrieben.[201]

SIMON (1993) hat als einer der ersten den Aspekt des Altruismus auf Familienunternehmen angewendet und dabei auf das Potenzial einer substanziellen Änderung

---

[197] Vgl. Chrisman et al. (2004: 348) oder Corbetta & Salvato (2004a: 356). Inwieweit die Verfolgung nicht-ökonomischer Ziele den Zusammenhalt von Familienmitgliedern stärkt, untersuchen Long und Mathews (2011).

[198] Vgl. Sharma (2004: 15), Schulze et al. (2003a: 189) oder Gomez-Mejia et al. (2001).

[199] Vgl. Schulze et al. (2003b: 474). Altruismus ist gemäß Duden (1990) eine „durch Rücksicht auf andere gekennzeichnete Denk- und Handlungsweise, Selbstlosigkeit; Gegensatz zu Egoismus". Zhang und Zhu (2011) beschreiben Altruismus als durch sozialen Nutzen motiviertes Verhalten. Eine alternative Beschreibung stellt die Existenz positiver Bindungskräfte durch gemeinsame Identität, Kultur, Vertrauen und Zusammengehörigkeitsgefühle in den Mittelpunkt, vgl. van den Berghe & Carchon (2003: 173) oder Gomez-Mejia et al. (2001: 89 ff.). Karra et al. (2006: 861) bestätigen, dass Altruismus nicht nur auf miteinander verwandte Personen beschränkt ist, sondern z.B. auch ethnische Gleichgesinnte betreffen kann.

[200] Vgl. Ross (1973: 134) und Schulze et al. (2003b: 475). Gemäß Schulze et al. (2002: 252) ist Altruismus die positive Verknüpfung des eigenen Nutzens mit dem anderer. Er umfasst daher altruistische als auch egoistische Motivation.

[201] Vgl. Eddleston & Kellermanns (2007: 545). Neben dem Fehlen qualifizierter und gewillter Nachfolger stellt das Auftreten von Konflikten innerhalb der Familie das wesentliche Risiko für einen positiven Einfluss einer Eigentümerfamilie auf ihr Familienunternehmen dar, vgl. Chua et al. (2009: 355) und Miller & Le Breton-Miller (2006: 83).

ökonomischer Theorien hingewiesen.[202] Der Einbezug von Altruismus hat bereits heute zu grundlegenden Anpassungen in der Sichtweise von Familienunternehmen geführt. Zum Beispiel wurde in der Vergangenheit häufig angeführt, dass in familiengeführten Unternehmen keine Agency-Kosten entständen, da Eigentum und Management nicht getrennt seien. Gemäß der Prinzipal-Agent-Theorie gäbe es daher keine divergierenden Interessen und keine Informationsasymmetrien.[203] Der Einfluss von Altruismus auf Agency-Kosten kann jedoch positiv (senkend) als auch negativ (steigernd) sein. Denn Altruismus kann auch Anreize zu Handlungen geben, die sowohl der Wohlfahrt (sprich: dem Vermögen) der Familie als auch der des Familienunternehmens schaden. Dies ist insbesondere beim familiären Altruismus der Fall. Die Auffassung, dass in Familienunternehmen keine Agency-Kosten entstehen, kann als empirisch widerlegt gelten.[204]

Mit familiärem Altruismus wird eine Form von besonders nachsichtigem Verhalten gegenüber Familienmitgliedern beschrieben. Ein Beispiel dafür ist, wenn ein Eigentümer eines familiengeführten Familienunternehmens aus nepotistischen Motiven ein nicht geeignetes Familienmitglied zur Führung des Unternehmens beruft oder dieses nicht gleichermaßen konsequent überwacht und diszipliniert, wie es bei einem Fremdmanager der Fall wäre.[205] LUBATKIN ET AL. (2005) prägen für diese Form des familiären Altruismus in der Beziehung von Eltern zu ihren direkten Nachkommen den Begriff des parentalen Altruismus und bieten mit ihrem Beitrag geeignete Anhaltspunkte für die Integration von Altruismus in das Modell der Agency-Kosten von JENSEN UND MECKLING (1976).[206] Andererseits können auch familiäre Nachfolger andere Interessen als die (übrigen) Eigentümer verfolgen oder opportunistisch handeln.

---

[202] Vgl. Simon (1993: 160) und Schulze et al. (2003b: 487).

[203] Vgl. z.B. James (1999: 41). Greenwood (2003: 491) bezeichnet diese Auslegung als zu starke Vereinfachung („oversimplification").

[204] Vgl. Redlefsen & Witt (2006: 8), Schulze et al. (2001), Schulze et al. (2003b: 474) oder Chrisman et al. (2004: 336), die Agency-Kosten in Familienunternehmen nachgewiesen haben. Gemäß Karra et al. (2006) ist nicht klar, unter welchen Umständen Altruismus Agency-Kosten erhöht oder mindert, vgl. Karra et al. (2006: 861) oder Greenwood (2003: 492 f.). Die Unsicherheit betrifft primär familiären Altruismus und damit Familienunternehmen mit familieneigenen Managern.

[205] Vgl. Chrisman et al. (2005: 560) oder Schulze et al. (2003b: 474 ff.). Die Autoren bezeichnen nachsichtiges Verhalten gegenüber Familienmitgliedern als „Samaritan's dilemma". Greenwood (2003: 492) nennt eine Reihe weiterer Quellen für Agency-Kosten in Familienunternehmen.

[206] Vgl. Lubatkin et al. (2005), Lubatkin et al. (2007), Witt (2008: 1) und Chrisman et al. (2007b: 1007). Parentaler Altruismus wird als die für Familienunternehmen problematischste Form von familiärem Altruismus angesehen. Kosten aus Altruismus stellen ebenfalls Agency-Kosten dar, vgl. Chrisman et al. (2004: 348). Eine exemplarische Aufstellung von positiven und negativen Auswirkungen von familiärem Altruismus findet sich bei Koeberle-Schmid & Nützel (2005: 15 f.).

Gomez-Mejia et al. (2001) stellen fest, dass Agency-Kosten aus Opportunismus bei familieneigenen Managern sogar stärker sein können als bei Managern in Nicht-Familienunternehmen.[207] Schulze et al. (2001) haben für die negativen Implikationen von familiärem Altruismus den Begriff des asymmetrischen Altruismus aufgebracht.[208]

2.1.6 Kritische Würdigung

Der Erfolg von Unternehmen hängt von den Handlungen vieler einzelner Individuen ab. Selbst wenn perfekt effiziente Prozesse für ein Unternehmen gefunden wurden, bleibt es eine Herausforderung, dass jeder seine zugewiesene Aufgabe erfüllt. Wenn Informationen kostenlos und frei verfügbar wären, könnte der Eigentümer sicher sein, dass ein Fremdmanager in seinem Sinne handelt. Dies aber ist in der Realität nicht der Fall. Für den Eigentümer stellt sich die Frage, wie er die Zusammenarbeit gestaltet, damit der Fremdmanager dies tut. Die Prinzipal-Agent-Theorie bildet eine Grundlage für den Entwurf entsprechender Verträge.[209]

Für die vorliegende Untersuchung besteht das Ziel der Analyse auf Basis der Prinzipal-Agent-Theorie in einer konzeptionell vergleichenden Bewertung von Führungsformen in Familienunternehmen und der Darstellung von Maßnahmen zur Begrenzung von auftretenden Agency-Kosten. Denn die Höhe von Agency-Kosten kann als Indikator für die Effizienz der Unternehmensorganisation gesehen werden. Dabei gilt als Grundsatz, dass Agency-Kosten umso geringer sind, je besser die Governance eines Familienunternehmens ausgestaltet ist. Der Faktoreinsatz ist dann effizienter und der vom Unternehmen erwirtschaftete Überschuss ceteris paribus höher.[210]

Agency-Kosten können durch eine Kombination externer und interner Governance-Mechanismen sowie Maßnahmen im individuellen Zusammenspiel der Vertragspartner reduziert werden. Diese Mechanismen und Maßnahmen sind teils substitutional, teils komplementär, teils marktlich und teils gesetzlich kodifiziert. Im Rahmen der gel-

---

[207] Vgl. Gomez-Mejia et al. (2001).
[208] Vgl. Schulze et al. (2001: 102), die Autoren beziehen sich auf die Arbeit von Bergstrom (1989). Vgl. auch Gomez-Mejia et al. (2001: 91 ff.), Chrisman et al. (2005: 560 f.) und Chua et al. (2009: 357).
[209] Vgl. Pratt & Zeckhauser (1985: 2) und Eisenhardt (1989a: 60).
[210] Vgl. Witt (2003: 2).

tenden Rechts- und Wirtschaftsordnung sind einige Mechanismen vorgegeben (z.B. der Aufgabenkatalog eines AG-Vorstandes oder Publizitätsanforderungen). Für das einzelne Familienunternehmen sind jedoch Selektionsmechanismen zur Auswahl von Fremdmanagern, die Verteilung von Kompetenzen auf institutionalisierte Gremien (z.B. Geschäftsführung, Beirat und Gesellschafterversammlung), die Organisation von Kontrolle sowie die anreizbasierte Vertragsgestaltung individuell steuerbar.[211]

Für Familienunternehmen wurden folgende Bestandteile von Agency-Kosten identifiziert:

- Kosten des Eigentümers für alternative Kooperationsdesigns, insbesondere für a) die Suche nach geeigneten Fremdmanagern, b) Anreizsysteme, um den Fremdmanager zu beeinflussen, im Sinne des Unternehmenseigentümers zu handeln, und c) Mechanismen, um Verhalten und Leistungen des Fremdmanagers zu überwachen und zu kontrollieren
- Kosten des Eigentümers aus verbleibendem opportunistischen Handeln des Fremdmanagers[212]

Konzeptionell wird an der Prinzipal-Agent-Theorie kritisiert, dass sie ausschließlich darauf ausgelegt sei, potenzielle Konfliktfälle einer Vertragsbeziehung zu analysieren, positive Effekte hingegen weitgehend außer Betracht bleiben.[213] Die relativ einfache und präzise Theoriekonstruktion der Prinzipal-Agent-Theorie wurde lange als deren Vorteil betrachtet, denn sie erleichtert grundsätzlich die Formulierung von Hypothesen. Dieser forschungspragmatische Vorzug dürfte wesentlich dazu beigetragen haben, dass die Prinzipal-Agent-Theorie in einer Vielzahl von empirischen Studien Anwendung gefunden hat.[214] Es finden sich jedoch auch kritische Bewertungen der Prinzipal-Agent-Theorie. Die wesentlichen Kritikpunkte lauten:

---

[211] Vgl. Kirchdörfer & Kögel (2000: 234) und Ebers & Gotsch (2006: 259 und 262).
[212] Vgl. Ebers & Gotsch (2006: 262) und Chrisman et al. (2005: 560).
[213] Vgl. Albach (1997: 1266 ff.) und Chua et al. (2003b: 332). Albach (1997) bezeichnet die Prinzipal-Agent-Theorie daher als Konfliktmodell.
[214] Vgl. Ebers & Gotsch (2006: 273).

1.) Das Menschenbild des homo oeconomicus ignoriert den sozialen Kontext ökonomischer Transaktionen.[215]
2.) Nicht-ökonomische Ziele werden konzeptionell nicht erfasst.[216]
3.) Es werden ausschließlich extrinsische Anreize betrachtet.[217]
4.) Realitätsferne Annahmen der vollkommenen Markttransparenz, des streng rationalen Handelns der Akteure und der daraus folgenden Markteffizienz.[218]

Es hat sich aufgrund dieser Kritik die Auffassung durchgesetzt, dass die Prinzipal-Agent-Theorie auf Familienunternehmen nur in angepasster Form angewendet werden kann.[219] Altruismus und familiäre Agency-Kosten sind zwei wesentliche Aspekte, die berücksichtigt werden müssen, um für die Prinzipal-Agent-Theorie eine bessere Anwendbarkeit zu erreichen.[220] Werden diese Aspekte nicht integriert, besteht die Gefahr, zwar (statistisch) signifikante, aber für die Praxis nur begrenzt aussagekräftige Erklärungen zu erhalten.[221]

Ein auch nach der institutionenökonomischen Erweiterung existenter Schwachpunkt des Konzeptes der Agency-Kosten ist, dass lediglich die Bereiche identifiziert wer-

---

215 Vgl. Greenwood (2003: 492), Davis et al. (1997: 20) oder Bruce et al. (2005: 1494). Selbst Jensen & Meckling (1994: 1 und 15), die die Prinzipal-Agent-Theorie entscheidend geprägt haben, kritisieren dieses Menschenbild als Simplifizierung, geformt durch den Wunsch nach einfacher mathematischer Modellierbarkeit, vgl. auch Davis et al. (1997: 24). Zur Praxistauglichkeit der klassischen ökonomischen Theorien findet eine in den vergangenen Jahren an Intensität zunehmende internationale und öffentliche Diskussion statt (vgl. dazu auch Klein (2009: 68)).

216 Vgl. Gomez-Mejia et al. (2001: 81 f.) und Chrisman et al. (2004: 338). Gemäß den Autoren ist die Anwendbarkeit der Prinzipal-Agent-Theorie auf Familienunternehmen daher umstritten.

217 Vgl. Frey et al. (2001: 564) oder Chua et al. (2009: 36 und 362). Die Existenz intrinsischer Motivation wird implizit ausgeschlossen. Intrinsische Motive sind „äußerlich zweckfrei“ und aus der Tätigkeit selbst abgeleitet, vgl. auch Staehle (1999: 165 f.). Sie sind individuell und immateriell. Zu den intrinsischen Motivatoren zählen z.B. Art der Tätigkeit, Selbstverwirklichung, Arbeitsleistung, Verantwortung und Kompetenzen, vgl. Herzberg et al. (2010), Frey et al. (2001: 561 und 563 f.) und Kieser & Walgenbach (2007: 470 f.). Extrinsische Motive hingegen resultieren aus den Begleitumständen der Tätigkeit, vgl. Staehle (1999: 165 f.). Sie können materiell oder immateriell sein, z.B. Vergütung, Macht, Statussymbole oder Anerkennung, vgl. Frey et al. (2001: 561 und 563 f.).

218 Vgl. Rajan & Zingales (2003: 312). Märkte können nicht perfekt funktionieren, wenn die Annahme der vollkommenen Markttransparenz nicht gilt und die Akteure nur begrenzt rational handeln.

219 Vgl. Witt (2008: 1), Chrisman et al. (2004: 338 f. und 348). Es ist anzumerken, dass das Modell von Jensen und Meckling in seiner ursprünglichen Version ohnehin nur für große Publikumsgesellschaften gedacht war, vgl. Schulze et al. (2001: 108).

220 Vgl. Witt (2008: 1), Chrisman et al. (2004: 350), Chrisman et al. (2007b: 1007) oder Schulze et al. (2001: 99 und 108). Z.B. ist die klassische Prinzipal-Agent-Theorie nicht geeignet, eine Erklärung für Unterschiede zwischen Fremdmanagern und Familienmanagern zu liefern, vgl. Witt (2008: 14). Ebers & Gotsch (2006: 272 ff.) gehen auf weitere Kritikpunkte an der Prinzipal-Agent-Theorie ein.

221 Vgl. Milton (2008: 1075), Greenwood (2003: 492 f.), Chrisman et al. (2005: 570) oder Corbetta & Salvato (2004a: 357) ("a priori risk of specification error through omitted variables bias in agency models applied to family firms").

den, in denen Kosten entstehen können – die Kosten selbst können aber nicht quantifiziert werden.[222] Aus diesem Grund können verschiedene Konstellationen auf Basis der festgestellten Wirkungsrichtungen nur ordinal verglichen werden.

2.2 Stewardship-Theorie

2.2.1 Merkmale von Stewardship-Beziehungen

Als Begründer der Stewardship-Theorie gelten die amerikanischen Wissenschaftler DONALDSON und DAVIS, die sie 1991 mit ihrem Beitrag „Stewardship Theory or Agency Theory: CEO Governance and Shareholder Returns“ maßgebend formten.[223] Auch wenn die beiden Autoren ihr erstmals Namen und Struktur gaben, entstammt die Theorie überwiegend dem Diskurs einer größeren Anzahl von Soziologen und Psychologen als Kritik an klassischen ökonomischen Theorien wie der Prinzipal-Agent-Theorie. Sie stellt daher ein Beispiel für eine erfolgreiche fachgebietsübergreifende Zusammenarbeit von Wissenschaftlern dar.[224]

Ökonomische Theorien wie die Prinzipal-Agent-Theorie gehen traditionell vom Menschenbild des egoistischen homo oeconomicus aus. Im Fokus steht die extrinsische Motivierung des Agenten. Soziologische und psychologische Ansätze wie die Stewardship-Theorie hingegen beschreiben Mitarbeiter als kollektivistisch, zuverlässig, vertrauenswürdig und um das Wohl der Organisation bemüht. Stellt man bei der Betrachtung auf die individuellen Nutzenfunktionen der Akteure ab, so ist ein Steward jemand, der seinen eigenen Nutzen durch Steigerung des Organisationsnutzens erhöht. Stewards ordnen ihre individuellen Ziele sogar denen des Unternehmens unter. Ein Steward zieht in diesem Sinne aus dem Erfolg der Institution mehr Nutzen als aus individuellen Vorteilen zu Lasten dieser Institution. Wird der Steward

---

[222] Einzelne Ansätze versuchen eine formalisierte Abbildung von Prinzipal-Agent-Beziehungen, z.B. das LEN-Modell (Spremann (1987), angewendet durch Mertens (2004: 41 ff.), erweitert durch Laux & Schenk-Mathes (1992), modelliert durch Kleine (1996)) oder Witt (2001a).

[223] Vgl. Donaldson & Davis (1991), Koeberle-Schmid & Nützel (2005: 4).

[224] Vgl. Davis et al. (1997: 27). Die Autoren führen die Ursprünge der Stewardship-Theorie auf die Arbeit von Agyris (1964) zurück. Neben ihr kommen als weitere interdisziplinäre Ansätze insbesondere ressourcen- und wissensbasierte Ansätze (resource/knowledge based view, vgl. Habbershon & Williams (1999), Cabrera-Suárez et al. (2001: 37)) in Betracht. Sie fokussieren ebenfalls nicht die Konfliktfälle einer Vertragsbeziehung. Sie abstrahieren von der individuellen Ebene und betrachten Unternehmen als Ansammlung von Ressourcen. Ähnlich wie bei der Prinzipal-Agent-Theorie bezieht sich Kritik an diesen Ansätzen auf eine Überbetonung ökonomischer Ziele, vgl. Chrisman et al. (2004: 348), Chua et al. (2003b: 333) und Blumentritt et al. (2007: 330).

vor die Wahl gestellt, bei Interessensasymmetrie eigennützig oder im Sinne des Unternehmens zu handeln, entspricht sein Verhalten den Interessen des Unternehmens.[225]

Während der homo oeconomicus im Sinne der Prinzipal-Agent-Theorie stets als rational-opportunistisches Individuum gesehen wird, gesteht die Stewardship-Theorie Menschen auch nicht-rationale Entscheidungsmotive (z.B. Emotionen, Altruismus) zu. Dadurch bietet sie eine Grundlage für Verhalten, welches auf Basis klassischer ökonomischer Theorien nicht erklärt werden kann.[226] Es ist wichtig, herauszustellen, dass das Verhalten eines Stewards in Abgrenzung zum rationalen Verhalten eines Agenten nicht irrational ist. Beide streben nach Nutzenmaximierung, jedoch zieht der Steward seinen Nutzen aus dem Nutzen der Organisation. Der Agent hingegen strebt nach Steigerung seines individuellen Nutzens.[227]

Im Unternehmenskontext bietet sich die Stewardship-Theorie laut DAVIS ET AL. (1997) zur Erklärung von Situationen an, in denen Manager als Stewards im Interesse ihres Unternehmens handeln.[228] Aus dem Maß der Zielübereinstimmung zwischen Eigentümer und Manager lässt sich dabei ablesen, ob eher eine Agenten- oder eher eine Stewardship-Beziehung vorliegt.[229]

Die Stewardship-Theorie fokussiert sich im Gegensatz zur Prinzipal-Agent-Theorie nicht auf die Kontrolle und die Reduzierung von Konflikten, sondern auf kooperatives

---

[225] Vgl. Witt (2008: 2 f.), Davis et al. (1997: 20 f. und 24) und Miller & Le Breton-Miller (2006: 74). Chrisman et al. (2005: 567 f.) diskutieren die Frage, ob die Stewardship-Theorie eine eigene Theorie ist oder ein Sonderfall der Prinzipal-Agent-Theorie bzw. eine Erweiterung des Anwendungsbereichs agencyorientierter Theorie. Zur gleichen Frage siehe auch Greenwood (2003: 493) oder Smeja (2006: 13 ff.).

[226] Vgl. Davis et al. (1997: 20 f.).

[227] Vgl. Corbetta & Salvato (2004a: 357). Zu betonen ist, dass auch der Steward ein Nutzenmaximierer ist (vgl. Davis et al. (1997: 25 f.) oder Koeberle-Schmid & Nützel (2005: 17)), sein Streben aber im Gegensatz zum Agenten über ökonomischen Eigennutz hinausgeht, vgl. Miller & Le Breton-Miller (2006: 75). Man kann in diesem Zusammenhang von egoistischer versus kollektivistischer Rationalität sprechen.

[228] Vgl. Davis et al. (1997: 24) und Donaldson & Davis (1991: 51). Zhang und Zhu (2011) zeigen die Existenz von Altruismus am Beispiel von Wikipedia.

[229] Vgl. Pieper et al. (2008: 373).

Verhalten der Vertragspartner.[230] Anders formuliert steht bei der Prinzipal-Agent-Theorie eine Minimierung von Agency-Kosten im Vordergrund, während sich die Stewardship-Theorie auf eine Maximierung von Performance konzentriert.[231] Wenn Eigentümer und Manager eine Beziehung unterhalten, die den Annahmen der Stewardship-Theorie entspricht, divergieren die Nutzenfunktionen der beiden Vertragsparteien weniger stark als in einer Prinzipal-Agent-Beziehung und ihre Interessen stimmen stärker überein.[232] Die Kosten, die ein Prinzipal bei einem Agenten für Kontrollmechanismen aufwenden müsste, können in einer Prinzipal-Steward-Beziehung eingespart werden. Ceteris paribus steigt die Performance des Unternehmens.[233] Handelt ein Fremdmanager vollständig wie ein Steward, löst sich die Interessenasymmetrie zwischen ihm und dem Eigentümer auf. Agency-Kosten entstehen unter dieser Voraussetzung nicht und die Performance wird maximiert.

CHRISMAN ET AL. (2007) führen eine wichtige Einschränkung der Anwendbarkeit der Stewardship-Theorie an. Denn diese behandelt Probleme aus Moral Hazard, ist aber konzeptionell nicht auf die Analyse von Problemen der adversen Selektion ausgerichtet. Diese Einschränkung spricht gegen eine ausschließliche Anwendung der Stewardship-Theorie.[234]

2.2.2 Stewardship in Familienunternehmen

Es wird davon ausgegangen, dass eine positive Beziehung zwischen dem Erfolg der Organisation (des Familienunternehmens) und der Befriedigung der Interessen seines Eigentümers besteht. Da die Nutzenfunktion des Stewards den Organisationsnutzen beinhaltet und er seinen Nutzen durch Verfolgung des organisationalen Nut-

[230] Vgl. Witt (2008: 2), Chua et al. (2009: 362), Davis et al. (1997: 20), Corbetta & Salvato (2004b: 123), Minichilli et al. (2010: 205 f.) oder Blumentritt et al. (2007: 323). Jensen und Meckling (1994) diskutieren alternative Menschenbilder, vgl. Jensen & Meckling (1994: 4 ff.) oder auch Staehle (1999: 191 ff.).
[231] Vgl. Corbetta & Salvato (2004a: 358).
[232] Vgl. Blumentritt et al. (2007: 323) und Davis et al. (1997: 24 ff.).
[233] Vgl. Davis et al. (1997: 25). Dem Autor zufolge kann zuviel Kontrolle demotivierend auf einen Steward wirken.
[234] Vgl. Chrisman et al. (2007a: 1037).

zens steigert, maximiert er somit auch den Nutzen des Eigentümers.[235] In welchem Maße Fremdmanager als Stewards handeln und ob sie die Interessen ihres Prinzipals vollständig und bedingungslos verfolgen, kann nur empirisch festgestellt werden. Verschiedene Autoren betonen, dass Stewardship in Familienunternehmen stärker ausgeprägt ist als in Nicht-Familienunternehmen.[236]

Die Neigungen von Eigentümer und Fremdmanager zu einer Agency- oder Steward-Beziehung wird von psychologischen (z.B. Motivation, Identifikation und Macht) als auch situativen Charakteristika (z.B. Managementphilosophie und Kultur) beeinflusst. Die Eigentümerfamilie hat dabei entscheidenden Einfluss auf diese Neigungen.[237] Ob die Beteiligten dem Typus des Agenten oder des Stewards entsprechen, wird stark durch die Eigentümerfamilie, ihre Art der Ausübung einer Vorbildfunktion sowie ihre Art der Unternehmensführung bestimmt. Die Stewardship-Theorie lässt erwarten, dass Fremdmanager in Familienunternehmen eher dem Typus des Stewards entsprechen, länger im Unternehmen tätig sind, weniger stark durch variable Vergütungsanreize motiviert werden und gleichzeitig auf Basis ihrer intrinsischen Motivation mehr Wert für das Unternehmen schaffen.[238]

Nicht jedem Familienunternehmen gelingt es, die Voraussetzungen für Stewardship zu schaffen.[239] Zu einem großen Teil hängt diese Fähigkeit von der Risikobereit-

---

[235] Vgl. Davis et al. (1997: 25 f.), Koeberle-Schmid & Nützel (2005: 17) und Blumentritt et al. (2007: 323). Die Interessen des Eigentümers werden in der Stewardship-Theorie per Annahme mit denen des Unternehmens gleichsetzt. Sollte dem nicht so sein, würde der Steward sein Handeln dennoch an den Interessen des Unternehmens ausrichten, vgl. Davis et al. (1997: 25).

[236] Vgl. Payne et al. (2011: 262) sowie Miller & Le Breton-Miller (2006: 74), Greenwood (2003: 493), Vallejo (2009: 379) oder Corbetta & Salvato (2004a: 357 f.). Die Autoren sehen insbesondere familieneigene Manager und solche, die der Eigentümerfamilie emotional verbunden sind, als Stewards. Schulze et al. (2001) und Chrisman et al. (2004) hingegen sehen bei familieneigenen Managern Merkmale von Agenten (vgl. Chrisman et al. (2007a: 1031)).

[237] Vgl. Davis et al. (1997: 27–38) (Übersicht S. 37) sowie Corbetta & Salvato (2004a: 357 f.). Davis et al. (1997) nennen als Extrempole der Managementphilosophie "Kontrolle versus Einbeziehung" (control versus involvement) und als Extrempole der (gesellschaftlichen) Kultur Individualismus versus Kollektivismus, vgl. Davis et al. (1997: 32 ff.). Psychologische Aspekte können besonderes Gewicht in Familienunternehmen haben, die auf ein zentrales Familienmitglied zugeschnitten sind (z.B. Gründer). Zu psychologischen Aspekten der Nachfolge siehe z.B. Breuninger (1998), Gerke-Holzhäuer (1996), Riedel (2003a), Siefer (1996) oder Burkhart et al. (2003: 2167 f.).

[238] Vgl. Witt (2008: 14). Auch Albach & Freund (1989: 98 ff.) stellen in ihrer Studie eine überdurchschnittlich hohe Motivation bei Führungskräften von Familienunternehmen fest. Weitere Ausführungen dazu in Kapitel 3.1.1.1.

[239] Vgl. Miller & Le Breton-Miller (2006: 74 f.), Blumentritt et al. (2007: 323), Chrisman et al. (2004: 335) und Corbetta & Salvato (2004a: 357). Kollektivistische Assoziationen von Mitarbeitern sollen häufig durch sogenannte Corporate Identity- oder Corporate Culture-Programme gefördert werden.

schaft des Eigentümers ab und seiner Bereitschaft, zu vertrauen.[240] Erforderlich sind Strukturen, die darauf gerichtet sind, den Steward zu unterstützen und mit umfangreichen Entscheidungskompetenzen auszustatten. Eine zu starke Nutzung von Kontrollmechanismen hingegen kann wegen ihrer Verringerung der intrinsischen Motivation eines Stewards kontraproduktiv wirken.[241] Dies stellt einen Gegensatz zur Prinzipal-Agent-Theorie dar, in der der Wille des Eigentümers im Vordergrund steht, Handlungen und Entscheidungen des Agenten zu kontrollieren.[242]

Davis et al. (1997) vergleichen die Entscheidungssituation der Vertragsparteien mit einem „Gefangenen-Dilemma". Dies bedeutet, dass in Summe nur beiderseitige Kooperation maximalen Nutzen für die Beteiligten ermöglicht. Verfolgt einer der beiden Beteiligten abweichende Interessen, ist keine Stewardship-Beziehung mehr möglich, die Vertragsparteien fallen zurück in eine Agency-Beziehung. Die persönliche Historie der Beteiligten hat dabei starken Einfluss auf die Bereitschaft zu Stewardship. Dies könnte z.B. ein Grund für Eigentümer sein, Fremdmanager des eigenen Unternehmens gegenüber externen Fremdmanagern zu bevorzugen.[243]

Die Stewardship-Theorie kann ebenso wie die Prinzipal-Agent-Theorie dazu verwendet werden, die Vertragsbeziehung zwischen Eigentümer und Fremdmanager eines Familienunternehmens zu analysieren. Bisher ist sie im Kontext von Familienunternehmen jedoch nur wenig angewendet worden.[244] Witt (2008) fordert umfassendere empirische Validierungen der Stewardship-Theorie, um neben einer theoretischen Anwendung auch eine empirische Verwendbarkeit für Fragen der Family Business Governance begründen zu können.[245]

---

240 Vgl. Davis et al. (1997: 33, 4 und 42). Hendry (2002: 110) bestätigt, dass es in der Praxis unmöglich ist, Eigentümerautorität zu delegieren ohne in gewissem Maße auf Loyalität, Aufrichtigkeit und Wohlwollen des Vertragspartners zu vertrauen. Blumentritt et al. (2007: 330) argumentieren, dass Stewards mehr Vertrauen entgegen gebracht werden kann als Agenten.
241 Vgl. Schachner et al. (2006: 595 f.) oder Klein (2009: 73).
242 Vgl. Davis et al. (1997: 40 und 42). Eine Verletzlichkeit des Prinzipals wird in der Prinzipal-Agent-Theorie konzeptionell minimiert.
243 Vgl. Davis et al. (1997: 38 f. und 43).
244 Vgl. Blumentritt et al. (2007: 320) oder Corbetta & Salvato (2004a: 357).
245 Vgl. Witt (2008: 10) oder auch Davis et al. (1997: 20 f.) und Donaldson & Davis (1991: 61).

2.3 Anreizorientierte Konzepte

2.3.1 Grundlagen

Anreize stellen im Hinblick auf materielle extrinsische Anreize ein zentrales Element in Prinzipal-Agent-Argumentationen dar. Aber auch in Stewardship-Konstellationen haben Anreize eine Motivationsfunktion. Dies gilt insbesondere, da der Typus eines reinen Stewards in der Praxis ebenso selten anzutreffen ist wie der Typus eines reinen Agenten. Jedoch betont die Stewardship-Betrachtung die Bedeutung immaterieller Anreize.

Neben den Führungsformen von Familienunternehmen bilden Anreize, die Fremdmanagern gesetzt werden, den zweiten Schwerpunkt der vorliegenden Untersuchung. Anreize sind notwendig, da eine Auflösung der Informationsasymmetrien in Vertragsbeziehungen wie bereits dargestellt über Marktmechanismen und Verträge nur teilweise möglich ist.[246] Die Herausforderung der Anreizgestaltung ist es, Individuen so für eine Aufgabe zu motivieren, als seien sie deren (wirtschaftlicher) Eigentümer. Anreize sollen in der Agency-Betrachtung daher darauf abzielen, die Präferenzen von Prinzipal und Agent derart miteinander zu verbinden, dass der Agent nur dann einen Vorteil erzielen kann, wenn er auch für den Prinzipal einen Vorteil schafft.[247]

Dem Prinzipal stellt sich hinsichtlich der Ausgestaltung der Anreize für den Agenten ein Optimierungsproblem, denn er muss für die von ihm angebotenen Anreize die jeweilige Reaktion des Agenten ermitteln bzw. prognostizieren und dann die seinen Nutzen maximierende Anreizkombination wählen.[248] Da auch der Agent als Nutzenmaximierer betrachtet wird, ist es das Ziel, z.B. eine Kombination aus Fixgehalt und ergebnisabhängiger Vergütung zu finden, die Prinzipal und Agent eine Ma-

---

[246] Vgl. Gächter et al. (2001: 145), denn Märkte sind unvollkommen und Kontingenzverträge nicht möglich. Kieser & Walgenbach (2007: 51) begründen den hohen Stellenwert von Anreizen in einer Vertragsbeziehung mit den wenig wirksamen Möglichkeiten der direkten Verhaltenssteuerung und der Kontrolle über Informationssysteme. Bamberg & Coenenberg (2000: 172 f.) gehen auf den Aspekt ein, dass ein Prinzipal aufgrund extremer Informationsasymmetrie nicht in der Lage ist, ein hinreichendes Anreizkonzept für den Agent zu erstellen.

[247] Vgl. Laux & Liermann (2003: 510).

[248] Vgl. Bamberg & Coenenberg (2000: 171). Auf die Nebenbedingungen der „Teilnahme" und der „Anreizkompatibilität" wird weiter unten eingegangen.

ximierung ihrer jeweiligen Nutzenfunktion erlaubt.[249] Dieser Aspekt der Zusammenarbeit zwischen Eigentümern und Managern eines Unternehmens ist theoretisch wie auch praktisch eines der wichtigsten Themen der Corporate Governance.[250] Zur Diskussion dieser Problematik haben sich verschiedene Begriffe herausgebildet, die hier kurz vorgestellt werden:

- Kontrollmechanismen: Sie haben Implikationen für die Zusammenarbeit der am Unternehmen beteiligten Interessensgruppen in Form normativer oder disziplinierender Wirkung. Als externe Kontrollmechanismen werden solche bezeichnet, die außerhalb des betrachteten Unternehmens stattfinden (z.B. Kapitalmärkte, Arbeitsmärkte, Gesetze, etc.). Als interne Kontrollmechanismen können solche bezeichnet werden, die innerhalb von Unternehmen stattfinden (z.B. Reporting, Monitoring, etc.).[251]
- Anreizgestaltung: Der Begriff der Anreizgestaltung umfasst die vertragliche Anreizsetzung, nicht-vertragliche Anreize sowie die turnusmäßige Anreizkontrolle.[252]
- Anreize: Es handelt sich um situationsbedingte, handlungsbestimmende Vorteilserwartungen. Sie können in monetäre Anreize (z.B. variable Vergütung) und nicht-monetäre Anreize (z.B. Karriereperspektiven) unterschieden werden. Eine alternative Unterscheidung ist die in intrinsische und extrinsische Anreize.[253]
- Motive: Motive sind einem Verhalten vorgelagert und werden durch Anreize aktiviert.[254]

Interdependenz zwischen Motiven und Anreizen: Extrinsische Anreize sind manipulativ und sollen Menschen zu Verhalten bewegen, welches sie andernfalls nicht oder

---

[249] Vgl. Chua et al. (2009: 359).

[250] Vgl. Witt (2001a: 85). Gemäß Heinrich (2002: 13) handelt es sich um ein Instrument zur Lösung der Verteilungsfrage. Denn die Interessensgruppen eines Unternehmens haben zwar das gemeinsame Ziel möglichst hoher Kooperationsrenten (vereinfacht: Gewinn für das Unternehmen), jedoch gegenläufige Interessen bezüglich der Verteilung.

[251] Vgl. auch Mertens (2004: 37 ff.). Auf Kontrollmechanismen wurde bereits in Kapitel 2.1.4 kurz eingegangen.

[252] Vgl. Mertens (2004: 40) oder Winter (2001: 500 ff.). Von Monitoring wird gesprochen, wenn neben einem Handlungsergebnis selbst weitere, ggf. von Zufallseinflüssen überlagerte Variablen in die Performancemessung aufgenommen werden, vgl. Winter (2001: 500).

[253] Vgl. Frey et al. (2001: 561 und 573 f.). Die Autoren weisen darauf hin, dass Unternehmen besondere Werte anbieten können, die intrinsische Motivation auch ohne direkten monetären Anreiz freisetzen, z.B. einen hierarchischen Aufstieg oder eine gute Unternehmenskultur.

[254] Vgl. zu Bedürfnissen und Motiven Staehle (1999: 165 ff.).

nicht so gezeigt hätten. Verschiedene Autoren weisen aber auf eine mögliche Verdrängung von (intrinsischer) Motivation durch extrinsische Anreize hin.[255] Daher muss darauf geachtet werden, dass eine solche Verhaltensbeeinflussung nur dort stattfindet, wo kein intrinsischer Anreiz besteht.[256]

Anreizkompatibilität (incentive compatability constraint): Bei agencytheoretischer Betrachtung wird Anreizkompatibilität erreicht durch die Verknüpfung von individueller Vergütung und Performance (des Unternehmens, eines Unternehmensbereiches, o.ä.). Der auf Maximierung seines eigenen Nutzens fixierte Agent richtet dadurch automatisch seine Bemühungen darauf aus, das für ihn maßgebende Performancekriterium zu steigern. Kompatibilität wird erreicht, wenn exogene (außerhalb seines Einflussbereiches liegende) Faktoren irrelevant sind für die Bewertung des Agenten, während sich endogene (durch ihn selbst beeinflussbar) Faktoren auswirken.[257]

Teilnahmebedingung (participation constraint): Der erwartete Nutzen des Agenten muss marktgerecht sein, d.h. mindestens seinem erwarteten Nutzen aus ihm alternativ zur Verfügung stehenden Beschäftigungen entsprechen.[258]

Laut BRUCE ET AL. (2005) haben auf Basis der Prinzipal-Agent-Theorie entstandene empirische Arbeiten eine eindeutige Relation von Vergütung und Performance in Unternehmen bisher nicht belegen können, so dass die Anwendbarkeit dieser Theorie in diesem Kontext in Frage gestellt werden kann. Den Grund sehen die Autoren in der verengten Sichtweise der Prinzipal-Agent-Theorie, z.B. durch Vernachlässigung sozialer Beziehungen. Sie wenden sich daher gegen ihre isolierte Anwendung.[259] Auch CHUA ET AL. (2009) kritisieren die Fokussierung der Prinzipal-Agent-Theorie auf

---

[255] Vgl. Witt (2001b: 81), Heinrich (2002: 73) oder Frey et al. (2001: 561 ff.): Die Prinzipal-Agent-Theorie betrachtet extrinsische Anreize, die verhaltensorientierte Theorie der Organisation intrinsische Anreize – zwischen ihnen kann es zu Verdrängungseffekten („verborgene Kosten der Belohnung") kommen. Die Autoren führen Studien an, die den Effekt empirisch belegen.

[256] Vgl. Staehle (1999: 166).

[257] Vgl. Backes-Gellner & Wolff (2001: 422) und Winter (2001: 493 f. und 496 f.). Lassen sich exogene Faktoren nicht abtrennen, spricht man auch hier vom second best Vertrag. Der risikoaverse Fremdmanager sucht Zufallseinflüsse auf das Unternehmensergebnis zu umgehen. Theoretisch nivelliert sich der mit dem exogenen Risiko verbundene Wohlfahrtsverlust, je länger ein Vertrag läuft.

[258] Vgl. Chua et al. (2009: 359 und 364) und Beyer (2004: 48 f.) (Teilnahmebedingung dort als Kooperationsneigung bezeichnet).

[259] Vgl. Bruce et al. (2005: 1493 ff.) oder Frey et al. (2001: 573 f.). Isolierte Analysen führen z.B. Laux & Schenk-Mathes (1992) und Ferstl (2000) durch.

Vergütung als einzigen extrinsischen Anreiz und das Ignorieren intrinsischer Anreize.[260] Jedoch setzen die meisten Unternehmen in der Tat bei der Vergütung von Top-Managern primär monetäre Anreize ein.[261] Um weitere Möglichkeiten der Nutzensteigerung zu bewerten, müssen nach Ansicht von CHUA ET AL. (2009) auch Stakeholder- bzw. Stewardship-Konzepte mit primär nicht-monetären, intrinsischen Anreizen angewendet werden.[262]

Die Anreiz-Beitrags-Theorie besagt, dass Mitarbeiter bei freier Wahl des Arbeitsplatzes ihre Mitgliedschaft (Teilnahmemotivation) und ihr leistungsorientiertes Verhalten (Leistungsmotivation) in einem Betrieb beibehalten bzw. steigern, wenn und solange der Anreiznutzen (alle materiellen und immateriellen Belohnungen, die die Person von dem Betrieb erhält) den Beitragsnutzen (Kosten der Beiträge bzw. maximaler Belohnung, die die Person bei einer vergleichbaren oder weniger intensiven Tätigkeit erwarten könnte) übersteigt bzw. ihm mindestens entspricht.[263] Anders formuliert würde ein Fremdmanager im Sinne der Anreiz-Beitrags-Theorie immer abwägen zwischen dem individuell empfundenen Nutzen einer Handlung (Anreiz) und dem Nutzenentgang durch die dafür geleisteten Aufwendungen (Beitrag) und sich individuell nutzenmaximierend verhalten.

DAVIS ET AL. (1997) führen an, dass rein ökonomische Anreize zwar in hierarchischen Systemen dazu führen können, bessere Ergebnisse in bestehenden Prozessen zu erreichen. Es fehlen aber Anreize für tiefer liegende Bedürfnisse von Menschen, höhere Entwicklungsstufen zu erreichen. Das könne zu Frustration führen. Vielmehr sei es nach Ansicht der Autoren notwendig, zunächst Basismotivationselemente zu erkennen und zu bedienen. Zu diesen zählen die Verfasser u.a. soziale Beziehung, Bedeutung, Verantwortung und Einblick.[264] Wie auch bei der Diskussion über das Verhältnis zwischen Prinzipal-Agent- und Stewardship-Theorie kann auch das öko-

---

[260] Vgl. Chua et al. (2009: 362).

[261] Vgl. Laux & Liermann (2003: 502). Kleine (1995) zeigt ein sich auf unterschiedliche Annahmen beziehendes Entscheidungsmodell zur Ermittlung eines anreizkompatiblen Entlohnungssystems, basierend auf den Methoden des Operational Research.

[262] Vgl. Chua et al. (2009: 362), Witt (2001b: 81) sowie Backes-Gellner & Wolff (2001: 411). Als Stakeholder werden interne und externe Anspruchs- bzw. Interessensgruppen bezeichnet. Im Zusammenhang mit Unternehmen sind dies insbesondere Eigentümer, Manager, Mitarbeiter, Kunden, Gläubiger, Staat, Lieferanten und (regionale) Gesellschaft.

[263] Vgl. Berger & Bernhard-Mehlich (2000: 100 ff.).

[264] Vgl. Davis et al. (1997: 27 f.).

nomische Konzept der Anreiz-Beitrags-Theorie erweitert werden durch Konzepte, deren Grundlagen aus nicht-ökonomischen Forschungszweigen stammen. Insbesondere die Motivationstheorie ist hilfreich, um die Wirkungskräfte auf menschliche Motivation zu verstehen. Bedürfnisse im Sinne der Motivationstheorie umfassen neben physiologischen Mangelgefühlen (Hunger, Durst, etc.) hinaus auch die zuvor genannten Basismotivationselemente. Diese Bedürfnisse sind schwierig zu quantifizieren, es handelt sich im Sinne der Maslowschen Bedürfnispyramide hauptsächlich um sogenannte „higher order needs".[265] Eine Bedürfnisbefriedigung kann im Sinne von STAEHLE (1999) zur Entstehung neuer Bedürfnisse und zu einer Steigerung des individuellen Anspruchniveaus führen. Gleichzeitig kann sie Motive beeinflussen oder auf deren Aktivierung hinwirken. Die folgende Abbildung zeigt die Grundzusammenhänge der Motivationstheorie nach STAEHLE (1999).

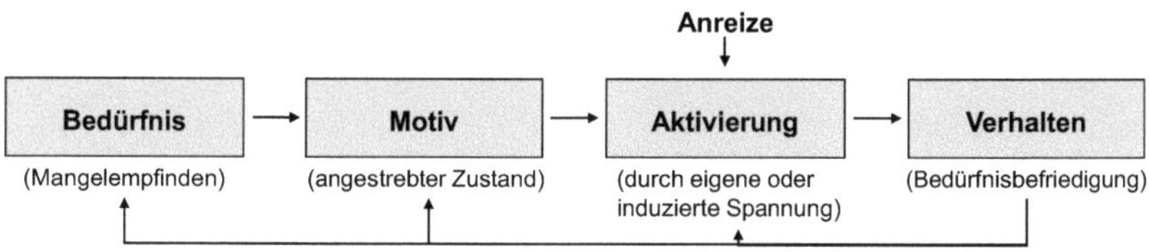

Abbildung 12: Das Motivationsmodell von STAEHLE (1999)[266]

Die Argumentation der Anreiz-Beitrags-Theorie entspricht durch Fokussierung von extrinsischen Anreizen eher dem Menschenbild des Agenten, während motivationstheoretische Ansätze eher dem Menschenbild des Stewards nahe kommen, da sie intrinsische Motivation in den Vordergrund stellen.[267] Jedoch ist die neoklassische Anreiz-Beitrags-Theorie weiter gefasst, sie umfasst materielle wie immaterielle Anreize. Auch die motivationstheoretischen Ansätze umfassen alle Abstufungen von Motivation, sie stellen jedoch eine Rangfolge zwischen diesen fest. Beide Konzepte setzen an unterschiedlichen Stellen einer Handlungs- bzw. Verhaltensentscheidung an.

[265] Vgl. Maslow (1954: 35 ff.), Davis et al. (1997: 28), von Schultzendorff (1984: 252 f.) oder Staehle (1999: 109 f. und 221 ff.). Higher order needs im Sinne von Maslow sind Bedürfnisse, die wichtig werden, sobald physiologische sowie Sicherheitsbedürfnisse erfüllt sind. Übertragen auf die Arbeitswelt spricht man hinsichtlich dieser Bedürfnisse auch von Faktoren der Arbeitszufriedenheit. Diese weisen eine positive Korrelation zur Arbeitsmotivation auf. Zu den einzelnen Faktoren von Arbeitszufriedenheit siehe auch Bechtle (1983: 272 ff. und 291).

[266] Vgl. Staehle (1999: 166 f.). Der Autor merkt an, dass Bedürfnisse und Motive in der Literatur fälschlicherweise häufig synonym verwendet werden.

[267] Vgl. Davis et al. (1997: 27 f.).

Während die Anreiz-Beitrags-Theorie (extrinsische) Anreize und daraus resultierendes Verhalten betrachtet, stellt die Motivationstheorie die zugrunde liegenden (intrinsischen) Bedürfnisse und Motive in den Mittelpunkt.[268] Dabei wird auch der konkurrierende Aspekt der beiden Konzepte verdeutlicht, denn es besteht die bereits angesprochene Gefahr einer Verdrängung von bedürfnisbasierten Motiven durch Motive, die erst durch extrinsische Anreize aktiviert werden.[269]

Anzumerken ist, dass auch eine perfekte Anreizgestaltung nicht vor falschen Entscheidungen des Agenten schützt. Jedoch resultieren diese dann nicht aus opportunistischen Verhaltensweisen des Agenten, sondern sind durch die Tatsache begrenzter subjektiver Rationalität begründet. Falsche Entscheidungen werden nicht immer bewusst unter Inkaufnahme von Nachteilen für den Prinzipal getroffen. Optimale Anreizgestaltung ist in diesem Sinne nicht gleichzusetzen mit optimaler Zielerreichung. Ebenfalls ist darauf hinzuweisen, dass aufgrund der Unmöglichkeit von Kontingenzverträgen selbst bei sorgfältiger Anreizsetzung ein Restrisiko für Agency-Kosten bestehen bleibt.[270]

2.3.2 Monetäre Anreize

Anreiz-Beitrags- sowie Motivationstheorie lassen sich dem mikroökonomischen Teilgebiet der Verhaltensökonomik zuordnen. Gemäß der mikroökonomischen Theorie hängt auf Märkten, die bestimmte Effizienzkriterien einhalten, die Maximierung der Gesamtwohlfahrt von der Kopplung der individuellen Vergütung an den Wert des individuellen Grenzproduktes ab (sprich: den für das Unternehmen durch das Individuum geschaffenen Mehrwert).[271] Da dieses in der Praxis häufig nur schwierig bis gar nicht gemessen werden kann, ist die übliche Bezahlung in Unternehmen ein Fixge-

[268] Vgl. Staehle (1999: 165 und 219 ff.).
[269] Vgl. Frey et al. (2001: 561 ff.) oder Staehle (1999: 166).
[270] Vgl. Pratt & Zeckhauser (1985: 3).
[271] Vgl. Pratt & Zeckhauser (1985: 8).

halt.[272] Einheitliche Fixgehälter führen aber zur Begrenzung von Wettbewerb und Motivation, weshalb im Top-Management variable Vergütungsbestandteile, Monitoring sowie die zeitliche Befristung von Arbeitsverträgen als zusätzliche Instrumente zum Einsatz kommen.[273]

Während ein Fixgehalt in der Regel auf einer Inputgröße (z.B. Arbeitszeit) basiert, dienen als Grundlage für variable Vergütungen eine oder mehrere Outputgrößen (z.B. Betriebsergebnis).[274] Gemäß der Prinzipal-Agent-Theorie bestehen wesentliche Vorteile solch einer variablen Vergütung in der Motivations- (motiviert zu intensiverem Arbeitseinsatz) und Selektionswirkung (wirkt anziehend für hochproduktive Mitarbeiter).[275] Argumente gegen variable Vergütungen sind zum einen die Risikoaversion des Agenten, d.h. seine Abneigung, das Risiko für stark schwankende Einkünfte zu tragen. Zum anderen müssen die Kontrollmechanismen des Unternehmens eine belastbare Grundlage für die Bemessung der variablen Vergütung liefern. Dem stehen die oben erwähnten Schwierigkeiten der Messung des individuellen Grenzproduktes und die Kosten der Kontrollmechanismen entgegen.[276] Da sowohl Kontrollmechanismen als auch variable Vergütungen Kosten für das Unternehmen verursachen, resultieren beide Maßnahmen in einer geringeren Unternehmensperformance.[277] Die Herausforderung liegt darin, beide Instrumente ausgewogen einzusetzen, so dass der Performanceeffekt optimiert wird.

2.4 Integration von Prinzipal-Agent- und Stewardship-Theorie

Zu den Besonderheiten von Familienunternehmen gewinnt man Zugang, wenn man sie als Ergebnis der Koevolution zweier ganz unterschiedlichen inneren Logiken fol-

---

[272] In einzelnen Unternehmensbereichen sind Leistungen eines Mitarbeiters weitgehend präzise abgrenzbar, z.B. bei Serienfertigungen. Stücklöhne bilden in diesen Bereichen den Versuch einer Annäherung der Bezahlung an das individuelle Grenzprodukt, vgl. Backes-Gellner & Wolff (2001: 398). Aus theoretischer Sicht können für alle Tätigkeiten die Variablen zur individuellen Leistungsmessung identifiziert werden, ergebnisabhängige Vergütungen wären dann effizient zu ermitteln. In der Praxis ist die individuelle Leistungsmessung aber nicht möglich. Alle bekannten Vergütungsmodelle stellen nur eine Annäherung an das Grenzprodukt dar, vgl. auch Winter (2001: 500 f.).

[273] Vgl. Pratt & Zeckhauser (1985: 8 f. und 12).

[274] Vgl. Backes-Gellner & Wolff (2001: 412).

[275] Vgl. McConaughy (2000: 121 f.).

[276] Vgl. Chua et al. (2009: 365), Backes-Gellner & Wolff (2001: 413 und 421 f.) oder Witt (2001b: 81) (in Bezug auf Aktien).

[277] Vgl. Chua et al. (2009: 365).

genden sozialen Systemen begreift: der Familie und des Unternehmens.[278] Diese beiden Systeme werden in der Wissenschaft traditionell von unterschiedlichen Fachrichtungen betrachtet: Die Familie von der Soziologie, das Unternehmen von der Wirtschaftswissenschaft. Hierin liegt bereits ein wesentlicher Grund für die bisher unzureichende Erschließung des Forschungsfeldes. Für ein tieferes Verständnis von Familienunternehmen ist gemäß BROCKHAUS (2004) eine integrative Betrachtung auf Basis von Forschungsleistungen beider Disziplinen notwendig – eine ausschließlich wirtschaftswissenschaftliche Herangehensweise wird den Besonderheiten von Familienunternehmen nicht gerecht.[279] Das Forschungsfeld Familienunternehmen wird dementsprechend zunehmend interdisziplinär bearbeitet.[280] Die Vielzahl der verwendeten Ansätze ist zunächst verwirrend.[281] Sie kann sogar nachteilig sein, wenn Konzepte angewendet werden, die für Familienunternehmen nicht passend sind oder wenn Aussagen frühzeitig abgeleitet werden, ohne dass die Anwendbarkeit des zugrunde liegenden theoretischen Konzeptes selbst belegt ist.

Die traditionelle Grundlage für Fragen der Governance eines Unternehmens war lange Zeit die neoklassische Prinzipal-Agent-Theorie.[282] Mit dem Ersetzen der Annahme vollkommener Rationalität der handelnden Akteure durch das Konzept begrenzter Rationalität wurde eine Anpassung des Modells an die reale Lebenswelt vorgenommen. Weiterhin fand eine Abkehr vom Menschenbild des opportunistischen homo

---

[278] Vgl. Zhara & Sharma (2004: 33 und 335) oder Klein (2004: 338). Simon et al. (2005: 24) gehen in ihrer Arbeit explizit auf diesen Aspekt ein, vgl. dort z.B. Kapitel 2.1. Lam (2011) widmet sich dem interaktiven sozialen Zusammenspiel beider Systeme in Rahmen der Nachfolge.

[279] Vgl. Brockhaus (2004: 165) oder auch Boyd (2007: 12 f.) bzw. Sharma (2004: 24 f.). Staehle (1999: 149) geht intensiv auf das Erfordernis der Interdisziplinarität ökonomischer und anderer sozialwissenschaftlicher Forschungsrichtungen ein. Er fordert einen Einbezug aller verhaltenswissenschaftlichen Ansätze (Soziologie, Psychologie, Anthropologie und Ethnologie). Auch andere Autoren, wie z.B. Zhara & Sharma (2004: 331 ff., 336 und 344) oder Seth & Thomas (1994: 184 ff.) ermuntern explizit dazu, fachgebietsübergreifend zu forschen.

[280] Vgl. Chrisman et al. (2005: 558, 566 und 570). Die Autoren führen Untersuchungen an, die Unterschiede zwischen Familien- und Nicht-Familienunternehmen belegen und auch solche, die keinen Unterschied feststellen.

[281] Chrisman et al. (2005: 570) sehen in diesem Zusammenhang die Prinzipal-Agent-Theorie als hilfreich an, um die wissenschaftliche Diskussion zur Entwicklung einer Theorie der Familienunternehmung zu strukturieren. Backes-Gellner & Wolff (2001: 395) sehen ihre Nützlichkeit darin, auf Informationsasymmetrien basierende Managementprobleme analytisch zu strukturieren und so einer Lösung zugänglich zu machen, die an den Problemursachen, nicht an den Symptomen ansetzt.

[282] Vgl. Donaldson & Davis (1991: 50) oder Siebels & zu Knyphausen-Aufseß (2012: 280 ff.). Zu den Kritikpunkten an der neoklassischen Prinzipal-Agent-Theorie siehe insbesondere Kapitel 2.1.6.

oeconomicus statt. Dies hat nicht nur zu weiteren Anpassungen der Prinzipal-Agent-Theorie geführt, sondern auch zur Entstehung der Stewardship-Theorie.[283]

Wesentlicher Unterschied zwischen beiden Theorien ist die Quelle der Motivation: die Prinzipal-Agent-Theorie stellt auf die Notwendigkeit extrinsischer Motivation ab, die Stewardship-Theorie geht auf Basis von Altruismus von vorhandener intrinsischer Motivation aus.[284] In diesem Sinne konzentriert sich die Prinzipal-Agent-Theorie eher auf Konflikte und Nachteile einer Vertragsbeziehung, während es für die Stewardship-Theorie charakteristisch ist, dass sie positive Effekte einer Vertragsbeziehung in den Mittelpunkt stellt. Sie fokussiert sich damit stärker auf Strukturen, die Stewards fördern und bevollmächtigen.[285] Um die Effekte von Altruismus als wichtigstem Unterscheidungsmerkmal zwischen Familien- und Nicht-Familienunternehmen besser herausarbeiten zu können, fordern CHRISMAN ET AL. (2004) daher eine stärkere Integration von Altruismus in die Prinzipal-Agent-Theorie.[286]

Aufgrund der eingeschränkten Anwendbarkeit der Prinzipal-Agent-Theorie empfehlen viele Autoren, diese nur noch kombiniert mit anderen Theorien zu berücksichtigen.[287] Die Stewardship-Theorie hat sich in den vergangenen Jahren zu einer wichtigen ergänzenden theoretischen Perspektive zur Erklärung des Verhaltens (von Fremdmanagern) in Familienunternehmen entwickelt.[288] Trotz der berechtigten Kritik ist aber ein Verzicht auf die Prinzipal-Agent-Theorie nicht geboten, da beide Theorien unterschiedliche Blickrichtungen auf die Beziehung zwischen Eigentümer und Fremdma-

---

[283] Vgl. Davis et al. (1997: 20) oder Kieser & Walgenbach (2007: 52). Haucap et al. (2011: 3) z.B. gehen in ihrer Arbeit von zwei Gruppen aus, vertrauenswürdige und hinterlistige Menschen. Zum Teil wird der klassischen Ökonomie sogar eine Mitverantwortung für die reale Existenz von egoistischen Verhalten gegeben. Frey et al. (2001: 575) führen z.B. an, dass es einen Kausalzusammenhang zwischen Überwachung und Opportunismus gibt und letzterer keine gegebene Eigenschaft von Menschen ist, sondern vielmehr eine selbsterfüllende Prophezeiung. Auch Davis et al. (1997: 27 und 32) führen verschiedene Quellen an, die einen Kausalzusammenhang zwischen Managementphilosophien und -systemen und Verhalten in Organisationen anführen (sie selbst teilen diese Kausalität nicht).

[284] Vgl. Davis et al. (1997: 27). Die Folge daraus können gegensätzliche Aussagen für eine Fragestellung sein, vgl. Le Breton-Miller & Miller (2009: 1169) oder Lam & Loo (2008).

[285] Vgl. Davis et al. (1997: 25) und z.B. Schulze et al. (2001).

[286] Vgl. Chrisman et al. (2004: 351), Chrisman et al. (2005: 565) und Chrisman et al. (2007b: 1007).

[287] Vgl. z.B. Eisenhardt (1989a: 71 f.) oder Siebels & zu Knyphausen-Aufseß (2012: 280). Eine Reihe von Autoren ist diesem Vorschlag bereits gefolgt, z.B. Miller & Le Breton-Miller (2006).

[288] Vgl. Blumentritt et al. (2007: 322). Allgemein wird für die Zukunft insbesondere der Verhaltensökonomie (Behavioral Economics, siehe z.B. Kahneman & Tversky (1979)) Potenzial zugesprochen, die Defizite bisheriger Denkmodelle aufzulösen.

nager bieten. DAVIS ET AL. (1997) stellten bereits früh in der Diskussion fest, dass keine der Theorien ein exklusives Konzept darstellt, sondern vielmehr beide benötigt werden.[289] Für die Zukunft schreiben zahlreiche Autoren einer Integration beider Theorien das Potenzial zu, entscheidend zur Bildung einer Theorie der Familienunternehmung beitragen zu können.[290] Diese Arbeit folgt dieser Empfehlung mit dem Ziel einer ausgewogenen Fundierung und Strukturierung des Forschungsthemas.

SETH UND THOMAS (1994) und ALBACH (1997) fordern die Anwendung der Stewardship-Theorie als Harmoniemodell dann, wenn die Zusammenarbeit der Vertragspartner kooperativ erfolgt. Die Prinzipal-Agent-Theorie dagegen sei einzusetzen, um Verhalten bei Stakeholderkonflikten zu untersuchen.[291] Für die Nutzung beider Theorien spricht zudem, dass es in der Praxis nicht „ein Menschenbild“ gibt, sondern Ausprägungen menschlichen Verhaltens auf dem gesamten Kontinuum zwischen Agent und Steward.[292] CORBETTA UND SALVATO (2004) bringen in diesem Zusammenhang die Möglichkeit ins Gespräch, die Verhaltensausprägungen der Vertragspartner in Abhängigkeit von Lebenszyklus oder Typus eines Familienunternehmens zu ermitteln.[293] Gründergeführte Familienunternehmen könnten demnach möglicherweise theoretisch anders zu analysieren sein, als von Nachfolgern geführte Familienunternehmen. ALBACH (1997) stellt fest, dass sich das Verhältnis zwischen Vertragsparteien mit zunehmender Zeitdauer vor dem Hintergrund wissenschaftlich belegter Merkmale menschlichen Verhaltens wie Vertrauen und Loyalität von einem

---

[289] Vgl. Davis et al. (1997: 26 und 28) oder Pieper et al. (2008: 386). Chrisman et al. (2007a: 1037) sehen das Argument für die gemeinsame Anwendung beider Theorien in den Einschränkungen der Anwendbarkeit der Stewardship-Theorie (siehe Kapitel 2.2.1, nicht für die Analyse adverser Selektion geeignet). Um die Wirkung von Anreizen und Monitoring auf Performance zu analysieren, sehen Chua et al. (2009: 356 und 360) sogar die Prinzipal-Agent-Theorie als besser geeignet an.

[290] Für die Prinzipal-Agent-Theorie vgl. z.B. Simon (1993: 160), Schulze et al. (2003b: 487), Chrisman et al. (2007b: 1007) oder Klein (2009: 65). Für die Stewardship-Theorie vgl. z.B. Davis et al. (1997: 21 und 26), Corbetta & Salvato (2004a: 357). Für beide Theorien vgl. Witt (2008: 1 f.), Pieper et al. (2008: 386) oder Chrisman et al. (2007a: 1036).

[291] Vgl. Seth & Thomas (1994: 184 ff.) und Albach (1997: 1257, 1270 f. und 1282). Als weiteres Harmoniemodell können demnach auch die ressourcenbasierten Ansätze genutzt werden.

[292] Vgl. auch Chrisman et al. (2007a: 1032). In diesem Sinne kann nur von einem in einem Unternehmen „vorherrschenden“ Menschenbild gesprochen werden, vgl. Corbetta & Salvato (2004a: 358). Die Extrempole des reinen Agenten und des reinen Stewards selbst sind möglicherweise sogar selten (so ist z.B. reines Agencytum auf Ebene der obersten Führungskräfte eines Unternehmens nicht vorzufinden, vgl. Bruce et al. (2005: 1494)). Damit ist die Möglichkeit, dass aufgrund fehlender Informationsasymmetrie und reziprokem sowie symmetrischem (d.h. beidseitigem und gleich starkem) Altruismus gar keine Agency-Kosten vorliegen könnten (vgl. Chua et al. (2003a: 98) und Chrisman et al. (2005: 560 f.)) eher theoretischer Natur. Zu Konzepten der Reziprozität im Kontext von Familie und Nachfolge siehe auch Janjuha Jivraj & Spence (2009).

[293] Vgl. Corbetta & Salvato (2004a: 357).

Konfliktmodell hin zu einem Harmoniemodell entwickeln könne.[294] Er gibt damit einen Hinweis auf eine zeitliche Dynamik, der möglicherweise mit einer differenzierten theoretischen Betrachtung gefolgt werden muss. BRUCE ET AL. (2005) verweisen auf die Maßgeblichkeit des individuellen Untersuchungskontextes und des zu betrachtenden Individuums selbst mit seiner Neigung, Merkmale eines Agenten oder eines Stewards anzunehmen.[295] Ergänzend ist zu berücksichtigen, dass auch ein Prinzipal Informationsasymmetrien zu seinem Vorteil ausnutzen kann.[296]

Insgesamt bestimmt das Untersuchungsthema, welche Theorien anzuwenden sind. Die thematischen Schwerpunkte der Prinzipal-Agent-Theorie – Gestaltung von Verträgen zwischen Eigentümer und Fremdmanager, Kontrollmechanismen sowie extrinsische Motivation – decken sich mit den Themen dieser Untersuchung. Die Stewardship-Theorie bietet eine ergänzende Blickrichtung auf die Beziehung zwischen Eigentümer und Fremdmanager, indem sie Vertrauen, Kultur, persönliche Bindung und intrinsische Motivation betont.[297] Im Kontext dieser Untersuchung bietet sie einen hilfreichen Ansatz, um Besonderheiten von Familienunternehmen und familiäre Dynamik zu bewerten.[298] Bei Familienunternehmen ist dies besonders notwendig, da die Herausforderungen an die Family Business Governance weit in das Feld der Psychologie und Soziologie führen und mit den klassischen Instrumenten der Ökonomie allein nicht beherrscht werden können.[299]

Eine Operationalisierung im Rahmen empirischer Untersuchungen ist bei traditionellen ökonomischen Ansätzen wie der Prinzipal-Agent-Theorie zumeist einfach. Sie kennen als Optimierungsgröße nur den Individualnutzen, die Anzahl der darauf wirkenden Parameter ist gering und die Wirkungsrichtung im Modell ist zumeist linear und transparent. Eine Bildung von Hypothesen wird dadurch erleichtert. Eine

[294] Vgl. Albach (1997: 1277), d.h. ausgehend von einer Prinzipal-Agent-Beziehung zunehmend Merkmale einer Prinzipal Steward-Beziehung annehmen kann. Vgl. dazu auch Witt (2003: 12).

[295] Vgl. Bruce et al. (2005: 1494).

[296] Vgl. Kieser & Walgenbach (2007: 52). Die Autoren kritisieren, dass beide Theorien das Vertragsverhältnis einseitig aus der Sicht des Prinzipals analysieren. Z.B. könnte ein Prinzipal die Beschäftigten über die wirtschaftliche Situation des Unternehmens täuschen, um Gehaltsforderungen abzuwehren. Oder er könnte unzureichend über Gesundheitsgefährdungen am Arbeitsplatz informieren, um Kosten zu vermeiden.

[297] Vgl. Blumentritt et al. (2007: 323). Auch Kieser & Walgenbach (2007: 65 ff.) und Pieper et al. (2008: 373) weisen auf die Kontextabhängigkeit der Theorieauswahl hin.

[298] Vgl. Sharma (2004: 16).

[299] Vgl. Klein (2009: 64), Klein (2008: 1083).

Operationalisierung auf Basis der Stewardship-Theorie hingegen ist schwieriger. Auf ihrer Basis können zwar Aussagen zur Vor- oder Nachteiligkeit einzelner Aspekte getroffen werden, die Wirkungszusammenhänge sind jedoch komplexer.[300] Entsprechend leidet die Stewardship-Theorie bisher unter eingeschränkter empirischer Validierung.[301]

[300] Vgl. Chrisman et al. (2004: 350). Die forschungspragmatischen Vorzüge der Prinzipal-Agent-Theorie haben ihre breite Anwendung begünstigt. Eine mathematische Summierung vor- und nachteiliger Effekte eines kompletten Sachverhaltes ist jedoch bei beiden Theorien nicht möglich.

[301] Vgl. Rutherford et al. (2008: 1090) und Corbetta & Salvato (2004a: 357). Für die theoretische Analyse sei die Stewardship-Theorie aufgrund ihrer realistischeren Annahmen dennoch besser geeignet als klassische ökonomische Konzepte. Die Ableitung präziser und testbarer Hypothesen auf Basis der Stewardship-Theorie bleibt jedoch schwierig. Laut Witt (2008:10) ist noch nicht geklärt, ob die Stewardship-Theorie nur eine theoretisch-normative oder auch eine empirisch-praktische Bedeutung für die Corporate Governance von Familienunternehmen hat. Den entscheidenden Grund für die bisher noch nicht abgeschlossene Ausarbeitung der Stewardship-Theorie sieht er darin, dass diese noch vergleichsweise jung ist. Die Prinzipal-Agent-Theorie sollte daher grundsätzlich weiter angewendet werden, vgl. z.B. Witt (2008: 10) oder Chua et al. (2003a: 103).

3 Forschungsstand, Forschungslücken, Forschungsfragen

Im vorhergehenden Kapitel wurden der Untersuchung zugrunde liegende Theorien vorgestellt. Kapitel 3 widmet sich zunächst der Analyse des aktuellen Forschungsstandes zum Thema Fremdmanagement in Familienunternehmen. Dabei wird dargestellt, welche Erkenntnisse in der wissenschaftlichen Literatur über Familienunternehmen bisher zu den Themenfeldern „Führung“ und „Anreize“ vorliegen. Spezielle Aufmerksamkeit wird dabei auf Beiträge zu den Themen „Führungsformen“ (d.h. Familienführung, gemischte Geschäftsführung, Fremdmanagement) und „Anreize für Fremdmanager in Familienunternehmen“ gerichtet.[302] Vom Forschungsstand ausgehend werden Forschungslücken aufgezeigt, d.h. Themen, die wissenschaftlich bisher noch nicht oder nur unzureichend analysiert wurden. Im Anschluss daran werden die in dieser Arbeit zu untersuchenden Forschungsfragen abgeleitet.

3.1 Forschungsstand

In der öffentlichen Wahrnehmung stehen in Deutschland (überwiegend börsennotierte) Konzerne im Vordergrund. Ergänzend wird in den Medien seit einiger Zeit zunehmend auch über klein- und mittelständische Unternehmen (KMU) berichtet. Beide Kategorisierungen umfassen implizit auch Familienunternehmen, stellen aber zunächst nur auf Größenmerkmale ab und ignorieren damit die konstituierenden Merkmale von Familienunternehmen.[303] Explizit rücken Familienunternehmen erst seit wenigen Jahren stärker in den Fokus der Öffentlichkeit.

---

[302] Dies sind Themen der Family Business Governance. Davis et al. (1997: 23) weisen auf die Notwendigkeit weiterer wissenschaftlicher Erforschung dieser Themen hin.

[303] Vgl. Institut für Mittelstandsforschung Bonn (2007: 1) oder Simon et al. (2005: 15). Die Begriffe Mittelstand, KMU oder Familienunternehmen bezeichnen nicht das Gleiche, auch wenn Sie häufig synonym verwendet werden. Während die beiden erstgenannten Begriffe auf Größenmerkmale abstellen, grenzen sich Familienunternehmen von anderen Unternehmen insbesondere durch ihre Eigentümerstruktur ab. In Kapitel 1.2 wurde aufgezeigt, dass Familienunternehmen und Nicht-Familienunternehmen signifikante Unterschiede aufweisen, die eine Unterscheidung der beiden Unternehmensgattungen rechtfertigen und spezifische Forschung dazu erforderlich machen.

Auch die wirtschaftswissenschaftliche Forschung hat die Besonderheiten von Familienunternehmen früher nur vereinzelt betrachtet.[304] LUBATKIN ET AL. (2005) sehen den Grund dafür zum einen in der Problematik der Einordnung von Familienunternehmen in existierende Theorien und zum anderen in dem Fehlen einer umfassenden und griffigen Governance-Theorie.[305] Mit Beginn der 80er Jahre haben zunächst vorwiegend US-amerikanische Autoren damit begonnen, die Belange von Familienunternehmen stärker zu betrachten. Forschungspublikationen mit explizitem Bezug auf Familienunternehmen finden sich seit Ende der 80er Jahre.[306]

In jüngerer Vergangenheit hat die Anzahl von Forschungspublikationen mit Bezug auf Familienunternehmen deutlich zugenommen.[307] In Deutschland lässt sich ein spürbarer Anstieg seit Mitte der 90er Jahre feststellen.[308] Begleitet werden die zunehmenden Forschungsaktivitäten von einer stärkeren Institutionalisierung des Forschungsgebietes in Form von Universitätsinstituten und -lehrstühlen, steigender öffentlicher und politischer Aufmerksamkeit für diese Unternehmensgattung sowie der Etablierung von Diskussions- und Netzwerkforen für Familienunternehmer.[309] Auch lässt sich eine verstärkte Zusammenarbeit über Fachbereichsgrenzen hinweg fest-

---

[304] Vgl. Mertens (2004: 2). Zunächst waren nur Sammelwerke und Handbücher zu Familienunternehmen verfügbar, erst langsam erkennt die wissenschaftliche Forschung deren Bedeutung. Laut Brockhaus (2004: 171) sind die Defizite früherer Literatur bedingt durch die aus dem Beratungsbereich stammenden ersten Familienunternehmens-Forscher und dem Mangel an verfügbaren Daten.

[305] Vgl. Lubatkin et al. (2005: 325). Auch Rutherford et al. (2008: 1089) sieht die Forschung zu Familienunternehmen in einem „quälenden Stadium der Einordnung in einen Dschungel theoretischer Konstrukte". Die Schwierigkeiten der Einordnung beruhen auf der Verfolgung nicht-ökonomischer Ziele und auf dem Mangel an Modellen zur Messung des Einflusses der Eigentümerfamilie (ressourcenbasierte Ansätze und das Konzept der „familiness" könnten Ansatzpunkte dafür bieten).

[306] Vgl. Sharma et al. (2012), Chittoor & Das (2007: 65), Brockhaus (2004: 172), Siebels & zu Knyphausen-Aufseß (2012: 280) und Boyd (2007: 10 ff.). Handler (1989: 257) sieht bereits etwa seit Mitte der 70er Jahre eine zunehmende wissenschaftliche Aufmerksamkeit für Familienunternehmen.

[307] Vgl. Klein (2004: IX), Dirwisch et al. (2009: 45), Chrisman et al. (2006: 720), Cabrera-Suárez et al. (2001: 37) oder Rutherford et al. (2008: 1096).

[308] Neben der Arbeit von Albach & Freund (1989) sind für den deutschsprachigen Raum insbesondere Dissertationen der Universität St. Gallen (Bechtle (1983), von Schultzendorff (1984), Goehler (1993), später dann Wiedmann (2002)) sowie als erstes Lehrbuch die Arbeit von Klein (2000) zu nennen.

[309] Vgl. Zhara & Sharma (2004: 331), Sharma et al. (2007: 1018), Schulze et al. (2001: 99), Ibrahim et al. (2008: 96) oder Boyd (2007: 10 ff.). Die Institutionalisierung ist in den USA weiter vorangeschritten, vgl. Klein (2003b: 4). In Deutschland befassen sich neben Forschungsinstituten und -lehrstühlen für Familienunternehmen auch solche für Entrepreneurship (Unternehmertum) mit relevanten Fragestellungen für Familienunternehmen. Ein Beispiel für Diskussions- und Netzwerkforen für Unternehmer ist die von der WHU – Otto Beisheim School of Management jährlich durchgeführte Konferenz für Familienunternehmen (ähnlich z.B. auch die Stiftung Familienunternehmen, die Universität Witten-Herdecke, u.a.).

stellen. Zu ausgewählten Untersuchungsaspekten aus dem Kontext von Familienunternehmen erschienen gemeinsame Arbeiten von Ökonomen, Soziologen oder Psychologen.[310] Länderübergreifende Forschungsarbeiten sind nach wie vor selten.[311]

Für eine historische Einordnung ist es wichtig zu erwähnen, dass der initiale Treiber für die steigende Aufmerksamkeit von Forschern zunächst nicht wissenschaftliche Diskurse waren, sondern eher Anforderungen, die aus der Praxis der Familienunternehmen selbst kamen. Deren zunehmende öffentliche Präsenz im Rahmen der Globalisierung, eine stärkere Bearbeitung durch Dienstleister (z.B. Unternehmensberater) sowie Anforderungen der Familienunternehmen selbst an die Wissenschaft nach maßgeschneiderten Qualifizierungsprogrammen für Führungskräfte und Familienmitglieder bildeten dabei wichtige Treiber.[312] Als wesentlicher Grund für das steigende wissenschaftliche Interesse an dieser Unternehmensgattung ist aber die zunehmende öffentliche Wahrnehmung der enormen volkswirtschaftlichen Bedeutung von Familienunternehmen zu sehen.[313]

Dennoch muss festgestellt werden, dass Familienunternehmen in der Wissenschaft angesichts ihrer vitalen Bedeutung für nahezu alle Volkswirtschaften noch immer zu wenig Aufmerksamkeit zuteil wird.[314] Ein Hauptgrund dafür liegt in Vorurteilen gegenüber der Unternehmensgattung Familienunternehmen. Häufig wurden ihnen mangelnde Professionalität im Management, schädlicher Nepotismus oder Ausbeutung von Minderheitseignern vorgeworfen, wenn auch oft ohne oder mit nur unzureichender wissenschaftlicher Fundierung.[315] Der einflussreiche US-Ökonom Alfred Chandler sprach vor Jahrzehnten über Familienunternehmen sogar als unvollkom-

---

[310] Vgl. Cabrera-Suárez et al. (2001: 37), DellaVigna (2009), Olson et al. (2003).

[311] Beispiele sind Lussier & Sonfield (2012), Lussier & Sonfield (2009), Sonfield & Lussier (2009b), Bertrand & Schoar (2006), Corstjens et al. (2006), Bloom & van Reemen (2007) oder Carr & Bateman (2010). Grund für die geringe Anzahl länderübergreifender Arbeiten ist vermutlich, dass noch nicht ausreichend Erkenntnisse über die internationale Vergleichbarkeit von Familienunternehmen vorliegen. Z.B. könnten kulturelle Einflüsse die Vergleichbarkeit einschränken.

[312] Vgl. Sharma et al. (2007: 1020). Einzelne Hochschulen bieten mittlerweile eigene Studiengänge für das Management in Familienunternehmen an. Betts et al. (2011) untersuchen, welche Schulungsthemen und -methoden Familienunternehmen nachfragen.

[313] Vgl. Cabrera-Suárez et al. (2001: 37), Kraus et al. (2011: 32) oder auch Kapitel 1.1.

[314] Vgl. Villalonga & Amit (2006: 414), Carrigan & Buckley (2008: 657) und Collins & O'Regan (2011: 5). In dieser Hinsicht wird auf Kapitel 1.1 verwiesen.

[315] Vgl. Bertrand & Schoar (2006: 78), Chrisman et al. (2006: 720) und Miller & Le Breton-Miller (2006: 73). Zu Nepotismus in Familienunternehmen siehe Aronoff & Ward (2000: 51), PricewaterhouseCoopers (2008a: 3 und 13), Simon et al. (2005: 13), Bloom & van Reemen (2007), Bertrand & Schoar (2006: 78), Miller & Le Breton-Miller (2006: 73) oder Bechtle (1983: 146 f.).

mene Vorstufe auf dem Weg zur managergeführten Publikumsgesellschaft.[316] Aus dieser Haltung resultierend wurden Familienunternehmen als Gegenstand seriöser Forschung lange Zeit ignoriert und implizit als ineffiziente Anachronismen angesehen.[317] Die heute vorliegenden Forschungsergebnisse konnten jedoch viele dieser Vorurteile bereits widerlegen. Dies betrifft sowohl die Effizienz ihrer Organisationsform als auch das damit zusammenhängende Abschneiden am Markt. Z.B. stellen eine Reihe von Studien für Familienunternehmen eine im Vergleich zu Nicht-Familienunternehmen bessere Performance fest.[318]

Themen der Nachfolge stellen national wie international gesehen ein zentrales Thema der Familienunternehmensforschung dar.[319] Der Grund dafür liegt im hohen Risiko einer fehlgeschlagenen Nachfolge, die als substanziellste Herausforderung für Familienunternehmen angesehen werden kann.[320] In der deutschsprachigen Literatur wurde die Nachfolge in Familienunternehmen bisher häufig unter dem Blickwinkel der personellen Identität von Eigentum und Leitung betrachtet, d.h. es wurde die familieninterne Nachfolge untersucht.[321] Nur wenige Autoren lösen sich von diesem Blickwinkel. Z.B. betrachten OLBRICH (2005) oder NIEDERMEYER ET AL. (2010) die Unternehmensnachfolge durch Verkauf an Externe.[322] Mit dem Thema der Fremdmanagement-Nachfolge in Familienunternehmen hat sich die Forschung trotz seiner

---

316 Der renommierte US-Ökonom Chandler sagte noch 1977 in der Einführung seines Buchs „The Visible Hand" das Verschwinden von Familienunternehmen zugunsten von Publikumsgesellschaften voraus.

317 Vgl. Kraus et al. (2011: 33 f.), Chrisman et al. (2006: 720), Miller & Le Breton-Miller (2006: 73) oder Uhlaner et al. (2012: 1 ff.).

318 Vgl. May (2007: 58 ff.). Details dazu siehe Kapitel 3.1.1.2.

319 Vgl. Massis et al. (2008: 183), Le Breton-Miller et al. (2004: 305), Cabrera-Suárez et al. (2001: 37), Chua et al. (2003a: 89), Campell et al. (2007: 9), Mertens (2004: 2 f.), Chittoor & Das (2007: 65), Zhara & Sharma (2004: 333 f.), Venter et al. (2005: 284), Klein (2000: 157), Cater & Justis (2010: 565) oder Witt (2008: 7). Gesellschafterkonflikte sind ein weiterer wichtiger Themenschwerpunkt. Sie können gegebenenfalls zu einer ungeplant notwendig werdenden Nachfolgeproblematik führen, vgl. Witt (2008: 7 ff.), Redlefsen & Witt (2006), Miller et al. (2003: 515), Koropp & Grichnick (2007: 295), Schween et al. (2011: 19) oder Tagiuri & Davis (1996: 206), der daher ein aktives Familienmanagement fordert.

320 Vgl. Cabrera-Suárez et al. (2001: 40) oder PricewaterhouseCoopers (2010: 6).

321 Vgl. Becker (2006: 33). Besondere Aufmerksamkeit erfordern alle Fragen, die Nachfolgelösungen außerhalb des eigenen Familienkreises adressieren. Denn es wird erwartet, dass familieninterne Nachfolgen zukünftig weniger häufig möglich sein werden, vgl. Dawson (2011: 197).

322 Vgl. Olbrich (2005) und Niedermeyer et al. (2010). Andere Arbeiten zu Nachfolgeformen: Gessner (2002) zu Management Buy-Outs, Forst (1992) oder Scholes et al. (2010) zu Management Buy-Outs und -Ins, Reimers (2004) und Mortono (2001: 55 ff.) zu Stiftungen. Wiedmann (2002: 155 ff.) beschreibt alle gängigen Nachfolgemodelle.

Bedeutung für die Praxis bisher jedoch nur völlig unzureichend und nur am Rande auseinandergesetzt.[323]

Um den Stand des bisher erarbeiteten Forschungswissens über Familienunternehmen darstellen zu können, wird auch auf internationaler Forschungsarbeiten zurückgegriffen. Wesentlicher Grund dafür ist, dass in Deutschland trotz der jüngsten Zunahme weiterhin nur eine geringe Anzahl wissenschaftlicher Arbeiten zur Verfügung steht.[324] Ein weiterer wichtiger Grund ist, dass das globale Wirtschaften der untersuchten Familienunternehmen erwarten lässt, dass auch Führungsformen und Anreize sich international angleichen.[325] Zudem befindet sich das Forschungsfeld auf internationaler Ebene in methodischer Hinsicht in einem Stadium, in dem mehr quantitative Untersuchungen vorliegen.[326]

3.1.1 Fremdmanagement in Familienunternehmen

Aufgrund der wie dargestellt bislang sehr geringen wissenschaftlichen Bearbeitung des Themas Fremdmanagement werden in diesem Kapitel neben theoriebasierten Aussagen und empirischen Erkenntnissen auch nicht-wissenschaftlich abgeleitete Expertenmeinungen berücksichtigt.

---

[323] Vgl. Becker (2006: 33), Chua et al. (2003a: 96 und 101 f.), Chittoor & Das (2007: 67), Dyer (2003: 412), Hall & Nordqvist (2008: 51), Sonfield & Lussier (2009a: 197 und 204) oder Schulze et al. (2001: 113). Zwar wird die Nachfolge durch Fremdmanagement von vielen Autoren im Rahmen einer Aufzählung möglicher Nachfolgevarianten genannt, jedoch anschließend allenfalls kurz beschrieben. Insgesamt bietet das Thema der Nachfolge in Familienunternehmen noch viele Forschungslücken: „succession literature remains noncumulative and disjointed“ (vgl. Chittoor & Das (2007: 65)) oder „literature on this topic is fragmented“ (vgl. Le Breton-Miller et al. (2004: 305)).

[324] Für einen allgemeinen Überblick über den Stand der Forschung zu Familienunternehmen sei auf folgende Arbeiten verwiesen: Siebels & zu Knyphausen-Aufseß (2012), Kraus et al. (2011), Hack (2009), Witt (2008), Rutherford et al. (2008: 1092 ff.), Sharma et al. (2007), Bertrand & Schoar (2006: 80 ff.), Chrisman et al. (2005), Zhara et al. (2004), Sharma (2004), Brockhaus (2004), Le Breton-Miller et al. (2004), Pieper (2003), Wiedmann (2002), Schulze et al. (2001), Trefelik (1998), Sharma et al. (1997), Albach & Freund (1989: 23), Dyer (1989) oder hinsichtlich Forschungsmethodiken Handler (1989).

[325] Vgl. Klein (2004: VII). Es wird auch auf Arbeiten zurückgegriffen, die andere Untersuchungsthemen mit Bezug auf Familienunternehmen verfolgen, vgl. auch Cater & Justis (2010: 578).

[326] Vgl. Sonfield & Lussier (2004: 190). Allein die Anzahl vorliegender empirischer Forschungsarbeiten impliziert selbstverständlich keinen Rückschluss auf deren Qualität.

3.1.1.1 Theoriebasierte Aussagen

In Kapitel 2.1 und 2.2 wurden die Grundlagen der Prinzipal-Agent- und der Stewardship-Theorie vorgestellt. In Abhängigkeit davon, welches Menschenbild für die handelnden Akteure angenommen wird, können bei Anwendung der Theorien auf den Kontext dieser Arbeit möglicherweise gegenläufige Aussagen über die Vorteilhaftigkeit einzelner Führungsformen abgeleitet werden. Aus Sicht der Stewardship-Theorie ist zu erwarten, dass Fremdmanager in Familienunternehmen häufig dem Typus eines Stewards entsprechen. Ein höheres Maß an unternehmerischer Verantwortung sowie größere Freiräume sind Motivatoren, die Stewards dazu bewegen könnten, bevorzugt in Familienunternehmen zu arbeiten. Für Manager in Nicht-Familienunternehmen kann hingegen erwartet werden, dass diese häufig dem Typus des Agenten ähneln. Sie würden aus Sicht der Prinzipal-Agent-Theorie nur dann dazu motiviert, in Familienunternehmen zu arbeiten, wenn sie bessere Karriereaussichten oder höhere Vergütungen als in Nicht-Familienunternehmen erwarten könnten.[327]

Die Anwendbarkeit beider Theorien ist aus verschiedenen Gründen mit Einschränkungen verbunden. Zum Beispiel wirken die auf Basis der Theorien vorhergesagten Performanceeffekte verschiedener Anreiz- und Kontrollinstrumente nicht zwingend linear, sondern zeigen lediglich eine tendenzielle Wirkungsrichtung an. Die Theorien treffen keine Aussage über die Stärke eines Effektes. Eine Quantifizierung, Summierung oder Aufrechnung gleich- oder gegenläufiger Effekte ist daher nicht möglich. Eine weitere wichtige Einschränkung insbesondere im Hinblick auf Familienunternehmen besteht darin, dass eine Vielzahl der vorliegenden Quellen unter der Annahme rein wirtschaftlicher Ziele erstellt wurden, diese aber in Familienunternehmen das Zielsystem oft nicht dominieren. Agency-Probleme bestehen aber nur dann, wenn die Ziele von Prinzipal und Agent auseinander fallen (vgl. Kapitel 2.1.2). Entsprechende Untersuchungen müssten daher alle Ziele eines Familienunternehmens mit einbeziehen.[328] Dies geschieht in aller Regel nicht. Die vorliegenden Untersu-

---

[327] Gemäß Pieper et al. (2008: 373) lässt sich aus dem Maß der Zielübereinstimmung zwischen Eigentümer und Fremdmanager ablesen, ob eher eine Agenten- oder eine Stewardship-Beziehung vorliegt. Neuere Forschung bestätigt die Existenz von Stewardship-Beziehungen in Familienunternehmen, z.B. Vallejo (2009: 387), Witt (2008: 14) und Chrisman et al. (2004: 338 f.).

[328] Vgl. Olson et al. (2003: 644) oder Chrisman et al. (2004: 338). D.h., dass gleiche Sachverhalte in Familienunternehmen und Nicht-Familienunternehmen bei Berücksichtigung individueller Ziele möglicherweise unterschiedlich zu bewerten sein könnten.

chungsergebnisse sind daher potenziell nur eingeschränkt auf den Kontext dieser Arbeit übertragbar.

Für die Variante der familieninternen Nachfolge wurde in der Vergangenheit unter Anwendung des klassischen Prinzipal-Agent-Modells wegen fehlender Trennung von Eigentum und Management kein Agency-Konflikt gesehen.[329] Diese Ansicht ist zutreffend, solange sich Eigentum und Management vollständig in den Händen einer Person befinden, sprich bei inhabergeführten Unternehmen. Solche Unternehmen stellen im Sinne der Prinzipal-Agent-Theorie eine effiziente Organisationsform dar.[330] In den Anfängen der Forschung zu Familienunternehmen wurde diese Sichtweise aber implizit auf sämtliche familiengeführten Unternehmen übertragen.[331] CHUA ET AL. (2009) stellen daher klar, dass bei Familienführung in Post-Gründer-Generationen sehr wohl Agency-Kosten auftreten, insbesondere bedingt durch familiären Altruismus. Agency-Kosten entstehen in Familienunternehmen damit ebenso wie in Nicht-Familienunternehmen, wenn auch in anderen Erscheinungsformen.[332]

Typische Ursachen für Agency-Kosten in Familienunternehmen sind z.B. eine begrenzte externe Kontrolle, Zielkonflikte zwischen Familienmitgliedern sowie Altruismus, insbesondere parentaler Altruismus. Dieser bezeichnet eine Eigenschaft, die den Nutzen von Eltern positiv verbindet mit dem Nutzen ihrer Kinder oder derer Familien.[333] All diese Agency-Zwänge können gemäß CHRISMAN ET AL. (2004) Opportunismus (free riding), Schutz nicht geeigneter Familienmanager (entrenchment), betrügerisches Verhalten (predatory managers), Nepotismus und inkonsequente Sanktionierung unzureichender Leistungen bewirken.[334]

---

329 Vgl. Jensen & Meckling (1976) oder auch Lee et al. (2003) und Witt (2008: 10).

330 Vgl. Redlefsen & Witt (2006: 8), Fama (1980: 295), Chua et al. (2009: 357), Chrisman et al. (2004: 335 ff.), Jensen & Meckling (1976) oder auch Hack (2009: 5 f.).

331 Vgl. Chrisman et al. (2004: 336 f.).

332 Vgl. Chua et al. (2009: 357 ff.) sowie Schulze et al. (2001: 102), Chrisman et al. (2007a: 1030), Chrisman et al. (2004: 338 und 349), Sharma (2004: 16 f.), Gatti (2005) oder Gomez-Mejia et al. (2001). Witt (2008: 5) weist auf Agency-Konflikte zwischen geschäftsführenden und nicht geschäftsführenden Gesellschaftern als weiterer wichtiger Quelle von Agency-Kosten hin.

333 Vgl. Schulze et al. (2001: 99 und 108), Schachner et al. (2006: 595) und Lubatkin et al. (2007: 1022). Diese Zwänge wirken sich in Opportunismus (Moral Hazard) aus. Familiärer und parentaler Altruismus werden in diesem Zusammenhang weitestgehend synonym verwendet, der Begriff parentaler Altruismus akzentuiert lediglich stärker den Bezug auf Eltern.

334 Vgl. Chrisman et al. (2004: 336 und 338) und Gomez-Mejia et al. (2001). Weitere Aspekte z.B. bei Miller & Le Breton-Miller (2006: 77).

In heutiger Auslegung der Prinzipal-Agent-Theorie sind daher auch in Familienunternehmen im Fall der familieninternen Nachfolge Agency-Konflikte und damit Agency-Kosten zu bedenken. Gegen die familieninterne Nachfolge spricht z.B. gemäß WITT (2008), dass die Gefahr der adversen Selektion im Vergleich zur Nachfolge durch Fremdmanager höher ist und Kontrolle sowie Sanktionen bei Auftreten von Schwierigkeiten innerhalb eines Familienverbundes problematisch sind.[335] Das Risiko von Agency-Kosten wird vornehmlich dadurch erhöht, dass weniger Monitoring betrieben wird.[336] SCHULZE ET AL. (2002) zeigen, dass familieninterne Nachfolgen Agency-Kosten nicht reduzieren, sondern dass sie sogar zusätzliche Kosten auslösen.[337]

Im Zusammenhang mit Fremdmanagement kann die Gefahr von Agency-Konflikten aus adverser Selektion verschiedene Ausprägungen annehmen. Zum einem könnte der Eigentümer eines Familienunternehmens einen Vertrag mit einem Fremdmanager eingehen, der fachlich oder persönlich weniger qualifiziert für die Vertragserfüllung ist als der Eigentümer erwarten konnte oder wünschte.[338] Zum anderen könnten überdurchschnittlich qualifizierte Fremdmanager dem offenen Arbeitsmarkt für Fremdmanagement in Familienunternehmen nicht zur Verfügung stehen, da sie dort keine adäquaten Angebote erwarten können. Solche Fremdmanager könnten nur über alternative Kooperationsdesigns erreicht werden, wie z.B. durch aktive Ansprache über Netzwerkkontakte. Fremdmanager und Eigentümer werden versuchen, ihre Informationsdefizite im Vorfeld eines Vertragsschlusses zu reduzieren.[339]

Stellt man nicht adverse Selektion, sondern die Gefahr von Opportunismus (Moral Hazard) in den Vordergrund, ist hingegen gemäß WITT (2008) die familieninterne

---

[335] Vgl. Witt (2008: 10), Schachner et al. (2006: 592) oder auch Schulze et al. (2001: 111).

[336] Vgl. Kirchdörfer & Kögel (2000: 229) oder La Porta et al. (1999: 510). Letztere vermuten aufgrund von geringem Monitoring und dem begrenzten Kreis von Entscheidungsträgern sogar eine größere Wahrscheinlichkeit für Korruption.

[337] Vgl. Schulze et al. (2002: 251).

[338] Vgl. Backes-Gellner & Wolff (2001: 396 f.) oder Chua et al. (2009: 360). Der Agent könnte weniger fähig, engagiert oder fleißig sein und/oder seine Interessen könnten weniger den Interessen des Prinzipals entsprechen, als dieser erwarten konnte, vgl. Chrisman et al. (2004: 336) oder Chua et al. (2003a: 98). Auch das Problem der „hidden characteristics" (vgl. Kapitel 2.1.2.1) dürfte bei der Rekrutierung eines Fremdmanagers im Allgemeinen größer sein, vgl. Mertens (2004: 21).

[339] Vgl. Mertens (2004: 22 f. und 27) oder auch Klein (2004: 248) in Bezug auf Fremdmanager, Bailey & Helfat (2003: 366) in Bezug auf Eigentümer. Schulze et al. (2001: 111) fassen im Zusammenhang mit familieninternen Managern auch deren nachsichtigere Behandlung sowie eine geringere Neigung der Eigentümerfamilie, Familienmanager zu entlassen, unter adverse Selektion, auch wenn diese Ausprägungen nicht vorvertraglich auftreten.

Nachfolge dem Fremdmanagement vorzuziehen. Denn Agency-Konflikte aus Moral Hazard sind bei Fremdmanagern wahrscheinlicher als bei Familienangehörigen, auch wenn solches Handeln wegen der hohen Bedeutung nicht-wirtschaftlicher Ziele in Familienunternehmen schwieriger nachzuweisen ist als in Nicht-Familienunternehmen.[340] Zudem muss der Eigentümer bei Fremdmanagement vergleichsweise höhere Agency-Kosten z.B. für Monitoring erwarten. Bei familieninternen Nachfolgen sind Agency-Kosten potenziell geringer, da der Familienverbund opportunistisches Verhalten unwahrscheinlicher macht.[341] Die Wahl eines familieneigenen Nachfolgers ist daher auf Basis der Opportunismus-Annahme gemäß LEE ET AL. (2003) subjektiv rational. Allerdings versäumen es die Autoren, mögliche Agency-Kosten für familieneigene Nachfolgen zu berücksichtigen.[342] Denn gemäß CHUA ET AL. (2009) können bei diesen ebenso Agency-Kosten aus Moral Hazard anfallen wie bei Fremdmanagement.[343] Für diese negativen Auswirkungen von intrafamiliärem Altruismus haben SCHULZE ET AL. (2001) den Begriff des asymmetrischen Altruismus aufgebracht, d.h. dass sich der familiäre Nachfolger gegenüber der Familie weniger altruistisch verhält als umgekehrt.[344] In Betracht kommen jedoch auch in familiengeführten Unternehmen gemäß CHRISMAN ET AL. (2004) typische Instrumente zur Überwindung der Prinzipal-Agent-Problematik, wie Leistungsanreize und -kontrollen zur Reduzierung der vorhandenen Agency-Kosten.[345]

Die Möglichkeit der Existenz von Agency-Kosten in Familienunternehmen ist heute Konsens, fraglich ist, ob sie höher oder geringer sind als in Nicht-Familienunternehmen. Diese Fragestellung ist jedoch theoretisch wie auch empirisch schwierig zu beantworten. Empirisch ist sie vermutlich nicht großzahlig zu beantworten, da aufgrund nicht-wirtschaftlicher Ziele individuelle Gegebenheiten der Unternehmen be-

---

[340] Vgl. Chua et al. (2009: 357 f.).

[341] Vgl. Witt (2008: 2, 5 und 10) und Chrisman et al. (2004: 336). Jedoch liegen über Motivation und möglicherweise opportunistisches Verhalten von Fremdmanagern in Familienunternehmen keine empirischen Befunde vor, vgl. Witt (2008: 10).

[342] Vgl. Lee et al. (2003: 664). Auch die Möglichkeit von Stewardship sowohl auf Seiten Nachfolgers wird von den Autoren nicht in Betracht gezogen.

[343] Vgl. Chua et al. (2009: 365).

[344] Vgl. Schulze et al. (2001: 201) oder auch Gomez-Mejia et al. (2001: 91 ff.), Chrisman et al. (2005: 561) und Chrisman et al. (2007a: 1030). Gemäß Chua et al. (2009: 360 f.) muss Altruismus nicht immer asymmetrisch verteilt sein, er kann auch symmetrisch verteilt sein. Theoretisch kann er auch gar nicht vorliegen. Jedoch zeige die Empirie, dass Altruismus üblich ist.

[345] Vgl. Chrisman et al. (2004: 336 und 338).

rücksichtigt werden müssten.[346] Insgesamt korreliert Familieneinfluss nach Ansicht verschiedener Autoren negativ mit Agency-Kosten, er hat also einen die Unternehmensperformance steigernden Effekt.[347] Andere Untersuchungen treffen dazu einschränkende bzw. gegenteilige Aussagen.[348]

Gemäß der Stewardship-Theorie resultieren bei der familieninternen Nachfolge zunächst geringere Agency-Kosten, da der familieneigene Nachfolger neben der Maximierung seines eigenen Nutzens die Maximierung des Nutzens der Familie anstrebt. Er verhält sich nach dieser Sichtweise aufgrund emotionaler Verbundenheit und familiär motivierten Altruismus' potenziell nicht opportunistisch, sondern trachtet als Steward der Familie danach, das Familieneinkommen zu maximieren.[349] Aus Sicht der Stewardship-Theorie ist laut WITT (2008) Familienangehörigen daher bei gleicher Eignung der Vorrang vor Fremdmanagern zu geben.[350]

DAVIS ET AL. (1997) folgern, dass Stewardship in Familienunternehmen deren Unternehmensperformance erhöht.[351] Jedoch stellen CHRISMAN ET AL. (2004) fest, dass Agency-Kosten aus Sicht der Stewardship-Theorie bei familieninterner Führung nur zeitlich begrenzt geringer sein könnten und sich dieser Effekt mit zunehmendem Unternehmensalter umkehren könne, z.B. durch Entfremdung zwischen Gesellschaftern und Unternehmen.[352] MILLER UND LE BRETON-MILLER (2006) sehen insbesondere in der Gründergeneration eines Familienunternehmens eine durch Stewardship bedingte bessere Performance als in Nicht-Familienunternehmen. Familienunternehmen

---

[346] Vgl. Chrisman et al. (2004: 341 f.). Van den Berghe & Carchon (2003: 171) verweisen darauf, dass Art und Ausmaß der Prinzipal-Agent-Problematik vom Typus des Familienunternehmens abhängen. Dieser bestimmt sich nach dem Grad der Einflussnahme durch die Familie (die Autoren beziehen sich in dieser Hinsicht auf die Ausarbeitung von Gersick (1997), vgl. auch Abbildung 15).

[347] Vgl. Schachner et al. (2006: 595). Auch Chrisman et al. (2004: 349), Minichilli et al. (2010: 219), Miller & Le Breton-Miller (2006: 77) und Chrisman et al. (2005: 561) sehen in Familienunternehmen insgesamt niedrigere Agency-Kosten.

[348] Vgl. Venter et al. (2005) oder Bloom & van Reemen (2007).

[349] Vgl. Witt (2008: 10), Becker (1974: 1063) und Anderson & Reeb (2003: 1324). Campell et al. (2007: 10 f.) ergänzen, dass Familienunternehmer es gut verstehen, mögliche opportunistische Neigungen eines Familienmitgliedes bereits zu Kindeszeiten zu erkennen und gegenzusteuern. Verschiedene Autoren betonen, dass Stewardship nicht nur bei Familiemitgliedern vorliegt, sondern auch bei Managern, die der Eigentümerfamilie emotional verbunden sind, vgl. Miller & Le Breton-Miller (2006: 74), Greenwood (2003: 493), Vallejo (2009: 379) oder Corbetta & Salvato (2004a: 357).

[350] Vgl. Witt (2008: 10).

[351] Vgl. Davis et al. (1997: 25 und 40).

[352] Vgl. Chua et al. (2004: 37 ff.), Chrisman et al. (2004: 349 f.) oder Karra et al. (2006: 873 f.).

hätten dann geringere Agency-Kosten. Die Autoren leiten daraus ab, dass diese Unternehmensform eine effiziente Organisationsform darstellt.[353] Aber nur wenn es ihnen gelingt, Stewardship innerhalb der Familie auch in Folgegenerationen zu erhalten, können sie weiter von diesem Vorteil profitieren. Insbesondere das gemeinsame Ziel der Generationsfolge kann Stewardship unter den Familienmitgliedern erhalten. Tatsächlich aber treten in späteren Generationen häufig Probleme wie asymmetrischer Altruismus, fehlende Nachfolger in der Familie oder Gesellschafterkonflikte auf, die den Vorteil zunichte machen.[354] Auch CHRISMAN ET AL. (2004) sehen bei fortgesetzter Familienführung basierend auf familiärem Altruismus langfristig zusätzliche nicht-ökonomische Kosten, die gegen eine familieninterne Nachfolge sprechen. Beispiele sind Kosten aus zunehmenden Gesellschafterkonflikten oder aus eingeschränkten Sanktionierungsmöglichkeiten gegenüber Familienmitgliedern. Da Prinzipal-Agent- und Stewardship-Theorie letztlich keine abschließende Aussage zur Führungsform treffen können, fordern die Autoren zur Klarstellung die weitere Untersuchung von Agency-Kosten im Nachfolgekontext.[355]

Prinzipal-Agent-Beziehungen sind nicht auf die Beziehung zwischen Eigentümer und Manager beschränkt. Schon innerhalb der Gruppe der Anteilseigner können Informationsasymmetrien und Interessensdivergenzen bestehen. Innerhalb des Gesellschafterkreises können zwischen Mehrheits- und Minderheitsgesellschaftern oder zwischen aktiven und passiven Gesellschaftern Informationsasymmetrien bestehen. Innerhalb der aktiven Gesellschafter können Informationsasymmetrien zwischen denen bestehen, die operativ arbeiten und denen, die in Kontrollgremien arbeiten, etc. WITT (2003) geht auf Agency-Kosten aufgrund einer steigenden Anzahl von Familiengesellschaftern in Familienunternehmen ein. Je mehr von diesen institutionell einge-

---

[353] Vgl. Miller & Le Breton-Miller (2006: 76 und 83 ff.). Miller & Le Breton-Miller (2006) und Davis et al. (1997) beziehen sich auf familiengeführte Familienunternehmen. Stewardship kann sich in Form von umsichtigem und nachhaltigem Wirtschaften, langfristigen Strategien, besserem Monitoring von Managern, konservativem Bilanzieren, etc. zeigen, vgl. Miller & Le Breton-Miller (2006: 81). Die Arbeiten von Gomez-Mejia et al. (2001), Schulze et al. (2003b) und Schulze et al. (2001) weisen ebenfalls in diese Richtung.

[354] Vgl. Miller & Le Breton-Miller (2006: 77 und 81). Familienunternehmen schaffen es demnach oft nicht dauerhaft, ihren Wettbewerbsvorteil aus potenziell niedrigeren Agency-Kosten zu nutzen.

[355] Vgl. Chrisman et al. (2004: 350), Hillier & McColgan (2009: 461) und Miller & Le Breton-Miller (2006: 80). Tatsächlich werden Nicht-Familienmanager bei nachweislich schlechter Performance gekündigt, vgl. Cornelli et al. (2009: 17) (Untersuchung von 442 Unternehmen in 17 Ländern zwischen 1993 und 2008). Auch Schulze et al. (2002: 251) führen an, dass das Agency-Modell im Bereich der Familienunternehmen zu wenig entwickelt ist. Vallejo (2009: 388) legt nahe, dass Untersuchungen auf der Stewardship-Theorie basieren sollten.

bunden sind (z.B. in Geschäftsführung oder Beirat), desto langsamer und retardierender wird die Entscheidungsfindung. Es ist dann die Erwirtschaftung besonderer Kooperationsrenten notwendig, damit das Unternehmen wettbewerbsfähig bleiben kann.[356]

Da zusätzlich das Risiko von Gesellschafterkonflikten steigt, geben einige Familienunternehmen Gesellschaftsanteile immer nur an eine begrenzte Anzahl von Nachkommen einer Generation weiter.[357] Viele Autoren empfehlen, eine Zersplitterung von Anteilsbesitz in Familienunternehmen möglichst ganz zu verhindern, um Agency-Probleme zwischen Gesellschaftern zu vermeiden.[358] Für viele Familienunternehmen ist dieser Weg aus liquiditätsbedingten Gründen aber nicht gangbar, denn eine Abfindung weichender Erben stellt eine hohe finanzielle Belastung dar, die den Spielraum des Unternehmens für Investitionen und Wachstum stark einschränken würde.[359]

Aus agencytheoretischer Perspektive stellt auch die Beteiligung mehrerer Gesellschafter an einer gemischten Geschäftsführung ein steigendes Risiko für Gesellschafterkonflikte dar. Dieser Fall ist bisher aber weder theoretisch noch empirisch entsprechend gewürdigt worden. Gemäß WITT (2008) ist bei dieser Konstellation zu

---

[356] Vgl. Witt (2003: 59) und Miller & Le Breton-Miller (2006: 83). Gegenüber vielen Nicht-Familienunternehmen bestehen durch vergleichsweise große Anteilsblöcke dennoch Vorteile hinsichtlich der Harmonisierung der Gesellschafterinteressen, vgl. May (2007: 58). Dazu zählen eine günstigere Kosten-Nutzen-Relation der Informationsbeschaffung, ein geringeres Informationsgefälle und weniger rationelle Apathie (Phänomen der Nichtwahrnehmung von Kontroll- und Überwachungsrechten). Auch die Kontrollmöglichkeiten sind unmittelbarer und flexibler. In Summe führt dies dazu, dass Agency-Kosten in Familienunternehmen geringer sind, vgl. Kirchdörfer & Kögel (2000: 229).

[357] Gemäß Lubatkin et al. (2005: 324) rücken bei größer werdenden Gesellschafterkreisen persönliche Motive in den Hintergrund, altruistisches Verhalten nimmt ab. Klein (2009) führt an, dass bei steigender Komplexität innerhalb des Familiensystems auch komplexere Governance-Strukturen notwendig werden. Mit diesen Strukturen sind Kosten verbunden, vgl. Klein (2009: 70 f. und 75) und Witt (2003: 59).

[358] Vgl. Witt (2008: 8 f.) sowie Hack (2009: 6), Chrisman et al. (2004: 338 f.), Gomez-Mejia et al. (2001: 83 f.), Schulze et al. (2001: 101 f.), Corbetta & Salvato (2004a: 360), Miller & Le Breton-Miller (2006: 74), Achmad et al. (2009: 41), Jiang & Peng (2011) oder Munoz-Bullón & Sánchez-Bueno (2012: 476).

[359] Praktiziert wird die Abfindung weichender Erben z.B. von der August Storck KG. Auch Miller & Le Breton-Miller (2006: 8 und 83) und Schmid-Schönbein (2003: 78 f.) sehen eine Vererbung auf mehrere Personen kritisch, die Einflussmöglichkeiten dieser Gesellschafter auf die Unternehmensleitung müssten beschränkt werden, insbesondere hinsichtlich der Entnahmerechte (vgl. Witt (2008: 8)). Im internationalen Vergleich ist ein überproportionaler Anteil deutscher Familienunternehmen nicht darauf vorbereitet, Familienmitglieder finanziell abzufinden, vgl. PricewaterhouseCoopers (2010: 19 f.).

beachten, dass Gesellschafter in gemischten Geschäftsführungen gleichzeitig Prinzipale (gegenüber Fremdmanagern) und Agenten (gegenüber den übrigen Gesellschaftern) sind. Sie haben bei individuell deutlich geringeren Transaktionskosten die Möglichkeit, die Fremdmanager zu kontrollieren.[360] Diesen Vorteil können sie zum Vorteil aller Gesellschafter nutzen, solange ihre Ziele mit denen der übrigen Gesellschafter übereinstimmen. PIEPER ET AL. (2008) sehen aus Perspektive der Prinzipal-Agent-Theorie bei abnehmendem Einfluss von Familienmitgliedern in gemischten Geschäftsführungen einen steigenden Bedarf, Kontrolle über ein Aufsichtsgremium auszuüben. Da derartige Kontrollmechanismen allerdings teuer sind, ist eine Eigentümer-Fremdmanager-Beziehung im Sinne der Stewardship-Theorie zu bevorzugen. Bei dieser ist die Zielübereinstimmung zwischen beiden Parteien größer, in entsprechendem Maße kann auf Kontrollmechanismen verzichtet werden.[361]

In dieser Arbeit wird vereinfachend von einem Prinzipal und einem Agenten ausgegangen. In der Praxis wird es in den meisten Unternehmen sowohl mehrere Prinzipale als auch mehrere Agenten geben.[362]

3.1.1.2 Empirische Erkenntnisse

Familienunternehmen in Deutschland waren bisher nur sehr selten Gegenstand empirischer Untersuchungen. Daher steht über diese Unternehmensgattung nur wenig Datenmaterial öffentlich zur Verfügung.[363] Die folgende Tabelle gibt einen Überblick über die wichtigsten vorliegenden Untersuchungen im deutschsprachigen Raum und deren im Hinblick auf diese Arbeit wesentlichen Ergebnisse.

---

[360] Vgl. Witt (2008: 5) oder Redlefsen & Witt (2006: 8).
[361] Vgl. Pieper et al. (2008: 384 ff.).
[362] Zu den dann entstehenden Interessenskonflikten sei auf die Arbeiten von Redlefsen (2004), Witt (2008: 8 ff.) und hinsichtlich der Anreizgestaltung in mehrstufigen Prinzipal-Agent-Konstellationen auf Ruhl (1990) verwiesen.
[363] Vgl. Klein (2004: 37). Es ist zu beachten, dass die vorliegenden empirischen Ergebnisse teilweise auf nicht homogenen Stichproben basieren. Z.B. können die Anteile einzelner Rechtsformen stark variieren, jedoch könnten Führungs- und Rechtsform einen Zusammenhang aufweisen.

Autor (Jahr)	Stichprobe	Schwerpunkte und Ergebnisse
Bechtle (1983)	59 Familienunternehmen (36 deutsche und 23 schweizerische), 71 Interviews	- Erfolgsfaktoren der Nachfolge - Anforderungen für Fremdmanagement
Schultzendorff (1984)	Fremdmanager in 70 Familienunternehmen, Interviews	- Identifikation typischer Konfliktfelder - Grundtypen von Fremdmanagern
Albach/Freund (1989)	422 mittelgroße Unternehmen (Fragebogen), Familienunternehmen und Nicht-Familienunternehmen	- Spektrum an Strukturdaten - Wirkungszusammenhang zwischen personeller Kontinuität und strategischer, finanzieller und organisatorischer Stabilität
Klein (2000) und (2004)	1.016 bzw. 1.159 Familienunternehmen verschiedener Größenklassen (Fragebogen)	- Spektrum an Strukturdaten - Dynamische Betrachtung in Lebenszyklen - Ansatz für eine Definition von Familienunternehmen (F-PEC)
Oesterle (2002)	32 Unternehmen (Längsschnittstudie 1945/8-1996)	- Häufigkeit und Art von Führungswechseln wirkt sich kurviliniear auf Performance aus - Externe Manager flexibler abhängig von Unternehmensstrategien austauschbar
Schachner et al. (2006)	205 Unternehmen (Deutschland und Österreich), davon 113 Familienunternehmen	- Familiengeführte Unternehmen sind stärker zentralisiert und nutzen weniger formalisierte Steuerungsinstrumente
Pieper et al. (2008)	714 Familienunternehmen	- Weniger Kontrollgremien bei hoher Zielübereinstimmung der Eigentümer
Cravotta (2010)	475 Familienunternehmen	- Strukturdaten, z.B. Anteile und Ausgestaltung gemischter Geschäftsführungen - Eigentümer sichern ihre Entscheidungshoheit bei Einbezug von Fremdmanagern

Tabelle 1: Empirie zu Führungsformen (deutschsprachiger Raum)

Im Vordergrund der Untersuchung von BECHTLE (1983) steht der Nachfolgeprozess, sowohl bei der familieninternen Nachfolge als auch bei der Nachfolge durch Fremdmanager. Die Autorin leitet aus ihren Daten Anforderungen an das Qualifikationsprofil von Nachfolgern ab und schließt mit der Kernforderung, dass verwandtschaftliche Beziehungen keinen Einfluss auf die Besetzung von Führungspositionen haben dürfen. In ihrer Erhebung geben alle befragten Unternehmer an, familieninternen Nachfolgern tatsächlich nur bei gleicher Eignung den Vorzug zu geben. Sie wirft die Frage auf, ob Familienunternehmer die Eignung ihrer Kinder als Manager des Unternehmens tatsächlich immer objektiv bewerten können.[364]

[364] Vgl. Bechtle (1983: 124 ff., 146 ff. und 154 ff.). Die teilnehmenden schweizerischen Familienunternehmen stammen aus dem deutschsprachigen Teil der Schweiz. In der Untersuchung von Felden & Klaus (2007: 29) (Basis: Daten des IfM Bonn aus 2003) haben sich nur in 43% der Familienunternehmen Familiemitglieder zur Nachfolge bereit erklärt. Gleichzeitig konnte bei 43,8% der vom IfM Bonn im Jahr 2004 untersuchten Unternehmen eine Übergabe an familieninterne Nachfolger erfolgen, vgl. IfM Bonn, zitiert nach Krüger (2006: 240). Mangelnde Eignung kann daher nicht häufig Grund für nicht zustande gekommene familieninterne Nachfolgen gewesen sein, vgl. Albach & Freund (1989: 43).

VON SCHULTZENDORFF (1984) hat das Thema Fremdmanagement untersucht. Der Autor arbeitet die Ziele, Wertvorstellungen und Erwartungen von Fremdmanagern und Eigentümerfamilien in deutschen Familienunternehmen heraus. Aus den Abweichungen beider Gruppen werden Rückschlüsse auf typische Konfliktfelder abgeleitet. Darüber hinaus definiert der Autor vier Grundtypen von Fremdmanagern, auf die in dieser Arbeit später noch eingegangen wird.[365]

Die Studie von ALBACH UND FREUND (1989) ist als erste wesentliche großzahlige Untersuchung von Familienunternehmen in Deutschland hervorzuheben. Gegenstand sind Unternehmen des produzierenden Gewerbes in der Größenordnung zwischen 100 und 5.000 Beschäftigten, 70% davon Familienunternehmen.[366] Die Studie widmet sich Aspekten der Sicherung von Unternehmenskontinuität. Ziel ist der empirische Nachweis von Wechselwirkungen zwischen personeller Kontinuität, strategischer Position, finanzieller Stabilität und organisatorischen Maßnahmen. Die Autoren stellen einen überdurchschnittlich ausgeprägten positiven Zusammenhang zwischen personeller und strategischer Kontinuität in Familienunternehmen fest.[367] Familienunternehmen sind demnach bei gleichem Führungspersonal ausdauernder in der Verfolgung ihrer Ziele als Nicht-Familienunternehmen. Zur Sicherung der Unternehmenskontinuität ist es aus Sicht der Autoren aber notwendig, Eigentum und Leitung an familienfremde Personen geben zu können.[368] Da Fremdmanager unterhalb der obersten Geschäftsführung aber vergleichsweise häufig in andere Unternehmen wechseln, müssten Familienunternehmen mehr in eine starke Bindung dieser Mitarbeiter investieren als Nicht-Familienunternehmen. Möglicher Grund für häufige Wechsel sind fehlende Perspektiven für den Aufstieg an die Spitze des Familienunternehmens.[369] Haben es Fremdmanager in die Geschäftsführung eines Familienun-

---

[365] Vgl. von Schultzendorff (1984: 179 ff. und 231 ff.).

[366] Vgl. Albach & Freund (1989: 33). Die Studie wurde im Auftrag der Bertelsmann-Stiftung erstellt. Die Autoren gehen nicht näher auf die für die Einstufung Familien-/Nicht-Familienunternehmen angewendeten Kriterien ein.

[367] Vgl. Albach & Freund (1989: 36 und 141).

[368] Vgl. Albach & Freund (1989: 27, 30, 36 und 104 ff.) und Wiedmann (2002: 132). An anderer Stelle führen die Autoren an, dass die Öffnung für Fremdmanager (Öffnungsmanagement) auch dabei hilft, andernfalls unvermeidliche Wachstums- und Führungskrisen zu vermeiden, vgl. Albach (1995: 2) und Albach (2002: 168).

[369] Vgl. Albach & Freund (1989: 135 ff.).

ternehmens geschafft, wechseln sie jedoch seltener das Unternehmen als ihre Pendants in Nicht-Familienunternehmen.[370]

Die Arbeiten von KLEIN (2000) und (2004) erweitern die von ALBACH UND FREUND (1989) erhobenen Daten. Sie stellen eine zweite umfassende, empirisch validierte Datengrundlage für wichtige Aspekte von Familienunternehmen in Deutschland bereit. Die Autorin betrachtet Familienunternehmen in Abhängigkeit ihrer Lebenszyklusphase und greift die bis dato vorliegenden internationalen Arbeiten auf. Die Untersuchung bietet damit einen Ansatz zu einer differenzierten Betrachtungsweise von Familienunternehmen. Zudem stellt die zweite Auflage aus dem Jahre 2004 einen ersten Ansatz für eine operationalisierbare Definition von Familienunternehmen (F-PEC) bereit.[371] Dieser Definitionsansatz hat sich letztlich zwar nicht allgemein durchsetzen können, er hat aber Diskussionen zu dieser Frage befördert.[372]

OESTERLE (2002) stellt in seiner Untersuchung von Art und Häufigkeit von Führungswechseln fest, dass zu häufige Wechsel in der Geschäftsführung ebenso schlecht für ein Unternehmen sind wie zu hohe Kontinuität. Bereits die Untersuchung von ALBACH UND FREUND (1989) hatte gezeigt, dass zu häufige Störungen der personellen Kontinuität ein Krisenpotenzial für ein Familienunternehmen in sich tragen.[373] OESTERLE (2002) empfiehlt, Neubesetzungen in der Geschäftsführung dann vorzunehmen, wenn grundlegende strategische Änderungen in Unternehmen durchgesetzt werden müssen. Denn neue Geschäftsführer sind vom bisherigen Kurs ihrer Vorgänger sachlich und emotional unbelastet. Fremdgemanagte Familienunternehmen können in dieser Hinsicht flexibler agieren, wohingegen familieneigene Geschäftsführer typischerweise nicht ausgetauscht würden.[374]

---

[370] Vgl. Albach & Freund (1989: 111, 125 und 58). In dem beobachteten 5-Jahres-Zeitraum haben im Durchschnitt etwa 63% aller Nicht-Familienunternehmen mindestens eine Position in der Geschäftsführung neu besetzt; bei den Familienunternehmen waren es nur 43%.

[371] Vgl. Klein (2004: 14 ff.) oder auch Klein et al. (2005). F-PEC steht für "Family Influence on Power, Experience and Culture".

[372] Vgl. Rutherford et al. (2008: 1089 und 1105) oder Chrisman et al. (2005: 557).

[373] Vgl. Oesterle (2002) und Albach & Freund (1989: 22 ff. und 47). Der Anteil von Familienunternehmen in der Stichprobe wird von Oesterle (2002) nicht angegeben. Ähnliche Ergebnisse finden sich bei Helfat & Bailey (2005). Bechtle (1983) weist darauf hin, dass Anforderungsprofile für Fremdmanager auf die langfristige Unternehmensentwicklung ausgerichtet sein sollten, vgl. Bechtle (1983. 142 f.).

[374] Vgl. Oesterle (2002).

SCHACHNER ET AL. (2006) belegen empirisch, dass familiengeführte Familienunternehmen zentraler organisiert sind als Nicht-Familienunternehmen. Familienunternehmen mit gemischten Geschäftsführungen hingegen haben einen höheren Delegationsgrad und weisen bezüglich dieses Aspektes keine signifikanten Unterschiede zu Nicht-Familienunternehmen auf.[375] Die Ergebnisse zeigen, dass aus einem Übergang von Familienführung hin zu gemischten Geschäftsführungen oder Fremdmanagement typischerweise eine breitere Verteilung von Kompetenzen resultiert. Die Untersuchung zeigt zudem, dass die mangelnde Berücksichtigung vom Eigentums- und Führungsstrukturen in Unternehmen Grund für die Widersprüchlichkeit bisheriger empirischer Ergebnisse zum Zusammenhang zwischen Unternehmensgröße und Zentralisierung sein kann. Den Grund für die stärkere Zentralisierung in familiengeführten Familienunternehmen sehen die Autoren in der Bedeutung und der schwierigen Vermittelbarkeit von nicht-wirtschaftlichen Zielen.[376]

PIEPER ET AL. (2008) untersuchen die Beziehung zwischen dem Maß der Zielübereinstimmung von Eigentümern und Managern von Familienunternehmen sowie der Existenz von Kontrollgremien. Diese werden weniger genutzt bei einem hohen Maß an Zielübereinstimmung.[377]

CRAVOTTA (2010) analysiert Führungsformen in deutschen Familienunternehmen. 146 der 475 Unternehmen seiner Untersuchung haben eine gemischte Geschäftsführung eingerichtet. Sind die Familienmanager dort in der Überzahl, herrscht in der Regel Gleichrangigkeit der Geschäftsführer. Herrscht zahlenmäßig Gleichstand oder sind mehr Fremdmanager im Gremium, führt in der Regel ein Familienmanager den Vorsitz. Nur in acht der 146 Unternehmen führen Fremdmanager die gemischte Geschäftsführung.[378] Die jeweiligen Eigentümerfamilien sichern sich demzufolge bei gemischten Geschäftsführungen in der Regel das letzte Entscheidungsrecht.

[375] Vgl. Schachner et al. (2006: 603). Zhara et al. (2004: 373) zeigen, dass dezentralere Strukturen Entrepreneurship in Organisationen grundsätzlich fördern und die Reagibilität auf Marktveränderungen erhöhen.

[376] Vgl. Chua et al. (2009: 360) oder Schachner et al. (2006: 589 f., 59 und 604).

[377] Vgl. Pieper et al. (2008), n=714.

[378] Vgl. Cravotta (2010: 33 f.). Gemäß Jeuschede (2004: 29 und 32) verkünden Eigentümer zwar häufig Gleichberechtigung, sehen sich im Zweifelsfall jedoch als primus inter pares („Erster unter Gleichen") und setzen sich gegenüber Fremdmanagern durch.

Neben den genannten wissenschaftlich orientierten Arbeiten ergänzen die stärker auf die Praxis bezogenen Studien des INSTITUTS FÜR MITTELSTANDSFORSCHUNG in Bonn (IFM BONN), der STIFTUNG FAMILIENUNTERNEHMEN sowie der Unternehmensberatungen INTES und PRICEWATERHOUSECOOPERS (PWC) den Stand der empirischen Forschung. Im Rahmen dieser Arbeit fließen deren Erkenntnisse ergänzend in den sie betreffenden Kapiteln ein.[379] Das IFM BONN bietet Basisdaten zu Familienunternehmen, z.B. über Anzahl, Größenstrukturen und zu erwartende Nachfolgefälle. Ergänzend decken verschiedene Publikationsreihen ein breites Spektrum von für Familienunternehmen relevanten Themen ab, z.B. Unternehmensnachfolge oder Fremdmanagement.[380] Die STIFTUNG FAMILIENUNTERNEHMEN unterstützt Untersuchungen verschiedener Forschungseinrichtungen und tritt als Herausgeber dieser Studien auf.[381] Die auf Familienunternehmen spezialisierte Unternehmensberatung INTES ist zum einen Herausgeber von Studien unterschiedlicher Autoren.[382] Zum anderen verfasst INTES selbst Publikationen, die sich thematisch eng an den Bedürfnissen von Gesellschaftern von Familienunternehmen orientieren. PwC hat erstmals 2006 eine umfangreiche empirische Untersuchung veröffentlicht, die sich aktuellen Herausforderungen von Familienunternehmen widmet. Unternehmensfinanzierung sowie Nachfolge und Fremdmanagement waren Schwerpunkte dieser ersten Studie. Auch in den folgenden Studien der Jahre 2008 und 2010 bildete die Nachfolge einen Schwerpunkt.[383] 2008 hat PwC zudem eine Studie speziell zum Thema Fremdmanagement veröffentlicht.[384]

---

[379] Erkenntnisse der Untersuchungen vom IfM Bonn und PwC sind insbesondere in Kapitel 1 angeführt worden. Auch Kapitel 5 greift selektiv auf diese Untersuchungen zurück.

[380] Zu beachten ist, dass sich die Publikationen häufig nicht explizit auf Familienunternehmen fokussieren, sondern der Institutsausrichtung entsprechend auf mittelständische Unternehmen. In Zusammenarbeit mit der Stiftung Familienunternehmen wurden in den vergangenen Jahren aber auch einige Publikationen erstellt, die sich ausschließlich Familienunternehmen widmen.

[381] Weitere Studien wurden z.B. in Zusammenarbeit mit dem Institut für Mittelstandsforschung der Universität Mannheim (IfM Mannheim), dem Zentrum für europäische Wirtschaftsforschung (ZEW) in Mannheim oder dem Friedrichshafener Institut für Familienunternehmen (FiF) erstellt.

[382] Es handelt sich zumeist um im Umfang gekürzte Veröffentlichungen von Untersuchungen, die an unterschiedlichen Einrichtungen durchgeführten wurden. Häufig werden die Studien wissenschaftlich begleitet durch das Intes Zentrum für Familienunternehmen an der WHU – Otto Beisheim School of Management.

[383] Vgl. PricewaterhouseCoopers (2006), PricewaterhouseCoopers (2008a) und PricewaterhouseCoopers (2010). Die Studien waren international angelegt, die Ergebnisse der deutschen Familienunternehmen wurden aber jeweils separat aufbereitet (2010/11 zusammengefasst mit den Ergebnissen aus Österreich und der Schweiz). Insgesamt nahmen 2006 mehr als 1.000 europäische (davon 107 deutsche) Familienunternehmen teil, 2008 waren es weltweit 1.454 (103) und 2010 weltweit 1.606 (181) teilnehmende Familienunternehmen.

[384] Vgl. PricewaterhouseCoopers (2008b).

Wesentliche empirische Untersuchungen über Familienunternehmen außerhalb von Deutschland werden in der folgenden Tabelle aufgeführt. Auf die im Kontext dieser Arbeit wichtigsten Untersuchungen wird anschließend kurz eingegangen. Es ist darauf hinzuweisen, dass die gegenseitige Übertragbarkeit der Erkenntnisse zwischen nationalen und internationalen Arbeiten eingeschränkt sein könnte, etwa weil Führungsstrukturen und -prinzipien der Unternehmen von unterschiedlichen Corporate Governance-Systemen mit substanziellen Unterschieden geprägt werden.[385] Inwieweit tatsächlich Einschränkungen bezüglich der Übertragbarkeit wissenschaftlicher Erkenntnisse über Landesgrenzen hinaus bestehen, bedarf weiterer Forschungsleistungen.

Autor (Jahr)	Stichprobe	Schwerpunkte und Ergebnisse
Chrisman et al. (1998)	485 kanadische Familienunternehmen (Telefonische Befragung)	- Unternehmensgröße hat größten Einfluss auf die Anforderungen an Nachfolger - Integrität und Engagement gehören zu den wichtigsten Anforderungen, Familienzugehörigkeit jedoch nicht
Schulze et al. (2003a)	1.464 US-Familienunternehmen (Sekundärdaten 1995)	- Risiko von Gesellschafterkonflikten steigt mit steigender Gesellschafterzahl und bei weitgehend gleich großen Anteilsblöcken
Anderson/Reeb (2003)	403 Unternehmen des S&P500, davon 141 Familienunternehmen (Längsschnittstudie 1992-1999)	- Operative Performance ist in FU mit familieneigenem CEO höher als in NFU - Marktbewertung bei Gründer-CEO oder Fremdmanager höher als in NFU
Bailey/Helfat (2003) und Helfat/Bailey (2005)	36 Manager in US-Unternehmen	- Manager mit und ohne Branchenerfahrung performen absolut gesehen gleich - Performancesteigerung durch externe Nachfolger höher
Chua et al. (2003a)	272 kanadische Familienunternehmen	- Nachfolge und Fremdmanagement sind die wichtigsten Themen der Unternehmer - Abhängigkeit von Fremdmanagern bestimmt deren Bedeutung für FU
Chrisman et al. (2004)	1.141 kleine US-Familienunternehmen und US-Nicht-Familienunternehmen (explorative Studie)	- Familieneinfluss kann Agency-Kosten senken und damit Performance steigern - Strategische Planung erhöht die Performance in FU weniger als in NFU
Sonfield/Lussier (2004)	161 US-Familienunternehmen (Fragebogenerhebung)	- In älteren Familienunternehmen wird Nachfolgeplanung sorgfältiger betrieben - Eine Zunahme von Fremdmanagement konnte nicht signifikant bestätigt werden
Chua et al. (2004)	2.116 Neugründungen und 3.724 bestehende US-Familienunternehmen	- Familieneinfluss auf Unternehmen hat zumeist einen konkaven Verlauf

[385] Als Beispiel sei die Aufteilung von Geschäftsleitung und Überwachung in monistischen (one tier, keine Trennung) und dualistischen (two tier, Gremien getrennt) Governance-Systemen genannt. Zur vertiefenden Lektüre über Governance-Systeme sei auf Witt (2001a) und Lam & Lee (2008) verwiesen.

Autor (Jahr)	Stichprobe	Schwerpunkte und Ergebnisse
Venter et al. (2005)	332 Manager in südafrikanischen Familienunternehmen (Fragebogenerhebung)	- Nur bei hohem Eigenantrieb können familieneigene Nachfolger die Unternehmensperformance erhalten
Péréz-González (2006)	335 Nachfolgefälle in US-Familienunternehmen	- Nur die Berufung von Fremdmanagern führt zu Börsenwertsteigerung
Corstjens et al. (2006)	1.027 Unternehmen aus Deutschland, Frankreich, UK und USA (Längsschnittstudie 1993-2002), 404 Familienunternehmen	- Familienunternehmen zeigen eine bessere Performance (für TQ als auch RoA) als Nicht-Familienunternehmen
Villalonga/Amit (2006)	508 Unternehmen des S&P500 (Längsschnittstudie 1994-2000)	- Börsenwertsteigerung nur, wenn Gründer CEO ist oder Fremdmanager über Aufsichtsgremium führt - Börsenwertvernichtung bei Führung durch nachfolgende Generationen
Bertrand/Schoar (2006)	Verschiedene Studien und Datenbanken	- Länder mit hohem kulturellen Stellenwert von Familie haben geringere Wertschöpfungen, kleinere Firmen und weniger familienkontrollierte Unternehmen
Lee (2006)	403 Unternehmen des S&P 500, davon 141 Familienunternehmen (Längsschnittstudie 1992-2002)	- Performance (Umsatz und Beschäftigung) in FU besser, in Rezessionen stabiler - Präsenz der Familie im Management erhöht die Performance
Westhead/Howorth (2006)	905 Familienunternehmen in UK (Fragebogenerhebung)	- Führungsstruktur hat stärkere Auswirkung auf Performance als Eigentümerstruktur (z.B. Generationenzahl) - Performance von FU gleich hoch oder höher als die von NFU
Karra et al. (2006)	Ein türkisches Familienunternehmen (Langzeit-Fallstudie)	- Familienmanager sind Agenten - Wechselseitiger Altruismus senkt in jungen FU Agency-Kosten - bei älteren FU kehrt sich der Effekt um
Bloom/van Reemen (2007)	732 Unternehmen in USA, Deutschland, Frankreich, Groß-Britannien (Fragebogen und Interviews)	- Gute Managementqualität bei Fremdmanagement, schlecht insbesondere bei primo geniture - Deutliche Qualitätsunterschiede zwischen und innerhalb der untersuchten Länder
Blumentritt et al. (2007)	27 Familienunternehmer und Fremdmanager (Explorative Studie, Interviews)	- Fremdmanager existenziell wichtig - Aktive Beziehungspflege durch die Beteiligten erforderlich, ebenso wie professionelle Führungsstrukturen
Chittor/Das (2007)	3 Fallstudien in indischen Familienunternehmensgruppen	- Übergabe an Fremdmanagement steigert Performance - Familieneigene Manager werden bei Schlechtleistung seltener sanktioniert als Fremdmanager
Hall/Nordqvist (2008)	5 Fallstudien in schwedischen Familienunternehmen (95 Interviews)	- Erfolgreiche Fremdmanager haben formelle und (sozio)kulturelle Kompetenz - Erfolgreiche Familienunternehmen schaffen geeignete Governancestrukturen
Royer et al. (2008)	860 Familienunternehmen in Australien und Tasmanien (Fragebogenerhebung)	- Wahl der Nachfolgeform abhängig vom Ausmaß des familienunternehmensspezifischen Erfahrungswissens
Zhara et al. (2008)	248 US-Familienunternehmen (Fragebogenerhebung)	- Positiver Effekt von Familieneinfluss und Stewardship auf die strategische Flexibilität in Familienunternehmen
Rutherford et al. (2008)	831 US-Familienunternehmen (Fragebogenerhebung)	- Zusammenhang zwischen Performance und Familieneinfluss nicht nachgewiesen

Autor (Jahr)	Stichprobe	Schwerpunkte und Ergebnisse
Achmad et al. (2009)	105 indonesische Unternehmen, davon 67 Familienunternehmen (Längsschnittstudie 2003-2006)	- Perfomance in Familienunternehmen geringer als in Nicht-Familienunternehmen - möglicherweise buchhalterischer Effekt
Hillier/McColgan (2009)	683 börsennotierte Unternehmen in UK (Längsschnittstudie 1992-1998)	- Familieneigene Manager werden bei Schlechtleistung seltener sanktioniert als Fremdmanager - Performance und Aktienkurs profitieren nur bei Abgang familieneigener Manager
Martikainen et al. (2009)	159 Unternehmen des S&P500 (Längsschnittstudie 1992-1999)	- Familienunternehmen sind produktiver - Sie nutzen Ressourcen effizienter
Vallejo (2009)	126 Unternehmen in Spanien, davon 90 Familienunternehmen (Interviews)	- Stewardship in Familienunternehmen - Daraus entstehen Familienunternehmen Performance- und Kontinuitätsvorteile
Sonfield/Lussier (2009)	149 Familienunternehmen in USA, Frankreich, Kroatien und Indien (Fragebogenerhebung)	- Mehr financial methods, wenn Fremdmanager mitwirken - Widersprüchliche Ergebnisse zwischen den einzelnen Teilnehmerländern
Lussier/Sonfield (2009)	593 Familienunternehmen in USA, Frankreich, Kroatien, Indien, Ägypten und Kuwait (Fragebogenerhebung)	- Der Einfluss eines Gründers wirkt negativ auf die Anzahl von Fremdmanagern und positiv z.B. auf Teamgeist, konkrete Nachfolgepläne und strategische Planung
Odehnalová/Olsevicová (2009)	432 tschechische Unternehmen, davon 91 Familienunternehmen (Fragebogenerhebung)	- Bevorzugung familieninterner Nachfolger - Ohne Fremdmanager können für Unternehmen typische Entwicklungsschwellen kaum bewältigt werden
Hillier et al. (2009)	545 UK-Familienunternehmen (Längsschnittstudie 1994-1996)	- Familiengeführte Unternehmen haben tendenziell eine schwache Governance - Sanktionierungen sind schwieriger
Minichilli et al. (2010)	113 Unternehmen in Italien, davon 83 Familienunternehmen (Fragebogenerhebung)	- Beziehung zwischen Unternehmensperformance und Anteil von Familienmitgliedern in der Geschäftsführung hat einen U-förmigen Verlauf
Bocatto et al. (2010)	36 Familienunternehmen in Spanien	- Familienunternehmer sehen sich Stewardship und Kontinuität verpflichtet - Performance vor einer Nachfolge beeinflusst nicht die zukünftige Führungsform
Carr/Bateman (2010)	65 Familienunternehmen und 65 Nicht-Familienunternehmen (Internationale Stichprobe großer Unternehmen)	- Familienunternehmen performen etwas besser, insb. in Entwicklungsländern - Leicht positive Relation zwischen Höhe des Familienanteils und Performance
Amann/Jaussaud (2012)	196 Unternehmen in Japan (98 jeweils vergleichbare Paare aus Familienunternehmen und Nicht-Familienunternehmen)	- Familienunternehmen schneiden während und nach wirtschaftlichen Krisen besser ab als Nicht-Familienunternehmen (bei Performance und Finanzstruktur)
O'Boyle et al. (2012)	Meta-Analyse von 78 Studien (Stichprobe gesamt 80.421)	- Kein signifikanter Effekt von Familieneinfluss auf Performance - Keine signifikanten Moderatoren
Munoz-Bullón/Sánchez-Bueno (2012)	2.596 Unternehmen der EU, davon 562 Familienunternehmen (Längsschnittstudie 2005-2009)	- Performance in Familienunternehmen mit Familieneinfluss höher als in Nicht-Familienunternehmen

Tabelle 2: Empirie zu Führungsformen (nicht-deutschsprachiger Raum)[386]

[386] FU = Familienunternehmen, NFU = Nicht-Familienunternehmen, FM = Fremdmanager.

Bei Vergleichen der finanziellen Unternehmensperformance sehen empirische Untersuchungen häufig Familienunternehmen im Vorteil, manchmal jedoch auch Nicht-Familienunternehmen.[387] Gegenstand dieser Arbeiten sind aber zumeist börsennotierte Unternehmen. RUTHERFORD ET AL. (2008) nehmen die Widersprüchlichkeit vorliegender Performance-Untersuchungen zum Anlass für eine Meta-Analyse. Ihr Überblick über empirische Untersuchungen zum Zusammenhang zwischen Familieneinfluss und Unternehmensperformance stellt fest, dass neun der 23 Untersuchungen eine klar positive Korrelation zeigen. Eine klar negative Korrelation hingegen zeigt nur eine der Untersuchungen. Die Autoren selbst testen den Zusammenhang auf Basis des F-PEC Modells, können aber keinen eindeutigen Einfluss nachweisen.[388] Eine weitere Meta-Analyse führen O'BOYLE ET AL. (2012) durch. Sie können ebenfalls keine signifikante Wirkung von Familieneinfluss auf finanzielle Unternehmensperformance bestätigen.[389] Jedoch widerlegt der von den meisten Studien bestätigte positive Einfluss von Familieneigentümerschaft auf die Performance von Unternehmen das historische Vorurteil von Familienunternehmen als Anachronismus und ineffizienter Organisationsform.[390] Die zunehmenden Forschungsaktivitäten in diesem Bereich haben dazu beigetragen, diese pauschale Sichtweise zu korrigieren.

Einige Autoren gehen in ihren Untersuchungen zur Unternehmensperformance näher auf die jeweilige Führungsform ein. CHRISMAN ET AL. (2004) stellen fest, dass operativer Einfluss einer Eigentümerfamilie die Unternehmensperformance erhöhen

---

[387] Vgl. Le Breton-Miller & Miller (2009: 1171). Z.B. stellen Lee (2006: 112), Carr & Bateman (2010), Chrisman et al. (2004: 335), Anderson & Reeb (2003: 1324) oder Corstjens et al. (2006: 20 f.) eine höhere oder gleich hohe Performance von Familienunternehmen fest, während Achmad et al. (2009: 46 f.) eine geringere Performance feststellen. Chrisman et al. (2005: 559 und 567) fordern daher weitere Untersuchungen. Hack (2009: 20 ff.) bietet eine sehr gute Übersicht zu Leistungsvergleichen zwischen FU und NFU.

[388] Vgl. Rutherford et al. (2008: 1096 und 1104 ff.). Rutherford et al. (2008: 1099) sehen das F-PEC Modell (nach Klein (2000: 158 f.) und Klein (2004: 14 ff.)) daher als nicht geeignet an, um „familiness" zu messen. „Familiness" beschreibt Ressourcen, die aufgrund von Familieneinfluss charakteristisch für ein Unternehmen sind, vgl. Habbershon & Williams (1999: 1). Duh (2010: 47 und 50 f.) bietet ebenfalls einen Überblick über Studien zu dieser Frage. Die Autorin arbeitet zudem wichtige Aspekte heraus, die bei Untersuchungen der Performance von Familienunternehmen zu beachten sind. Da die Beziehung zwischen Familieneinfluss und finanzieller Performance vermutlich nicht linear sei, sondern eher indirekt und komplex, sind laut Chrisman et al. (2008: 944) und Chrisman et al. (2005: 558) widersprüchliche Ergebnisse nicht überraschend.

[389] Vgl. O'Boyle et al. (2012). Auch für verschiedene Moderatoren können die Autoren keine Signifikanz bestätigen.

[390] Vgl. Anderson & Reeb (2003: 1324), Chrisman et al. (2006: 720) und Trevino & Alvarado-Rodriguez (2011: 98).

kann.[391] Auch ANDERSON UND REEB (2003) belegen in ihrer häufig zitierten Langzeitstudie einen positiven Einfluss einer Eigentümerfamilie auf die Unternehmensperformance. Stellt sie selbst den Vorsitzenden der Geschäftsführung, ist der operative Profitabilitätsvorteil gegenüber Nicht-Familienunternehmen am größten. Die Börsenbewertung hingegen ist nur dann höher, wenn der Gründer selbst oder ein Fremdmanager den Vorsitz in der Geschäftsführung wahrnimmt.[392] Die Ergebnisse von MINICHILLI ET AL. (2010) ergänzen die Untersuchung von ANDERSON UND REEB (2003). In ihrer Untersuchung steigt die Unternehmensperformance nur dann, wenn ein Familienmitglied den Vorsitz in der Geschäftsführung ausübt. Sind die Blöcke aus Familienmitgliedern und Fremdmanagern in der Geschäftsführung aber in etwa gleich groß, besteht die Gefahr von Spaltungen zwischen den Blöcken, welche die finanzielle Unternehmensperformance belasten.[393]

VILLALONGA UND AMIT (2006) gehen auf den Einfluss des Unternehmensgründers ein. Ihre Untersuchung weist einen positiven Einfluss von Familienführung in Familienunternehmen nur dann nach, wenn der Gründer selbst die Geschäftsführung innehat oder den geschäftsführenden Fremdmanager über eine Aufsichtsfunktion kontrolliert. In den Nachfolgegenerationen können sie aber keinen positiven Effekt einer Beteiligung familiärer Nachkommen an der Geschäftsführung belegen. Im Gegenteil, übernehmen Familienangehörige Managementfunktionen, führt dies zu einer deutlichen Vernichtung von Firmenwerten.[394] BLOOM UND VAN REEMEN (2007) ergänzen die Beobachtung im Rahmen ihrer Untersuchung, in der sie feststellen, dass die Managementqualität bei der Auswahl eigener Nachkommen im Vergleich zu Fremdmanagern schlechter ist, insbesondere bei primo geniture.[395] Auch PÉREZ-GONZÁLEZ (2006) stellt fest, dass nur die Ernennung von Fremdmanagern zu nachhaltigen Steigerun-

---

391 Vgl. Chrisman et al. (2004: 344 und 349). Die Autoren stützen ihre Argumentation auf die Annahme, dass Familieneinfluss grundsätzlich Agency-Kosten senkt.

392 Vgl. Anderson & Reeb (2003: 1302 f. und 1324). Lee (2006: 112) bestätigt einen die Performance steigernden Effekt der Beteiligung von Mitgliedern der Gründerfamilie an der Geschäftsführung.

393 Vgl. Minichilli et al. (2010: 205 ff.).

394 Vgl. Villalonga & Amit (2006: 385, 388 und 414), gemessen wird am Börsenwert. Die Autoren identifizieren als weitere wertbelastende Faktoren verschiedenartige Anteilsrechte oder Vereinbarungen über Abstimmungsverhalten.

395 Vgl. Bloom & van Reemen (2007: 1351). Primo geniture beschreibt die (grundsätzliche) Auswahl des erstgeborenen Sohnes als Nachfolger. Pérez-González (2006: 1559 f.) zitiert hinsichtlich primo geniture Warren Buffet: „Die Praxis der familieninternen Nachfolge ist so, als würde man die Olympia-Mannschaft für 2020 aus den ältesten Söhnen der Goldmedalliengewinner des Jahres 2000 zusammenstellen."

gen des Börsenwertes führt. Nepotistische Nachfolgeentscheidungen hingegen führen zu sinkenden operativen Erträgen und Wertvernichtung.[396] Ergänzt werden diese Untersuchungen durch KARRA ET AL. (2006), die feststellen, dass in jungen Familienunternehmen wechselseitiger Altruismus zunächst Agency-Kosten senkt, sich dieser Effekt aber umkehre, je älter ein Familienunternehmen werde.[397]

ANDERSON UND REEB (2003) zeigen, dass Gründer über überdurchschnittliche Qualifikationen verfügen, familieneigene Nachfolger hingegen eine im Vergleich zu Fremdmanagern tendenziell niedrigere formale Qualifikation und Eignung aufweisen. Jedoch sind sie eher geneigt, wie Stewards zu handeln. Ihre hohe Identifikation mit dem Unternehmen, eine generationenübergreifende Verpflichtung und Reputationseffekte sind wesentliche Treiber für diese Haltung.[398] Eine höhere fachliche Qualifikation von Fremdmanagern wird von BLUMENTRITT ET AL. (2007) als Grund für deren essenzielle Bedeutung für Familienunternehmen angeführt. Die zunehmende Komplexität in der globalisierten Wirtschaft erfordere von Nachfolgern eine breitere Spanne an Fähigkeiten, welche zumeist nur von Fremdmanagern erfüllt werden könnte.[399] Auch CHITTOR UND DAS (2007) schließen ihre Untersuchung mit der Feststellung, dass eine Öffnung für Fremdmanagement unumgänglich für Familienunternehmen sei. Neben der gestiegenen Wettbewerbsintensität begründet dies die statistische Unwahrscheinlichkeit, in eigenen Reihen gute Manager zu finden.[400] ODEHNALOVÁ

[396] Vgl. Pérez-González (2006: 1560 f.) oder auch Ibrahim et al. (2008: 96). Barnett & Kellermanns (2006: 837 ff.) und Carsud (2006: 855 ff.) beschäftigen sich mit den negativen Auswirkungen nicht professionellen Verhaltens von Eigentümerfamilien bei Personalentscheidungen. Bertrand & Schoar (2006: 8 und 82) weisen in ihrer länderübergreifenden Untersuchung Zusatzkosten aus nepotistischen Nachfolgeentscheidungen nach. Ein hoher Stellenwert von Familie in der Gesellschaft befördert Nepotismus.

[397] Vgl. Karra et al. (2006: 873 f.). Die Untersuchung Villalonga & Amit (2006: 385, 388 und 414) bestätigt diese Beobachtung, Chua et al. (2004: 37 ff.) ebenfalls implizit.

[398] Vgl. Anderson & Reeb (2003: 1307 und 1324). Die Autoren führen an, dass diese Haltung von Familienmitgliedern eine für Dritte nicht erwerbbare Qualifikationen darstellt. Die niedrigere formale Qualifikation familieneigener Nachfolger wird auch von Wiedmann (2002: 138 f.) festgestellt. Brenes et al. (2011: 284 f.) bestätigen in ihrer Untersuchung komplementäre Qualifikationen von Familienmitgliedern und Fremdmanagern.

[399] Vgl. Blumentritt et al. (2007: 321 ff.). Hall & Nordqvist (2008: 62 ff.) kommen in ihrer Untersuchung von kleinen Familienunternehmen zu vergleichbaren Aussagen wie Blumentritt et al. (2007). Als weitere Qualifikationen eines Fremdmanagers werden von den Eigentümern Charakter und Integrität gefordert. Ähnlich auch Venter et al. (2005: 298) und Habig & Berninghaus (1998: 92).

[400] Vgl. Chittoor & Das (2007: 71 und 73). Zudem steigere Fremdmanagement gemäß ihrer Untersuchung die Unternehmensperformance.

UND OLSEVICOVÁ (2009) belegen, dass Familienunternehmen ohne Fremdmanager Probleme haben, für Unternehmen typische Wachstumsschwellen zu überwinden.[401] Gemäß CHUA ET AL. (2003a) ist die Beziehung zwischen Eigentümerfamilie und Fremdmanagern des Unternehmens nach der Nachfolgeproblematik selbst die zweitgrößte Sorge der Familie. Daran gemessen sei dieses Thema in der wissenschaftlichen Literatur bisher deutlich unterrepräsentiert. Determinanten der Beziehung sind das Ausmaß und das Gefährdungspotenzial aus einer Abhängigkeit eines Familienunternehmens vom Fremdmanagement.[402]

ROYER ET AL. (2008) legen eine der wenigen Arbeiten vor, die sich explizit damit beschäftigt, wann in Familienunternehmen im Nachfolgefall welche Führungsform geeignet ist. Die Untersuchung impliziert, dass Fremdmanager geeignet sind, wenn generelles Managementwissen oder technisches Wissen gefordert ist. Familieninterne Nachfolger sind eher geeignet, wenn für das Familienunternehmen spezifisches Erfahrungswissen gefordert ist. Mit familienspezifischem Wissen seien jedoch immer Wettbewerbsvorteile verbunden, weshalb grundsätzlich Familienmitglieder die erste Wahl für die Geschäftsführung seien. Stehen solche nicht zur Verfügung, müssten interne Fremdmanager zu deren Substitut herangebildet werden.[403] Sie deuten damit darauf hin, dass die Entwicklung interner Fremdmanager grundsätzliche Vorteile gegenüber einer Akquirierung von außen haben könnte.[404]

KOROPP UND GRICHNICK (2007) stellen fest, dass externe Fremdmanager als Nachfolger insbesondere bei großen Familienunternehmen regelmäßig die beste Unternehmerqualifikation aufweisen. Interne Fremdmanager weisen als Nachfolger aufgrund einer häufig anzutreffenden Monopolisierung der Entscheidungskompetenz in familiengeführten Unternehmen zumeist keine hinreichende unternehmerische Befähi-

---

401 Vgl. Odehnalová & Olsevicová (2009: 77 ff.).

402 Vgl. Chua et al. (2003a: 89 und 91 ff.). Chittoor & Das (2007: 71 und 73) weisen daher auf die Notwendigkeit eines aktiven Familienmanagements hin, welches die Planung alternativer Beschäftigungsmöglichkeiten für Familienmitglieder beinhalten sollte.

403 Vgl. Royer et al. (2008: 15 und 26 ff.). Die Autoren sehen einen häufigen Grund für gescheiterte Nachfolgeprozesse darin, dass das familienspezifische Wissen Nachfolgern nicht ausreichend bewusst ist bzw. zu wenig darüber bekannt ist.

404 Vgl. Royer et al. (2008: 15, 19 und 26 ff.). Die Arbeit basiert auf dem Wissens- und Transaktionskostenansatz. Es wird vorwiegend analysiert, wann Familienführung am besten geeignet ist. Die Autoren weisen auf mögliche Verzerrungen durch Nepotismus in allen Nachfolgekonstellationen hin. Im Folgenden werden die Begriffe interner (statt unternehmensinterner) und externer (statt unternehmensexterner) Fremdmanager verwendet.

gung auf.[405] BOCATTO ET AL. (2010) untersuchen Zusammenhänge zwischen der Performance vor einem Nachfolgereignis und möglichen Auswirkungen daraus auf die Wahl der künftigen Führungsform von Familienunternehmen. Die Autoren erwarten familieninterne Nachfolgen bei positiver Performance und familienexterne Nachfolgen bei negativer Performance. Ihre empirische Untersuchung bestätigt diese Erwartung jedoch nicht, eine Korrelation zwischen aktueller Performance und künftiger Führungsform konnte für die untersuchten Familienunternehmen nicht bestätigt werden.[406]

SONFIELD UND LUSSIER (2004) stellen fest, dass sich Familienunternehmen unterschiedlicher Altersstufen (gemessen an der Generationenzahl, d.h. an der Summe der Generationen, seit denen sich das Unternehmen im Familienbesitz befindet) bei den von den Autoren gemessenen Kriterien nicht signifikant unterscheiden. Die Autoren schließen daraus, dass der Einfluss einer Eigentümerfamilie stärker auf ein Unternehmen wirkt, als ein denkbarer Druck des Marktes, Merkmale von Nicht-Familienunternehmen zu adaptieren. Im Kontext dieser Arbeit sind insbesondere die Hypothesen von Bedeutung, nach denen in älteren Familienunternehmen eine steigende Häufigkeit von Fremdmanagement, eine größere Neigung zu einer Team-Management-Philosophie und eine sorgfältigere Nachfolgeplanung zu erwarten sind. Signifikant bestätigt davon wurde die sorgfältigere Nachfolgeplanung älterer Familienunternehmen. Fremdmanagement nimmt bei den untersuchten Familienunternehmen zwar mit zunehmendem Alter zu, jedoch nicht signifikant.[407]

ZHARA ET AL. (2008) stellen die Bedeutung von Stewardship in Familienunternehmen heraus. In ihrer Untersuchung weisen jene Familienunternehmen die größte strategische Flexibilität auf, die es schaffen, innerhalb der Eigentümerfamilie eine Kultur des

---

[405] Vgl. Koropp & Grichnick (2007: 297 f.). Obermaier (2006: 2 und 11 f.) beobachtet eine Präferenz für interne Fremdmanager, weist aber auf die Gefahr hin, dabei Qualitätskompromisse zu machen. Auf wichtige Aspekte der Abwägung zwischen dem Aufbau von Führungskräftenachwuchs innerhalb des eigenen Familienunternehmens und deren Rekrutierung am externen Personalmarkt geht auch Bechtle (1983: 227 ff.) ein.

[406] Vgl. Bocatto et al. (2010: 497 ff.). Die Untersuchung basiert auf der Prinzipal-Agent-Theorie und dem ressourcenbasiertem Ansatz, die Untersuchungsobjekte sind börsennotiert.

[407] Vgl. Sonfield & Lussier (2004: 198). Es handelt sich um die Hypothesen 1, 3 und 5. Die Autoren verweisen auf das „familiness"-Konzept, was insbesondere im Rahmen ressourcenbasierter Ansätze analysiert wird. In ihren nachfolgenden Studien stellen die Autoren fest, dass sich ein steigender Einfluss eines Gründers negativ auf die Anzahl von Fremdmanagern auswirkt, vgl. Lussier & Sonfield (2009: 103) und Lussier & Sonfield (2012).

Engagements hinsichtlich des Unternehmens zu schaffen. Zusätzlich muss sie es schaffen, durch ihre Vorbildfunktion Stewardship-orientiertes Verhalten in das gesamte Unternehmen zu übertragen. Beide Faktoren sind notwendig, keiner von beiden erreicht allein den positiven Effekt.[408] VALLEJO (2009) belegt durch seine Studie empirisch die Existenz von Stewardship in der Beziehung zwischen Eigentümerfamilie und Fremdmanagern. Familienunternehmen erwachsen daraus Wettbewerbsvorteile hinsichtlich Profitabilität als auch Kontinuität.[409]

Etliche der aufgeführten internationalen Untersuchungen widmen sich Performanceeffekten verschiedener Konstellationen in Familienunternehmen, häufig im Vergleich zu Nicht-Familienunternehmen. Da die Untersuchungen in aller Regel auf Daten börsennotierter Unternehmen basieren, ist anzumerken, dass die Ergebnisse im Kontext dieser Arbeit möglicherweise nur teilweise übertragbar sein könnten. Denn die im Rahmen der vorliegenden Arbeit untersuchten Familienunternehmen sind nicht börsennotiert und zu 100% im Besitz einer oder weniger Eigentümerfamilien. Börsennotierte Familienunternehmen hingegen könnten auf Basis der erfolgten Öffnung zum Kapitalmarkt die Rolle der Eigentümerfamilie oder die Anforderungen an Fremdmanager anders definiert haben. Sie unterliegen zudem anderen Anforderungen an Institutionalisierung von Entscheidungen und Publizität. Zuletzt könnten börsennotierte Familienunternehmen auch familienfremde Anteilseigner haben, die Einfluss auf das Unternehmen ausüben.

Zudem wird in den Untersuchungen nahezu immer auf die finanzielle Performance abgestellt, ohne den bei Familienunternehmen häufig hohen Stellenwert nichtwirtschaftlicher Ziele wie der Generationenfolge zu würdigen.[410] Das Vorgehen ist nachvollziehbar, da finanzielle Performance aufgrund kardinaler Daten und Verwendung standardisierter Ergebnisgrößen einen Vergleich von Unternehmen grundsätz-

---

[408] Vgl. Zhara et al. (2008: 1035 und 1048 f.) und Chrisman et al. (2008: 941).
[409] Vgl. Vallejo (2009: 379 und 387 f.).
[410] Vgl. Chrisman et al. (2004: 336) und Chrisman et al. (2005: 558 f., 565 und 569). Nicht-finanzielle Kriterien, wie z.B. die im Rahmen der Nachfolge von Le Breton-Miller et al. (2004: 306) vorgeschlagene Zufriedenheit der Anteilseigner mit dem Nachfolgeprozess, werden empirisch nicht untersucht. Chua et al. (2009: 361) merken hierzu an, dass Performance in Bezug auf die Unternehmensziele gemessen werden muss. Diese müssen sich nicht notwendigerweise auf das finanzielle Unternehmensergebnis beschränken. Auch Chrisman et al. (2004: 340) weisen darauf hin, dass konzeptionell die Ziele der Eigentümerfamilie Bewertungsmaßstab sein müssen und stellen eine mathematische Gleichung zur Performancemessung auch nicht-finanzieller Ziele auf.

lich ermöglicht.[411] In der Praxis ist ein solches Vorgehen zusätzlich eingeschränkt, da nicht-börsennotierte Familienunternehmen in der Regel die erforderlichen Daten nicht zur Verfügung stellen.[412] Verfolgen die untersuchten Unternehmen zudem unterschiedliche Ziele, sind sie nicht auf Basis nur eines Ziels vergleichbar. Finanzielle Performancevergleiche sind in diesem Sinne zulässig, können aber nicht alleiniges Kriterium einer Analyse sein.[413]

3.1.1.3 Praxisnahe Studien

Die theoretisch und empirisch hergeleiteten Erkenntnisse der beiden vorhergehenden Kapitel werden hier ergänzt durch die Ergebnisse qualitativer Studien. Darunter fallen insbesondere Beraterstudien, die nur partiell ein theoretisches Fundament vorweisen können.[414]

Ein in dieser Hinsicht wichtiger ergänzender Aspekt sind im Kontext des vorliegenden Untersuchungsthemas Studien über die Entwicklung von Unternehmen und Typologien von Familienunternehmen. Typologien unterscheiden sich von Entwicklungsmodellen dadurch, dass sie eine Charakterisierung typischer realer Ausprägungen von Familienunternehmen im Status Quo beinhalten. Entwicklungsmodelle hin-

[411] Vergleichskriterien der Studien sind zumeist die Gesamtkapitalrendite (Return on Assets – weitere Kriterien: Beschäftigung oder Umsatz). May et al. (2006) untersuchen den Zusammenhang zwischen Befolgung des Family Business Governance-Kodex und Unternehmensperformance bzw. Wachstum, können diesen jedoch empirisch nicht nachweisen, vgl. Witt (2008: 3 und 16).

[412] Vgl. Trevino & Alvarado-Rodriguez (2011: 98). Da nur eine Minderheit der Familienunternehmen einer entsprechenden Publizitätspflicht unterliegt, steht ein wesentlicher Teil der Grundgesamtheit für solche Untersuchungen nicht zur Verfügung. Inwieweit daher die Ergebnisse der empirischen Untersuchungen auf alle Familienunternehmen übertragbar sind, ist fraglich. Hienerth & Kessler (2006) sehen Verzerrungen bei Vergleichen auf Performancebasis und entwerfen ein multidimensionales Modell zur Messung von Erfolg in Familienunternehmen, welches dieses Problem umgehen soll.

[413] Vgl. Chrisman et al. (2004: 338). Konzeptionell ist die Performancemessung auf Basis nichtwirtschaftlicher Ziele eines Familienunternehmens vergleichbar mit der Messung der finanziellen Performance. Methodisch und operativ ist sie jedoch alles andere als trivial, vgl. Chrisman et al. (2004: 340), Chua et al. (2009: 361) und Chrisman et al. (2005: 565 und 569). Die Bewertung der Leistung von Familienmitgliedern und Fremdmanagern könnte bedingt durch Altruismus zudem unterschiedlichen Maßstäben folgen müssen, vgl. Chua et al. (2009: 361) und Chrisman et al. (2005: 569).

[414] Vgl. Brockhaus (2004: 171). Auch Le Breton-Miller et al. (2004: 319) nennen „anecdotal studies“ als ergänzende Grundlage neben „empirical and theoretical studies“. Bagby (2004: 332) proklamiert darüber hinaus, zur Beurteilung der Managementnachfolge in Familienunternehmen auch Literatur zur Managementnachfolge in Nicht-Familienunternehmen hinzu zu ziehen. Diesem Ansatz wird hier nur vereinzelt und in Form von Fußnotenhinweisen gefolgt, da Unterschiede in Zielstruktur und Governance der Unternehmensgattungen als zu groß für eine uneingeschränkte Übertragung eingeschätzt werden.

gegen beinhalten explizit eine Dynamik, nämlich eine Entwicklung über mehrere Stufen.[415] Entwicklungsmodelle und Typologien könnten eine wertvolle Hilfestellung bei der Ausarbeitung der theoretischen Grundlagen von Familienunternehmen sein. Denn ihre Aufspaltung nach individuellen Ausprägungen könnte helfen, Gemeinsamkeiten und Unterschiede klarer auszuarbeiten. Abhängig von gemeinsamen bzw. trennenden Merkmalen könnte die Theorie differenzierte Aussagen ermöglichen.

Viele Autoren beschreiben eine typische Entwicklung eines Familienunternehmens ausgehend von einem Gründer, der eher technologie- oder produktbegeistert ist und aus dessen Ideen sich ein Unternehmen entwickelt, das irgendwann aufgrund seiner Größe oder des Branchenumfelds ohne externe Hilfe in der Unternehmensführung nicht mehr zu steuern ist.[416] In dem Ausmaß der Trennung von Eigentum und Führung wird dabei häufig ein Indikator für die Reife eines Familienunternehmens gesehen. Denn die Übergabe operativer Verantwortung an Fremdmanager stellt für die Eigentümer einen grundlegenden Paradigmenwechsel dar.[417] In diesem Sinne ist auch das Modell von WARD (1987) zu verstehen, eines der bekanntesten Entwicklungsmodelle. Der Autor stellt einen Entwicklungspfad vom Alleinherrscher über eine Geschwistergesellschaft hin zu einem Vetternkonsortium auf.[418] Die Entwicklungsphasen kennzeichnen sich hinsichtlich Führungs- und Eigentumsstrukturen folgendermaßen:

---

[415] In der Praxis werden die Begriffe Entwicklungsmodell und Typologie gelegentlich synonym genutzt. Ihre Abgrenzung ist zwar theoretisch eindeutig, die Bewertung in der Praxis aber vereinzelt nicht. Hofer & Charan (1984: 2 ff.) identifizieren vier verschiedene Formen von Entwicklungsmodellen: Lebenszyklusmodelle, Stufenmodelle, evolutorische Modelle und Transitionsmodelle. Wichtig ist, dass die einzelnen Stufen eines Entwicklungsmodells in sich stringent abgeleitet sind und Variabilität hinsichtlich der zeitlichen Reihenfolge aufweisen bzw. Iterationsschleifen zulassen. Die meisten Autoren nutzen Evolutionsmodelle. Zu evolutionstheoretischen Ansätzen in Bezug auf Unternehmen und Kritik hieran vgl. Kieser (2002: 72), Schneider (2002) oder Picot & Fiedler (2002).

[416] Vgl. Klein (2004: 218), Chittoor & Das (2007: 74), Chua et al. (2009: 355).

[417] Vgl. z.B. auch Jeuschede (2004: 20) oder Fritsch & Grotz (2007: 3). Gemäß Landsberg (1999: 174 ff.) ist die Nachfolge wegen des fehlenden Erfahrungswissens insbesondere beim Typus des Alleinherrschers eine bedeutende Herausforderung. Ab der Geschwistergesellschaft sollte sie durch einen standardisierten Prozess begleitet werden, um Konflikte zu vermeiden. Mit Merkmalen eines strukturierten Nachfolgeprozesses beschäftigen sich z.B. Klein (2003a: 27 ff.), Koropp & Grichnik (2007: 297), Griffeth et al. (2006), Aronoff et al. (2003: 3 f.), Le Breton-Miller et al. (2004: 305 f., 312 und 318), Chirico & Salvato (2008), Albach & Freund (1989: 52 ff.), Lambrecht (2005), Schwass (2003: 176), Ahrens (1989: 254), Landsberg (1988), Brockhaus (2004: 165 und 169), Venter et al. (2005) oder Bigliardi & Dormio (2009).

[418] Vgl. Ward (1987). Typologie hier vereinfacht, umfasst bei Ward (1987) mehr Kriterien. Gersick (1997) bzw. Gersick et al. (1999) stellen ein sehr ähnliches Modell vor. Allen beschriebenen Entwicklungsmodellen und Typologien von Familienunternehmen ist gemein, dass der direkte Einfluss der Eigentümerfamilie auf das operative Geschäft im Laufe der Zeit tendenziell abnimmt, vgl. Jeuschede (2004: 20).

	Alleinherrscher	Geschwister-Gesellschaft	Vettern-Gesellschaft
Führung	Dominante Führung durch den Gründer/Unternehmer	Führung entweder durch Familienmitglieder oder gemischte Geschäftsführung ohne Gleichrangigkeit	Gemischte Geschäftsführung mit Gleichrangigkeit, fremddominierte Geschäftsführung oder reine Fremdgeschäftsführung
Eigentum	Eigentum überwiegend beim Gründer/Unternehmer	Wenige Gesellschafter, in der Regel blutsverwandt	Viele Gesellschafter, Verwandtschaftsgrad immer weitläufiger

Abbildung 13: Modell von WARD (1987)[419]

ALBACH (2002) hat ein Modell von Familienunternehmen entwickelt, das in der ersten Stufe ein vom Gründer dominiertes Unternehmen beschreibt, welches er als „Eintagsfliege“ bezeichnet. Wenn Gründer es schaffen, das Familienunternehmen an Nachkommen zu übergeben, wird aus dem Unternehmen eine „Zwei-Generationen-Dynastie“. Ein Unternehmen, das auch über die Gründerfamilie hinaus überlebt, bezeichnet der Autor als „Old Soldier“. In einem „Old Soldier“ leben Familienwerte und Familienkultur fort, ohne dass Nachkommen der Gründerfamilie noch Einfluss hätten.[420]

KLEIN (2004) verbindet verschiedene Ansätze über Lebenszyklen von Familienunternehmen, Familie und Eignern, um daraus ein integriertes Modell zu entwickeln. Sie ergänzt die bestehenden Ansätze insbesondere um das Konzept der Vitalität und geht umfassend auf spezifische Vitalitätspotenziale und -defizite von Familienunternehmen ein. Die Nachfolge selbst sieht KLEIN (2004) in diesem Zusammenhang als einen Problem-Katalysator für im Unternehmen vorhandene Konflikte im Eigentum, in

[419] Gersick et al. (1999: 289) analysieren die Übergänge zwischen den einzelnen Stufen. Verschiedene Autoren haben das Modell von Ward (1987) aufgegriffen, erweitert oder eigene Modelle entwickelt, z.B. Kirchdörfer & Kögel (2000: 231 ff.), Neubauer & Lank (1998: 39 ff.), May & Sieger (2000: 247 ff.), Jeuschede (2004: 88 ff.) oder Bechtle (1983: 25 ff.). Eine Intes-Studie aus dem Jahr 2006 liefert Indizien dafür, dass die zweite und der Übergang zur dritten Generation besonders kritische Momente für Familienunternehmen sind, vgl. May et al. (2006: 5).

[420] Vgl. Albach (2002: 164 ff.). Der Autor nennt Siemens als Beispiel für einen „Old Soldier“.

der Führung und in der Familie. Familienunternehmen, die es schafften, Vitalisierungsdefizite zu erkennen und zu beheben, können stärker wachsen als andere.[421]

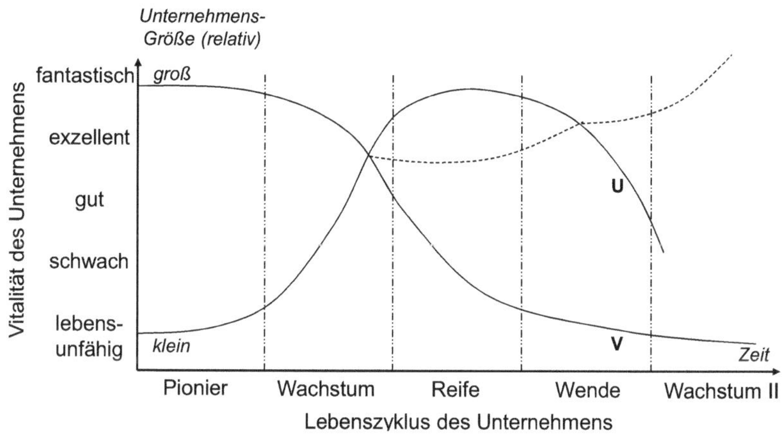

Abbildung 14: Vitalitätslebenszyklus von Familienunternehmen, KLEIN (2004)[422]

GERSICK ET AL. (1999) haben das eingangs vorgestellte „three circle model“ von TAGIURI UND DAVIS (1996) um die für Evolutionsmodelle typische Dynamik erweitert und die möglichen Ausprägungen der einzelnen Dimensionen integriert. Für die Dimension Unternehmen („business“) nutzen die Autoren dabei die Ausprägungen des Modells von WARD (1987). Die Autoren gehen nicht auf einen typischen Entwicklungsverlauf ein, identifizieren aber typische Muster, nach denen Übergänge zwischen den verschiedenen Ausprägungen („transitions“) verlaufen. Sie stellen klar, dass „transitions“ Chancen für Familienunternehmen bieten, gleichzeitig aber auch deren größte Herausforderung darstellen.[423]

[421] Vgl. Klein (2004: 275 ff.). Odehnalová & Olsevicová (2009: 77 ff.) stellen fest, dass Familienunternehmen familieneigene Nachfolger bevorzugen, ohne Fremdmanager aber Probleme haben, typische Wachstumsschwellen zu überwinden. Aufgrund von Führungskrisen fallen sie daher häufig nach einer ersten Phase gegenüber Nicht-Familienunternehmen zurück. Aronoff & Ward (2000: 1) sehen in dem Willen und der Fähigkeit, sich von Fremdmanagern abhängig zu machen, eine der größten Herausforderungen an Familienunternehmen. Fremdmanagern sprechen sie ein exklusives Vitalisierungspotenzial zu: „need to attract top-level talent from outside the family, for the energy and ideas only they can provide“, vgl. auch Cruz & Nordqvist (2012).

[422] Vgl. Klein (2004: 281), die Autorin bezeichnet ihr Konzept als Vitallebenszyklus. Schaffen es Familienunternehmen, abnehmende Vitalität (V) zu erkennen und neu zu stimulieren, kann der Unternehmenslebenszyklus (U) nicht nur verlängert, sondern auch die Unternehmensgröße gesteigert werden (gestrichelte Linien).

[423] Vgl. Gersick et al. (1999: 287 f.), Tagiuri & Davis (1996) sowie Ward (1987) und Abbildung 15.

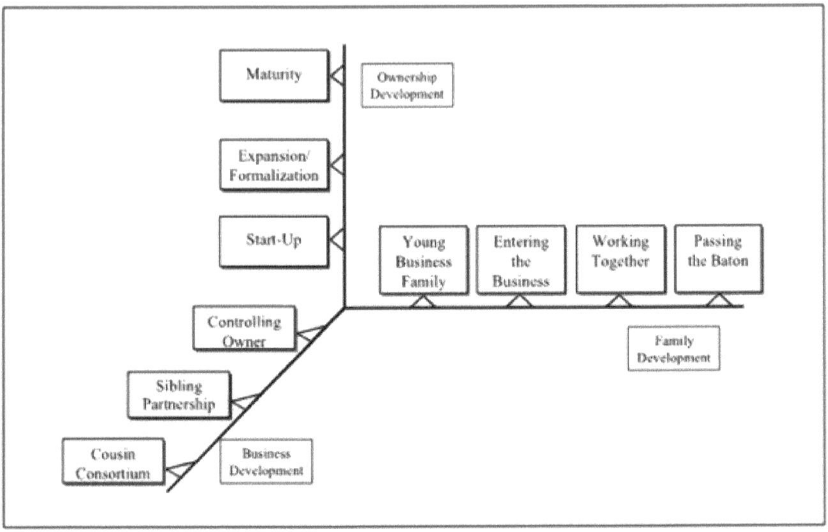

Abbildung 15: Developmental model, GERSICK ET AL. (1999)

BAUS (2007) richtet mit ihrer Typologie den Blick auf spezifische Herausforderungen der Eigentümerfamilie im Familienmanagement. Sie unterscheidet Gründerunternehmen, Geschwistergesellschaft und Familiendynastien. Entscheidende Herausforderung für das Gründerunternehmen sei es, die Nachfolge zu regeln, die Geschwistergesellschaft muss die Zusammenarbeit mehrerer Familienmitglieder meistern. Die Familiendynastie schließlich sieht sich insbesondere mit zentrifugalen Kräften einer Entfremdung konfrontiert. Die Herausforderungen für das Familienmanagement liegen bei den Themen Rollen, Ziele und Werte. Deren Gewichtung stellt sich in jeder Generationsstufe unterschiedlich dar.[424]

VON SCHULTZENDORFF (1994) stellt eine Typologie für Fremdmanager vor, die insbesondere im Lichte der Diskussion des für die theoretische Analyse von Familienunternehmen zugrunde zu legenden Menschenbildes hilfreich ist. Der Autor bildet auf Basis einer Matrix vier Grundtypen von Fremdmanagern nach den Kriterien der „per-

[424] Vgl. Baus (2007: 101). Die Arbeit untersucht insbesondere mögliche Konfliktpunkte. Eine Intes-Studie aus dem Jahr 2006 stellt fest, dass die Konfliktvermeidung für zwei Drittel der deutschen Familienunternehmen oberstes Governance-Ziel ist, vgl. May et al. (2006: 2). Dennoch fehlt ein institutionalisiertes Konfliktmanagement laut PricewaterhouseCoopers (2010: 22 f.) in 57% der deutschen Familienunternehmen, international sogar in 71% der Familienunternehmen.

sönlichen Beziehungen zwischen Fremdmanager und Eigentümerfamilie“ sowie dem „Maß der Einflussnahme der Eigentümerfamilie auf die Handlungssituation des Fremdmanagers“.

Persönliche Beziehung	Einflussnahme der Eigentümerfamilie: stark	Einflussnahme der Eigentümerfamilie: schwach
stark	Intimus	Paladin
schwach	Exekutor	Majordormus

Abbildung 16: Fremdmanager-Typologie, von SCHULTZENDORFF (2004)

Im Sinne dieser Typologie weist ein Intimus die meisten Gemeinsamkeiten mit einem Steward auf, während ein Majordormus stärker Merkmale eines Agenten zeigt. Der Autor selbst trifft keine Aussage dazu, für welche Situation bzw. für welchen Typ Familienunternehmen die jeweilige Ausprägung passend ist. Das Modell könnte aber in zukünftigen Arbeiten nützlich sein, um differenziertere Analysen dazu durchführen zu können.[425]

Grundsätzlich besteht kein Zweifel daran, dass die Ausarbeitung von Typologien und Entwicklungsmodellen das Verständnis über Familienunternehmen erhöht.[426] Wie für viele Modelle gilt aber auch in diesem Fall, dass die Ausprägungen in der Realität nur selten in reinrassiger Form vorkommen. Auch muss ein Entwicklungsmodell nicht zwangsläufig sämtliche für alle Familienunternehmen denkbaren und möglichen Ausprägungen abdecken, sondern eher eine typische und tendenziell zu erwartende Entwicklung abbilden. Die Bildung von Kriterien für einzelne Stufen ist hilfreich, um

[425] Vgl. von Schultzendorff (1984: 236 ff.). Der Autor weist darauf hin, dass die Ausprägungen in der Praxis nicht diskret sind, sondern unendlich.

[426] Vgl. Gersick (1997: 15 ff.) oder Gersick et al. (1999: 287). Die Autoren widmen sich insbesondere den Übergängen zwischen den einzelnen Entwicklungsstufen. Hofer & Charan (1984) untersuchen den Übergang von einer auf einen einzigen Unternehmensführer zugeschnittenen Organisation (typischerweise Gründerunternehmen) hin zu einem funktional aufgeteilten professionellen Managementteam (Familienmitglieder oder Fremdmanager).

verschiedene Unternehmen anhand definierter Kriterien vergleichbarer zu machen, z.B. für Fremdmanager, die ein Interesse haben, potenzielle Wirkungsstätten hinsichtlich der Kategorienmerkmale zu beurteilen.[427] Ein weiterer Vorteil könnte für die theoretische Analyse von Familienunternehmen entstehen, etwa falls das Ausmaß der Ausprägung von Agenten- oder Steward-Orientierung abhängig ist von Typ, Evolutionsstufe oder Lebenszyklusphase eines Familienunternehmens.[428]

Allen zuvor beschriebenen Entwicklungsmodellen und Typologien von Familienunternehmen ist gemein, dass der direkte Einfluss der Eigentümerfamilie auf das operative Geschäft im Laufe der Zeit tendenziell abnimmt.[429] Im Gegenzug steigt das Ausmaß der Inanspruchnahme von Fremdmanagern. Die Trennung von Eigentum und Führung und die damit verbundene Umstellung auf Fremdmanagement werden in der Literatur mehrheitlich als Beleg für eine Professionalisierung der Governance-Strukturen eines Familienunternehmens angesehen.[430] Viele Autoren vermuten, dass sich Familienunternehmen dabei in etwa gleichem Maße von einem Stewardship-Modell hin zu einem Prinzipal-Agent-Modell entwickeln.[431]

Neben Entwicklungsmodellen und Typologien beschäftigen sich Praktikerstudien auch mit den Anforderungen, die an die Qualifikation eines Nachfolgers zu stellen sind. Diese hängen zu einem großen Teil von den individuellen Gegebenheiten des Unternehmens hinsichtlich Governance-Struktur, strategischen Zielen, aktuellen ge-

---

[427] Vgl. Jeuschede (2004: 88 f.).

[428] Anhaltspunkte für diese Vermutung geben Corbetta & Salvato (2004a: 357 und 360). Laakkonen & Kansikas (2011) nehmen eine evolutionstheoretische Fallstudienanalyse vor. Mit für die Lösung der Führungsnachfolge typischen Herausforderungen in Abhängigkeit von der Evolutionsstufe beschäftigen sich Baus (2007), Miller (2006), Jeuschede (2004: 15), Müller-Ganz (2000: 370), Koeberle-Schmid & Nützel (2005: 13 ff.) und Cruz & Nordqvist (2012).

[429] Vgl. auch Jeuschede (2004: 20).

[430] Vgl. Dyer (1989: 221 f.) oder Chittoor & Das (2007). Gelegentlich wird der Begriff Professionalisierung synonym für eine Umstellung auf Fremdmanagement verwendet. Dies lässt jedoch sowohl außer Betracht, dass auch Mitglieder der Unternehmerfamilie die notwendigen Qualifikationen aufweisen könnten, um ein Familienunternehmen professionell zu führen, wie auch die explizite Option der Bildung gemischter Geschäftsführungen, vgl. auch Hall & Nordqvist (2008: 52).

[431] Vgl. Corbetta & Salvato (2004a: 357 f.), Lubatkin et al. (2005: 324) oder Koeberle-Schmid & Nützel (2005: 18 f.).

schäftlichen Herausforderungen, Größe, Branche, etc. ab.[432] Neben fachlichem Wissen sind immer wieder genannte Anforderungen Integrität, Engagement, Erfahrung mit Familienunternehmen sowie ein zurückhaltendes Rollenverständnis gegenüber der Familie.[433] Deutsche Familienunternehmen gaben in einer Befragung an, dass Erfahrung mit Familienunternehmen ebenso wenig wie die häufig genannte Branchenerfahrung dogmatisch zu sehen sei. Erfahrungen im Kontakt mit privaten Gesellschaftern hingegen seien sehr nützlich.[434] Die Bedeutung fachlicher Kenntnisse wird unterschiedlich bewertet. Häufig sei die Beschaffung von Know-how ein wesentlicher Grund, Fremdmanager zu suchen. Dabei scheint insbesondere Kompetenz im Bereich des Finanz- und Rechnungswesens gesucht zu werden.[435]

Wichtig ist auch, dass ein Fremdmanager ein Gespür für die faktischen Machtverhältnisse im Unternehmen und unterschiedliche Interessenslagen verschiedener Gesellschafter hat. Seiner Berufung könnte zum Beispiel ein Konflikt im Gesellschafterkreis vorausgegangen sein, weil ein Familienstamm einen eigenen Vertreter auf der Position installieren wollte. Das Vertrauen und die Unterstützung des gesamten Gesellschafterkreises zu erhalten, ohne bei möglicherweise rivalisierenden Stämmen auf Ablehnung zu stoßen, könnte sich dann neben dem operativen Geschäft als wichtigste Herausforderung an den Fremdmanager herausstellen.[436] Seine Berufung

---

[432] Vgl. Brockhaus (2004: 166) oder Habig & Berninghaus (1998: 59). Albach & Freund (1989: 158) sehen in kritischen Situationen oder bei Bedarf an grundlegenden Veränderungen im Unternehmen tendenziell eine bessere Eignung externer Kandidaten. In ihrer Untersuchung werden in kritischen Situationen zu 80% externe Fremdmanager ausgewählt, die Neubesetzungen erfolgen vergleichsweise schnell. Interne Fremdmanager werden als geeignet dafür angesehen, geschäftliche Kontinuität sicher zu stellen, vgl. Albach & Freund (1989: 157) oder auch Obermaier (2006: 13).

[433] Vgl. Chrisman et al. (1998: 28) und Blumentritt et al. (2007: 330 f.). Oft werden persönliche Merkmale über fachliche Anforderungen gestellt, vgl. PricewaterhouseCoopers (2006: 4) und Hall & Nordqvist (2008: 55 ff.). Ein Fremdmanager müsse Demut mitbringen, vgl. Obermaier (2006: 18). Le Breton-Miller et al. (2004: 309 und 317) fordern Motivation und Engagement – nachweisbare Qualifikationen, Erfolge und Erfahrungen sowie Entscheidungsfähigkeit seien Faktoren, die klar mit zukünftigem Erfolg korrelieren. Weitere Arbeiten, die sich mit Anforderungen an Nachfolger beschäftigen sind z.B. Jeuschede (2004: 77), Blumentritt et al. (2007: 325 f.) oder Hennerkes (2005: 177 ff.).

[434] Vgl. Obermaier (2006: 3, 13 und 15). Zur Vertiefung werden z.B. Fritsch & Grotz (2007), Dyer (1989) oder Hall & Nordqvist (2008) empfohlen.

[435] Vgl. Jeuschede (2004: 45), Habig & Berninghaus (1998: 22 f.) oder Lutz & Schraml (2012). Kapitza (2004: 125 f.) weist darauf hin, dass Fremdmanager auch allgemeine Managementdefizite innerhalb der Familie ausgleichen können und dadurch Familienunternehmen neu vitalisieren können. Jeuschede (2004: 64) sieht als grundsätzliche Gefahr für Fremdmanager, dass diese wieder gehen müssten, sobald jemand aus der Familie eine entsprechende Qualifikation mitbringt.

[436] Vgl. Fritsch & Grotz (2007: 9) oder Jeuschede (2004: 18 und 79). Rivalisierende Familienstämme können auch die Auswahl eines Nachfolgers stören, vgl. Miller & Le Breton-Miller (2006: 83).

bietet aber auch der Familie die Chance, das operative Geschäft des Unternehmens von emotionalen Befindlichkeiten innerhalb der Familie zu trennen.[437]

JEUSCHEDE (2004) stellt in seiner Untersuchung fest, dass über 60% der Fremdmanager von außen in die Geschäftsführung berufen wurden.[438] ARONOFF UND WARD (2000) sehen dagegen eine grundsätzlich bessere Eignung von internen Fremdmanagern. Denn Fremdmanager müssten sich zurücknehmen können und dürfen keinen Machtkampf mit der Familie suchen. Dafür seien interne Fremdmanager besser geeignet als solche, die zuvor einige Jahre woanders Führungsaufgaben wahrgenommen haben.[439] Dieser Begründungsansatz erscheint problematisch, da auch Familienunternehmen letztlich Persönlichkeiten mit starken Führungsfähigkeiten suchen, die Verantwortung für das Unternehmen übernehmen können. Sofern nicht externe Fremdmanager mit entsprechender Führungserfahrung rekrutiert werden sollen, folgt daraus die Notwendigkeit für eine entsprechende sorgfältige und langfristige interne Personalentwicklung.

JEUSCHEDE (2004) empfiehlt Familienunternehmen, extern akquirierte Führungskräfte zunächst auf der zweiten Führungsebene, sprich direkt unterhalb der Geschäftsführung, zu beschäftigen.[440] Diese Kandidaten können in die Geschäftsführung befördert werden, sofern sie sich bewähren. Dies habe den weiteren Vorteil, dass die Beteiligten einen geringeren Reputationsverlust erleiden, wenn eine Seite erst nach der Einstellung feststellt, dass eine Tätigkeit in der Geschäftsführung des Unternehmens nicht in Frage kommt.[441] Sofern das Familienunternehmen aber keine terminierte Nachfolgezusage gibt, scheint auch dieser Ansatz problematisch, da entsprechende Kandidaten nur im Ausnahmefall von vorherigen Führungspositionen auf die zweite Ebene wechseln werden. ALBACH UND FREUND (1989) geben auf Basis ihrer Untersuchung zu bedenken, dass Führungskräfte mit Geschäftsführer-Potenzial wegen des

---

[437] Vgl. Mertens (2004: 33 ff.).
[438] Vgl. Jeuschede (2004: 65). Beiertz et al. (2011) ermitteln hingegen einen Anteil von 40%.
[439] Vgl. Aronoff & Ward (2000: 38).
[440] Vgl. Jeuschede (2004: 66), auch Helfat & Bailey (2005: 47 f.).
[441] Vgl. Jeuschede (2004: 65 f. und 21), gemischte gleichrangige Geschäftsführungen stellen in dieser Arbeit die häufigste Form dar.

Risikos, dass später doch ein Kandidat der Familie vorgezogen werden könnte, nur selten für diesen Weg zu gewinnen seien.[442]

Was sind hingegen die Anforderungen, die ein Fremdmanager an ein Familienunternehmen stellt und die für ihn die Attraktivität im Vergleich zu anderen Unternehmen ausmachen? JEUSCHEDE (2004) führt an, dass Familienunternehmen für viele Fremdmanager umso attraktiver seien, je eindeutiger die Trennung zwischen Eigentum und Führung gezogen sei.[443] Gemäß ALBACH UND FREUND (1989) gehören auch eine intensive Wettbewerbsbeobachtung, die Ausrichtung auf produktionsorientierte Stärken, langfristig attraktive Märkte sowie eine hoch motivierte Belegschaft zu den wesentlichen Faktoren, mit denen Familienunternehmen es schaffen, sich im Wettbewerb um externe Führungskräfte gut zu positionieren.[444]

3.1.2 Anreizgestaltung für Fremdmanager in Familienunternehmen

Die Zusammenarbeit der Stakeholder in Unternehmen ist dadurch gekennzeichnet, dass diese darin übereinstimmen, möglichst hohe Kooperationsrenten erzielen zu wollen. Bezüglich ihrer Verteilung haben sie aber zumeist strikt gegenläufige Interessen.[445] Die Eigentümer setzen die Ziele des Familienunternehmens fest und versuchen Fremdmanager mit Anreizen dazu zu bewegen, diese Ziele zu verfolgen. Die Vergütung spielt in dieser Hinsicht eine herausgehobene Rolle, daneben werden weitere Anreizformen betrachtet. Eine Reihe wissenschaftlicher Arbeiten hat eine Grundlage für die Analyse von Anreizen geschaffen. In empirischer Hinsicht hat sich die Forschung bis dato intensiv jedoch nur mit der Vergütung von CEOs in Publikumsgesellschaften sowie deren Leistungsabhängigkeit auseinandergesetzt in Bezug auf die Vergütung von Geschäftsführern in Familienunternehmen liegen nur wenige Er-

[442] Vgl. Albach & Freund (1989: 67). Ähnlich argumentiert auch Becker (2006: 39).
[443] Vgl. Jeuschede (2004: 18).
[444] Vgl. Albach & Freund (1989: 122 ff.) oder auch Jeuschede (2004: 34 ff.) und Georg & Rüsen (2011).
[445] Vgl. Witt (2001a: 85). Die Kooperationsrente ist der Überschuss bei koordinierter Zusammenarbeit von Organisationsmitgliedern gegenüber der Summe der Überschüsse der einzelnen Personen.

kenntnisse vor.[446] Neben monetäre Anreize in Form von Vergütung treten nicht-monetäre Anreize, deren mögliche Ausprägungen im Folgenden dargestellt werden. Ergänzend wird auf die Kontrollmechanismen eines Unternehmens eingegangen, denn zusammen mit monetären und nicht-monetären Anreizen bilden diese einen gemeinsamen Rahmen, der das Handeln von Fremdmanagern beeinflussen soll.[447]

3.1.2.1 Theoriebasierte Erkenntnisse

Die Gestaltung des Verhältnisses zwischen Eigentümern und Fremdmanagern wird heute weniger als ein Wettbewerb um die Verteilung des Unternehmensergebnisses betrachtet, sondern vielmehr als Frage der Vereinbarung eines für die Erreichung der Unternehmensziele förderlichen Anreiz- und Steuerungssystems.[448] Die Begründung der Notwendigkeit für darauf gerichtete Maßnahmen des Unternehmenseigentümers liegt in der Kernproblematik der Trennung von Eigentum und Führung. Der Eigentümer trägt ein wirtschaftliches Risiko, während der Fremdmanager Dispositions- und Leitungsbefugnisse hierüber ausübt. Gleichzeitig hat der Eigentümer ein Informationsdefizit bezüglich eines möglicherweise opportunistisch handelnden Fremdmanagers.[449] Auch die Beschäftigung von Fremdmanagern in der obersten Führungsebene von Familienunternehmen stellt eine solche klassische Prinzipal-Agent-Beziehung dar.[450]

Um das Kontrollproblem im Prinzipal-Agent-Verhältnis zu lösen, haben sich zwei Ansätze entwickelt:

- Überwachungs- und Kontrollmechanismen

---

446 Vgl. McConaughy (2000: 121), Heinrich (2002: 13) oder Koeberle-Schmid & Nützel (2005: 59). Chua et al. (2009: 356) sehen in der Ausarbeitung von Anreizkonzepten eine der wichtigsten Herausforderungen bei der Integration von Fremdmanagern. Gegebenenfalls können Leistungsanreize auch für familieneigene Geschäftsführer sinnvoll sein, vgl. z.B. McConaughy (2000) oder Gomez-Mejia et al. (2003).

447 Vgl. Witt (2001a: 89). Um Moral Hazard-Probleme zu lösen, muss monetäre Vergütung ergänzt werden durch Verhaltenskontrollen und marktlichen Kontrollen, vgl. Witt (2003: 59).

448 Vgl. Kirchdörfer & Kögel (2000: 237). In der älteren Literatur standen zur Angleichung der unterschiedlichen Interessen von Prinzipal (Eigentümer) und Agent (Fremdmanager) gemäß Chua et al. (2003b: 97) zunächst Anweisungen und Sanktionen im Vordergrund. Die Bedeutung von Anreizen wurde erst später erkannt.

449 Vgl. Kirchdörfer & Kögel (2000: 226). Maßnahmen, die darauf gerichtet sind, die Interessen von Prinzipal und Agent anzugleichen, werden als interest alignment-Maßnahmen bezeichnet.

450 Vgl. Chua et al. (2003b: 103) oder Beyer (2004: 45).

➢ Schaffung zielgerichteter Anreizstrukturen[451]

Überwachungs- und Kontrollmechanismen: Auf diese Mechanismen wurde bereits in Kapitel 2.1.4 kurz eingegangen. Es wurden verschiedene Mechanismen mit disziplinierender Wirkung vorgestellt, die sich in unternehmensinterne und -externe Mechanismen unterscheiden lassen. Als wichtigster externer Mechanismus wird weithin der Kapitalmarkt angesehen; Erfolg oder Misserfolg von Unternehmen spiegeln sich dort theoretisch unmittelbar in Veränderungen des Aktienkurses und/oder der Finanzierungskosten wieder. Da sich Familienunternehmen in deutlich geringerem Ausmaß über den Kapitalmarkt finanzieren als Publikumsgesellschaften dies tun, wirkt dieser Mechanismus bei ihnen schwächer, in manchen Fällen sogar gar nicht.[452] Interne Kontrollmechanismen und -instrumente, wie z.B. Monitoring und Reporting, Beirat, strategische Planung, oder Wirtschaftsprüferberichte gewinnen in Familienunternehmen dadurch relativ betrachtet an Bedeutung. Ein jedoch auch für Familienunternehmen einfacher und wirkungsvoller externer Mechanismus im Kontext dieser Arbeit ist der Arbeitsmarkt für Fremdmanager. Erfolge eines Fremdmanagers dienen als Signal für seine Leistung und bilden einen wesentlichen Faktor seines Marktwertes. Er hat ein Interesse, z.B. ein gutes Betriebsergebnis zu erzielen, um in zukünftigen Gehaltsverhandlungen ein höheres Gehalt durchsetzen zu können bzw. um seinen Marktwert zu steigern. In der klassischen agencytheoretischen Betrachtung wirkt dieser Anreiz zunächst so stark, dass keine ergänzenden Anreizmechanismen notwendig sind.[453]

---

[451] Vgl. Kirchdörfer & Kögel (2000: 234), Heinrich (2002: 13), Davis et al. (1997: 23) oder McConaughy (2000: 123). Ebers & Gotsch (2006: 265 f.) nennen mit der direkten Verhaltenssteuerung einen dritten (theoretischen) Ansatz. Dieser ist aber im Sinne der Prinzipal-Agent-Theorie ungeeignet, da er ein hohes Maß an Informationen voraussetzt, mit hohen Kosten verbunden sein kann und keine positiven Leistungsanreize erzeugt.

[452] Vgl. Mertens (2004: 39 f.). Auch andere unternehmensexterne Mechanismen, z.B. Übernahmendrohung wirken in Familienunternehmen schwächer. Gesellschafts- oder strafrechtliche Regelungen, die ebenfalls den unternehmensexternen Mechanismen zugerechnet werden, haben allenfalls eine ergänzende Funktion, vgl. Kirchdörfer & Kögel (2000: 224).

[453] Vgl. Fama (1980: 305) und Ebers & Gotsch (2006: 270). Nach Ansicht von Fama (1980) wird dieser Anreiz im Laufe einer Karriere immer schwächer. Denn die Anzahl zukünftiger Perioden, auf die sich eine gute Leistung vergütungserhöhend auswirkt (und damit der Barwert der Zahlungen), verringert sich von Jahr zu Jahr. Zudem wird die Leistung des Agenten im Zeitablauf transparenter. In entsprechendem Maße müssen zusätzliche extrinsische Anreize die Motivation erhalten (ähnlich auch Irlenbusch & Sliwka (2003: 72)).

Ziel der internen Überwachungs- und Kontrollmechanismen ist es, den Handlungsbereich des Agenten transparent zu machen. Dadurch reduzieren sich für diesen die Möglichkeiten zur Täuschung des Prinzipals und zu opportunistischem Handeln.[454] Je mehr Informationen der Prinzipal zur Überprüfung des Agenten hat, desto stärker wird der Agent die Interessen des Prinzipals berücksichtigen.[455] Die im Einzelnen eingerichteten Überwachungs- und Kontrollmechanismen unterscheiden sich von Unternehmen zu Unternehmen mehr oder weniger stark. Gemeinsam ist ihnen, dass neben ihren direkten Kosten (z.B. administrativer und technologischer Aufwand für Konzeption, Installation und Nutzung z.B. eines Reportingsystems) die Gefahr indirekter Kosten besteht (z.B. durch Demotivierung von Mitarbeitern aufgrund zu enger Überwachung).[456] Um insgesamt einen positiven Effekt zu erreichen, dürfen direkte und indirekte Kosten zusammen nicht höher sein, als die mit den Überwachungs- und Kontrollmechanismen erreichte Reduktion von Agency-Kosten.[457] Denn letztlich unterliegen auch Corporate Governance-Regelungen eines Unternehmens den ökonomischen Grundprinzipien von Kosten und Nutzen.[458]

Ein heute in Bezug auf Publikumsgesellschaften häufig diskutiertes Problem ist eine unzureichende Aufsicht über Vorstände durch die Anteilseigner bzw. den Aufsichtsrat als deren Beauftragten. HEINRICH (2002) stellt modelltheoretisch dar, dass eine Nichtwahrnehmung von Kontrollrechten für Kleinaktionäre aufgrund individuell zu hoher Kosten rational sein kann (rationale Apathie). Existieren aber große Gesellschaftsanteile, so lohnt es sich für diese Gesellschafter, ein intensives Monitoring vorzunehmen. Da für Familienunternehmen große Anteilsblöcke typisch sind, könnte in diesem Zusammenhang vermutet werden, dass Monitoring dort intensiver durchgeführt wird als in Nicht-Familienunternehmen.[459]

---

[454] Vgl. Ebers & Gotsch (2006: 266).
[455] Vgl. Eisenhardt (1989a: 60).
[456] Vgl. Mertens (2004: 50), Ebers & Gotsch (2006: 266) oder Gächter et al. (2001).
[457] Vgl. Winter (2001: 500).
[458] Vgl. Klein (2009: 65), d.h. der Nutzen muss die Kosten übersteigen.
[459] Vgl. Ebers & Gotsch (2006: 268 f.) und Heinrich (2002: 64 und 73 ff.). Gesellschafter mit wenigen Anteilen profitieren von einer verbesserten Kontrolle durch große Gesellschafter in Form eines positiven externen Effekts. Ebers & Gotsch (2006: 269) weisen darauf hin, dass ein Aufsichtsgremium Agency-Kosten nicht grundsätzlich beseitigt, sondern bestenfalls mindert. Zumeist kann die Kontrolleffizienz durch Aufnahme von Externen gesteigert werden.

Fraglich ist, inwieweit im Lichte der Stewardship-Diskussion eine starke Betonung von Überwachung und Sanktionen bei Fehlverhalten zielführend ist. Denn z.B. werden Sanktionen als unangenehm und gegebenenfalls auch als hemmend empfunden, wenn sie einziger Gegenstand solcher Mechanismen sind.[460] Wichtig ist vielmehr, Belohnungen für „richtige“ Entscheidungen in den Vordergrund zu stellen, dies erhöht die Akzeptanz und bildet positive Leistungsanreize. Möglichkeiten der Sanktionierung sollten lediglich ergänzend vorgesehen sein, um opportunistisches Handeln des Fremdmanagers zu verhindern.[461] KLEIN (2009) empfiehlt, weniger formelle Kontrollmechanismen einzusetzen und stärker das Governance-Instrument des Vertrauens zu nutzen.[462]

Anreize: Sie stellen ein individualvertragliches Instrument dar, welches die formalisierten Überwachungs- und Kontrollmechanismen ergänzt und dazu dient, Fremdmanager dazu zu veranlassen, Ziele des Eigentümers zu verfolgen. Anreize dienen im Sinne einer agencytheoretischen Betrachtung dem Zweck, Wohlfahrtsverluste des Eigentümers durch opportunistisches Handeln des Fremdmanagers (Moral Hazard) zu reduzieren.[463] Wesentliche Herausforderung der vertraglichen Anreizgestaltung ist die Strukturierung einer Vereinbarung, die den Fremdmanager motiviert, die Interessen des Eigentümers auch dann zu verfolgen, wenn seine Informationen und sein Handeln für den Eigentümer nicht transparent sind.[464] In diesem Sinne können Anreize als eine der Tätigkeit vorgeschaltete Komponente verstanden werden. Ziel ist es, nicht nur das Risiko für nicht gewünschte Handlungen ex ante zu reduzieren,

---

[460] Vgl. Klein (2009: 65), Laux & Liermann (2003: 497) oder Mertens (2004: 50). Auch Pieper et al. (2008: 386 f.) stellen demotivierende Effekte von Kontrollmechanismen fest. Spremann (1990: 584) führt an, dass harte (Konventional-)strafen nur unter Fremden akzeptiert und förderlich sind.

[461] Vgl. Pratt & Zeckhauser (1985: 12) oder Gächter et al. (2001: 148 f.). Die Sanktionierung sollte den potenziellen Gewinn eines Fremdmanagers aus einer opportunistischen Handlung um einen Faktor übersteigen, der die Aufdeckungswahrscheinlichkeit widerspiegelt.

[462] Vgl. Klein (2009: 63 ff.). Die Autorin schließt ihre konzeptionelle Analyse mit dem Ergebnis, dass die Komplexität des Corporate Governance Systems von Familienunternehmen ein optimales Maß erreicht hat, wenn sie der Komplexität des Familiensystems selbst entspricht.

[463] Vgl. Spremann (1990: 563).

[464] Vgl. Pratt & Zeckhauser (1985: 2) oder Witt (2001a: 87). Grundsätzliche Ziele effizienter Anreizverträge sind die Gestaltung adäquater Leistungsanreize, eine optimale Risikoallokation sowie Flexibilität bezüglich sich verändernder Kontextbedingungen, vgl. Stiglitz (1987: 50 f. und 53). Auswirkungen falscher Anreizsetzung könnten z.B. eine Umsatz- statt Ertragsorientierung, übermäßig riskante Expansionsstrategien oder eine Strategie der Profitbefriedigung sein, vgl. Kirchdörfer & Kögel (2000: 212 ff. und 226). Bei der Strategie der Profitbefriedigung sichern Manager den Eignern nur soviel Ertrag zu, wie unbedingt erforderlich ist, um deren Kritik zu unterbinden (profit satisfice).

sondern auch den Aufwand der laufenden Überwachung sowie den der ex post stattfindenden Kontrolle. Zu einer ausgewogenen Anreizsetzung gehören (genau wie bei den Überwachungs- und Kontrollmechanismen auch) Belohnungen für die erfolgreiche Verfolgung (oder Erreichung) von Zielen des Eigentümers sowie Sanktionen, die darauf abzielen, ein den Interessen des Eigentümers entgegenstehendes Verhalten des Fremdmanagers zu unterbinden bzw. zu bestrafen.[465]

Im Sinne der Prinzipal-Agent-Theorie handelt es sich bei Anreizen und Monitoring um Substitute – wenn Monitoring schwierig ist und der Fremdmanager signifikante Informationsvorsprünge aufbauen kann, steigt entsprechend die Bedeutung von Anreizen.[466] So stellen auch Harris und Raviv (1979) fest, dass die optimale Ausgestaltung eines Anreizvertrages von den Möglichkeiten des Monitorings abhängt.[467] Eine zielgenaue Anreizgestaltung sei aber stets besser als eine umfassende Kontrolle von Fremdmanagern.[468]

Aronoff und Ward (2000) betonen die Wichtigkeit, die richtige Kompensation für die gewünschte Motivationswirkung auszuwählen und im Voraus über langfristige Auswirkungen nachzudenken. Eine Anreizsetzung in diesem Sinne kann aber nicht universell sein, sondern ist von den Personen selbst, aber auch von Unternehmen, Branche und Wettbewerbssituation abhängig.[469] von Schultzendorff (1984) gibt auf Basis seiner vier Grundtypen von Fremdmanagern wertvolle Hinweise, welcher Grundtyp durch welche Form von Anreizen optimal motiviert werden kann.[470]

---

[465] Vgl. Davis et al. (1997: 23). Die Anreizgestaltung und -vereinbarung findet ex ante statt, die ex post stattfindende Kontrolle kann auch als Anreizcontrolling bezeichnet werden. Damit ist die turnusmäßige oder ereignisgesteuerte Überprüfung der Zielführung der gesetzten Anreize gemeint.

[466] Vgl. Davis et al. (1997: 23), Witt (2001b: 75), McConaughy (2000: 123) oder Rost & Osterloh (2009: 123). Zur Anreizsetzung für familieneigene Manager siehe z.B. Chua et al. (2009).

[467] Vgl. Harris & Raviv (1979: 232). Pieper et al. (2008) gehen auf den Substitutionseffekt von formaler (vertragliche Regelungen) durch relationale (informelle oder soziale) Kontrolle ein. Eine Beziehung im Sinne der Stewardship-Theorie sei in diesem Sinne geeignet, formale Kontrollmechanismen wie ein Aufsichtsgremium zu ersetzen. Ihre empirische Untersuchung bestätigt dies.

[468] Vgl. Schackmann (2003: 47). Da beide Maßnahmen Kosten verursachen, ist ihr Basiseffekt (reduziertes Unternehmensergebnis) gleich, vgl. Chua et al. (2009: 365). Es geht also um ihre Optimierung. Letztlich bestimmen Zielkonflikt, die Ausprägung von Informationsasymmetrie sowie Risikodifferenz die Optimalitätsanforderungen an Anreize und Kontrollstrukturen, vgl. Beyer (2004: 49).

[469] Vgl. Aronoff & Ward (2000: 10), auch Kropp (2000: 3 f.) betont die Kontextabhängigkeit

[470] Vgl. von Schultzendorff (1984: 243 ff.). Die vier Grundtypen wurden in Kapitel 3.1.1.3 eingeführt.

Der Eigentümer kann einem Fremdmanager sowohl vertragliche Anreize (z.B. garantierter Fixlohn, leistungsabhängige Vergütung, Abfindungsregelungen) als auch nicht-vertragliche Anreize (z.B. Arbeitsklima, Unternehmensimage, Aussicht auf Kompetenzausweiterung nach Bewährung) setzen. Dabei müssen nicht-vertragliche Anreize nicht explizit vom Eigentümer kommuniziert worden sein – entscheidend ist, dass der Fremdmanager sie wahrnimmt, d.h. einen Nutzen erwartet. Hinsichtlich der vertraglichen Anreize unterscheidet EISENHARDT (1989) zwischen verhaltensorientierten (z.B. Befugnisse) und ergebnisorientierten Komponenten (z.B. variable Vergütung).[471] Eine weitere Unterscheidung ist die in monetäre und nicht-monetäre Anreize.

Als effiziente Anreizgestaltung wird insbesondere die ergebnisabhängige Vergütung eines Agenten angesehen.[472] Eine Harmonisierung der Interessen von Prinzipal (letztlich Erhalt bzw. Steigerung des Unternehmenswertes sowie jährliche Ausschüttungen) und Agent würde konform mit der Prinzipal-Agent-Theorie auch durch eine Kapitalbeteiligung des Fremdmanagers entstehen, da dieser dann direkt am Unternehmensergebnis partizipiert. Abhängig von der Höhe der Kapitalbeteiligung und dem Verhältnis zu dem Gehalt des Fremdmanagers könnte anreiztheoretisch eine optimale Situation erreicht werden. Dagegen steht das ebenfalls mit der Prinzipal-Agent-Theorie konforme und häufig zu beobachtende Bestreben von Familienunternehmen, die Gesamtheit der Anteile innerhalb der eigenen Familie zu belassen.[473]

Um seinen Nettoertrag aus der Agency-Beziehung zu optimieren, gestaltet der Prinzipal gemäß BEYER (2004) mit dem Agenten einen Vertrag unter Berücksichtigung der Nebenbedingungen der Anreizkompatibilität (die vom Prinzipal präferierte Handlung bzw. Verhaltensweise des Agenten muss auch dessen Nutzen erhöhen) und der Teilnahmebedingung (der erwartete Nutzen des Agenten muss marktgerecht sein, d.h. mindestens seinem erwarteten Nutzen aus ihm alternativ zur Verfügung stehen-

---

471 Vgl. Eisenhardt (1989a: 59 ff.). Heinrich (2002: 14) stellt in diesem Zusammenhang fest, dass die Deckelung einer erfolgsabhängigen Vergütung nach oben leistungshemmend wirkt.

472 Vgl. Ebers & Gotsch (2006: 265) und Eisenhardt (1989a: 60). Ausprägungen von erfolgsabhängiger Vergütung (alternative Begriffe: Gratifikation oder Prämie) für Fremdmanager können z.B. Bonussysteme auf Basis von Zielvereinbarungen, dividendenabhängige Tantiemen oder direkte Gewinnbeteiligungen sein, vgl. Witt (2001b: 81) und Bechtle (1983: 358 ff.).

473 Vgl. Kirchdörfer & Kögel (2000: 237 f.), Anderson & Reeb (2003: 1304), Miller & Le Breton-Miller (2006: 75), Hennerkes (2005: 18 f.), Witt (2008: 7) oder Redlefsen & Witt (2006: 20). Variable Vergütung und Kapitalanteile sind bedingt substituierbare Anreizkomponenten, vgl. Fritsch & Grotz (2007: 18), Chua et al. (2009: 364 f.) und Mertens (2004: 49).

den Beschäftigungen entsprechen). Ziel ist eine Kombination aus Fixgehalt und ergebnisabhängiger Vergütung, die Prinzipal und Agent eine Maximierung ihrer Nutzenfunktionen erlaubt.[474]

Anreize basieren in aller Regel auf vereinbarten Zielen. Damit Fremdmanager die Ziele des Eigentümers verfolgen können, müssen diese klar und eindeutig definiert sein. Dies gilt umso mehr, als Ziele in Familienunternehmen häufig mehrdimensional und nicht rein wirtschaftlich sind.[475] Denn Familienunternehmen planen langfristig, sie ordnen ihre geschäftlichen Strategien gegebenenfalls der familiären Strategie (Übergabe des Unternehmens an die nächste Generation) unter. Im Vergleich dazu sind die persönlichen Ziele eines Fremdmanagers in aller Regel kurzfristiger ausgelegt. Eine klare Zieldefinition und -kommunikation durch den Eigentümer ist daher unerlässlich.[476]

Da die tatsächliche Leistung eines Fremdmanagers nur schwer zu messen und zu bewerten ist, wird er in aller Regel nicht nach seinem zeitlichen Einsatz vergütet – seine Vergütung wird vielmehr zumindest partiell an Erfolgsgrößen geknüpft (z.B. Jahresüberschuss).[477] Das Instrument der Anreizvergütung verschiebt damit einen Teil des Risikos aus der Prinzipal-Agent-Beziehung wie auch des unternehmerischen Risikos auf den Agenten.[478]

Die Prinzipal-Agent-Theorie fokussiert monetäre Kompensation als einzigen Anreiz und nimmt für alle Agenten damit implizit dasselbe Maß an intrinsischer Motivation

---

[474] Vgl. Beyer (2004: 48 f.) oder auch Chua et al. (2009: 359 und 364), Gayle & Miller (2009: 1740), Davis et al. (1997: 29), Aronoff & Ward (2000: 41), Kirchdörfer & Kögel (2000: 237) sowie Jeuschede (2004: 57).

[475] Vgl. Kirchdörfer & Kögel (2000: 235), Aronoff & Ward (2000: 41 f.) oder Heinrich (2002: 14). Bernhardt & Witt (1997: 87 f.) gehen näher auf die Kriterien für richtige Anreizsetzung ein.

[476] Vgl. Miller & Le Breton-Miller (2006: 77). Zum Begriff der Strategie vgl. Kleindienst (2007: 4 ff.).

[477] Vgl. Pfaff & Pfeiffer (2001: 361). Die Schwierigkeit der Messbarkeit des individuellen Leistungsbeitrages stellt einen schwerwiegenden Nachteil variabler Leistungslöhne dar, vgl. Frey et al. (2001: 561 ff.). Andere Autoren empfehlen daher, Leistungsbewertungen relativ zum Erfolg anderer Unternehmen vorzunehmen, um makroökonomische Störfaktoren auszublenden, vgl. Winter (2001: 502).

[478] Vgl. Schulze et al. (2003b: 478). Beyer (2004: 51 f.) weist darauf hin, dass Ergebnismaße nicht synchron mit der Leistung des Agenten korrelieren müssen. Vielmehr erfolge auf diesem Weg teilweise auch eine Übertragung exogener Risiken auf den Agenten. Aus theoretischer Sicht bilden sie daher nicht die optimale Grundlage von Anreizverträgen. Auf diese Grundlagen gehen Bernhardt & Witt (1997: 87 f.) (abgeleitet aus Rappaport (1986: 183 f.)) sowie Spremann (1990: 582), Bamberg & Coenenberg (2000: 171 f.) oder Obermaier (2006: 9) näher ein.

an. Eine anreizkompatible monetäre Kompensation umfasst in ihrem Sinne feste und performanceabhängige Komponenten. CHUA ET AL. (2009) merken an, dass Anreize grundsätzlich am Beitrag des Agenten zur Zielerreichung zu bemessen sind. Dieser Beitrag resultiert aber aus nicht messbaren Inputs (Fähigkeit und Anstrengung) und werde daher durch eine Messung von Outputgrößen (z.B. Unternehmensergebnis) geschätzt.[479] Die performanceabhängige Beteiligung des Fremdmanagers lasse umso mehr Wirkungskraft erwarten, je stärker Leistung und Vergütung im Zusammenhang stehen.[480] Die Prinzipal-Agent-Theorie gibt allerdings keine Empfehlung für eine pauschal optimale Aufteilung zwischen fixer und variabler Vergütung.[481]

Die Kosten von Anreizen sind kontextabhängig, eine Quantifizierung nicht-monetärer Instrumente ist auf Basis der bestehenden Modelle nicht möglich. In wissenschaftlichen Arbeiten werden die Kosten von Anreizen daher indirekt gemessen. Vielmehr begründen Forscher typischerweise die Existenz von Agency-Kosten auf Basis der Prinzipal-Agent-Theorie und messen dann, ob eine Beziehung bzw. Korrelation zwischen Instrument und Unternehmensperformance besteht. Dem liegt die Annahme zugrunde, dass bestimmte Anreize nur dann verwendet werden, wenn der Nutzen daraus die Kosten übersteigt. Ceteris paribus müsste die Unternehmensperformance daher steigen. Allerdings ist die Relation zwischen Anreizen und einer Steigerung des Unternehmensergebnisses nicht eindeutig, sie kann andere Ursachen haben als die Nutzung des untersuchten Instrumentes.[482] Im Zusammenhang mit Familienun-

---

479 Vgl. Chua et al. (2009: 359). In diesem Zusammenhang zeigt sich eine wichtige Einschränkung einer Betrachtung auf Basis der Prinzipal-Agent-Theorie, denn diese ist auf eine Vertragsperiode beschränkt. „Single period models" ignorieren, dass kurzfristige mit langfristigen Interessen (wie in Familienunternehmen verbreitet) im Austausch stehen, vgl. Ebers & Gotsch (2006: 275). Gemäß Winter (2001: 497) können einperiodige Untersuchungen der Korrelation zwischen Vergütung und Erfolg zu einer deutlichen Unterschätzung des Zusammenhanges führen.

480 Vgl. McConaughy (2000: 122), Eisenhardt (1989a: 60) und Winter (2001: 492). Dabei wird unterstellt, dass primäres Ziel des Eigentümers Ergebnismaximierung ist. Zur Anreizwirkung ergebnisabhängiger Vergütungssysteme zur Optimierung des Handelns von Managern vgl. auch Jensen & Murphy (1990: 225 ff.). Monetäre Anreize werden von einigen Autoren kritisch gesehen. Eines ihrer Hauptargumente ist die Gefahr, dass finanzielle Anreize intrinsische Motivation verdrängen können. Insbesondere für komplexe Tätigkeiten ist intrinsische Motivation aber eine wichtige Voraussetzung, vgl. Frey et al. (2001: 561 ff.).

481 Die Gesamthöhe müsse mindestens dem entsprechen, was ein Agent alternativ in vergleichbaren Positionen bei anderen Unternehmen verdienen könne, vgl. Chua et al. (2009: 359 und 362).

482 Vgl. Chrisman et al. (2004: 340) und Winter (2001: 493). In der Arbeit von Chrisman et al. (2004: 340) liegt offensichtlich ein textlicher Fehler vor. Dort heißt es: "improve performance because the benefits from controlling agency problems will be lower than the costs".

ternehmen ist wiederum zu beachten, dass die Gewinnerzielung nicht deren primäres Ziel sein muss. Sie ist daher für diese nicht per se der geeignete Erfolgsmaßstab.

Hinsichtlich der Anwendbarkeit der Prinzipal-Agent-Theorie auf Anreizaspekte herrscht kein Konsens.[483] KLEIN (2009) weist darauf hin, dass auf der Prinzipal-Agent-Theorie aufgebaute Anreiz- und Kontrollstrukturen kontraproduktiv wirken, wenn bei den Akteuren eine Stewardship-Orientierung vorherrscht. Die intrinsische Motivation eines Stewards kann dann durch zu starke Ausrichtung auf Kontrolle negativ beeinträchtigt werden.[484] Harmoniemodelle (wie die Stewardship-Theorie) stellen wissenschaftlich belegte Merkmale menschlichen Verhaltens wie Vertrauen und Loyalität in den Vordergrund der Betrachtung. Im theoretischen Extremfall des Idealtypus eines integren und hoch qualifizierten Stewards bedarf es auf ihrer Basis keiner Kontrollmechanismen. Der Steward verfolgt dann die Interessen des Familienunternehmens (diese werden implizit den Interessen des Eigentümers gleichgestellt) auf Basis intrinsischer Motivation.[485]

3.1.2.2 Empirische Erkenntnisse

Obwohl sich Arbeiten zu Anreizen häufig auf monetäre Komponenten konzentrieren, liegen empirische Überprüfungen ihrer Wirksamkeit kaum vor.[486] Zudem kommen die meisten der in der Wissenschaft auf Basis von Prinzipal-Agent-Modellen entwickelten optimalen Vergütungsverträge in der Realität nicht vor, da sie zu kompliziert sind.[487] Die für Familienunternehmen wichtigen nicht-monetären Ziele fanden bisher kaum Berücksichtigung in empirischen Untersuchungen. Bei den vorliegenden Untersuchungen sind aus Praktikabilitätsabwägungen zudem meist börsennotierte Unternehmen die Untersuchungsobjekte, da benötigte Daten bei diesen frei verfügbar sind. Dies ist begründet durch Publizitätsanforderungen als auch höhere generelle Auskunftsbereitschaft dieser Unternehmen. An die für eine solche Untersuchung re-

---

[483] Vgl. Bruce et al. (2005) und Gomez-Mejia et al. (2005). Gomez-Mejia et al. (2005) befürworten die alleinige Anwendung der Prinzipal-Agent-Theorie, während Bruce et al. (2005) diese als nicht geeignet ansehen und ergänzend die Stewardship-Theorie empfehlen.

[484] Vgl. Klein (2009: 73), Gächter et al. (2001: 145) oder Schachner et al. (2006: 596).

[485] Vgl. Witt (2008: 3) und Davis et al. (1997: 24 f.).

[486] Vgl. Irlenbusch & Sliwka (2003: 72) und Gächter et al. (2001: 145).

[487] Vgl. Witt (2001b: 81). Eine zentrale Forderung dieser Modelle – die erfolgsabhängige Vergütung – hat sich aber auch in der Praxis durchgesetzt.

levanten Daten bei nicht börsennotierten Familienunternehmen zu gelangen, ist hingegen schwierig. Die folgenden zwei Tabellen bieten einen Überblick über die vorliegenden Untersuchungen zu Anreizen.

Autor (Jahr)	Stichprobe	Wesentliche Ergebnisse
Bechtle (1983)	59 Familienunternehmen (36 deutsche und 23 schweizerische), 71 Interviews	- Median der Vergütung 66:33 (fix:variabel) - 26% der Fremdmanager beteiligt
Schultzendorff (1984)	Fremdmanager in 70 Familienunternehmen, Interviews	- Verträge meist auf 5 Jahre befristet - Median der Vergütung 66:33 (fix:variabel) - Fremdmanager lehnen Kapitalanteile ab
Albach/Freund (1989)	422 mittelgroße Familienunternehmen und Nicht-Familienunternehmen, Fragebogen	- Führungskräfte in Familienunternehmen sind überdurchschnittlich motiviert - 6% der Fremdmanager beteiligt
Gächter et al. (2001)	126 Studentinnen und Studenten der Universität bzw. ETH Zürich, Laborexperimente	- Materielle Anreize können freiwillige Kooperationsformen verdrängen - Hohes Maß an freiwilliger Kooperationsbereitschaft bei Vertrauensverträgen
Werner et al. (2005)	407 Unternehmen Compustat-Daten (1997/8)	- Anreize in eigentümergeführten U richten sich nach Performance, in Publikumsgesellschaften nach Unternehmensgröße
Schachner et al. (2006)	205 Unternehmen (Deutschland und Österreich), davon 113 Familienunternehmen	- Familienunternehmen nutzen weniger formalisierte Steuerungsinstrumente - Eigentums- und Führungsstruktur erklären Merkmale der Unternehmenssteuerung stärker als Größeneffekte dies können
Pieper et al. (2008)	714 Familienunternehmen	- Es gibt einen Substitutionseffekt zwischen sozialer und formaler Kontrolle - Anreizkonzepte müssen auf den Managertypus ausgerichtet sein
Rost/Osterloh (2009)	Meta-Analyse	- Unternehmen gewähren variable Komponenten „on top"

Tabelle 3: Empirische Studien zu Anreizen (deutschsprachiger Raum)

Autor (Jahr)	Stichprobe	Wesentliche Ergebnisse
Mehran (1995)	153 US-Unternehmen (Compustat-Daten)	- Finanzielle Anreize wirken - Art der Anreize ist wichtiger als die Höhe
McConaughy (2000)	82 US-Familienunternehmen (öffentl. Daten u. Daten der Loyola University)	- Finanzielle Anreize für Fremdmanager höher als für Manager aus der Familie
Schulze et al. (2001) und Schulze et al. (2003b)	1.376 bzw. 883 US-Familienunternehmen (Sekundärdaten aus Arthur Andersen-Studie von 1995)	- Auch in FU entstehen Agency-Kosten - Manager aus der Familie erhalten (zur Gleichbehandlung) Gehaltsanreize – deren Wirksamkeit ist abhängig von Perspektiven der Eigentumsübertragung
Chua et al. (2003a)	272 kanadische Familienunternehmen (Fragebogen)	- Fremdmanager erhalten variable Zahlungen in Höhe von 15 bis 30%
Gomez-Meja et al. (2003)	253 US-Familienunternehmen (Längsschnittuntersuchung 1995-98)	- Höhere Vergütungen von Fremdmanagern gegenüber familieneigenen Geschäftsführern
Karra et al. (2006)	Ein türkisches Familienunternehmen (Langzeit-Fallstudie)	- Familienmitglieder können Agenten sein - Wechselseitiger Altruismus führt bei jungen FU zu geringeren Agency-Kosten, bei älteren FU kehrt sich der Effekt um
Chittor/Das (2007)	Drei indische Familienunternehmen (Fallstudien)	- Unternehmensanteile für Fremdmanager können die Performance erhöhen
Chrisman et al. (2007a)	5.779 kleinere US-Familienunternehmen (Fragebogen)	- Familieneigene Manager sind Agenten - Kontrolle und Anreize verbessern die Performance

Tabelle 4: Empirische Studien zu Anreizen (nicht-deutschsprachiger Raum)

MEHRAN (1995) analysiert die Vergütungsstrukturen und findet Unterstützung für die positive Wirkung von Anreizvergütungen. Er stellt fest, dass die Form (Verknüpfung von Vergütung und Performance) motivierender für Manager ist als die Höhe der Vergütung selbst.[488]

VON SCHULTZENDORFF (1984) stellt fest, dass Anstellungsverträge von Fremdmanagern in größeren Familienunternehmen mehrheitlich befristet sind, zumeist auf fünf Jahre. Variable Bezüge werden nach oben nicht begrenzt, die Gesamthöhe der Vergütung wurde aber nicht erfragt. Die Komponenten und Bemessungsgrundlagen unterscheiden sich stark. Im Schnitt werden 67% der Vergütung fix und 33% variabel gewährt, die Ergebnisse zeigen aber in diesem Punkt eine große Spreizung. Kapitalbeteiligungen stießen bei den Fremdmanagern eher auf Ablehnung.[489] BECHTLE (1983) hat in ihrer Untersuchung hinsichtlich der Anteile fixer und variabler Vergütung

---

488 Vgl. Mehran (1995: 163 f.). Bechtle (1983: 358 ff.) begründet in ihrer Untersuchung auf Basis der Ungerechtigkeitstheorie, dass nicht die absolute Höhe der Vergütung entscheidend ist, sondern die Vergütung relativ zu anderen Führungskräften (innerhalb und außerhalb des Unternehmens).

489 Vgl. von Schultzendorff (1984: 249–72). Die Studie von PricewaterhouseCoopers (2010: 18) zeigt, dass das Gehalt der wichtigste Aspekt im Wettbewerb um Führungskräfte ist.

bei etwas geringerer Spreizung im Durchschnitt die gleiche Aufteilung wie VON SCHULTZENDORFF (1984) ermittelt.[490] Insgesamt sind laut der Untersuchung von INTES (2005) 96% der Fremdmanager in deutschen Familienunternehmen am Unternehmensergebnis beteiligt, in der Untersuchung von PRICEWATERHOUSECOOPERS (2006) liegt der Anteil bei 85%.[491] Teile der Vergütung können auch auf längerfristigen oder rollierenden Bemessungszeiträumen beruhen oder zeitverzögert zur Auszahlung gebracht werden. OBERMAIER (2006) weist in diesem Zusammenhang auf die Bedeutung einer langfristigen Orientierung der Komponenten eines Vergütungspakets hin, um eine Identifikation eines Fremdmanagers mit dem Unternehmen zu fördern.[492]

GÄCHTER ET AL. (2001) zeigen im Rahmen von Experimenten die Wechselwirkung von materiellen Leistungsanreizen und freiwilliger Kooperation auf und stellen fest, dass materielle Anreize freiwillige Kooperation verdrängen können. Sie bestätigen damit empirisch die in Kapitel 2.3 gemachte These der möglichen Verdrängung intrinsischer Motivation durch extrinsische Anreize. Sie zeigen, dass Sanktionsverträge kontraproduktiv seien können, denn Sanktionen für Minderleistungen verdrängen nicht nur freiwillige Kooperationsbereitschaft. Agenten seien sogar bereit, Prinzipale unter Inkaufnahme eigener Kosten durch negative Abweichung vom anreizkompatiblen Niveau zu bestrafen. Vertrauensverträge halten die freiwillige Kooperationsbereitschaft hingegen intakt.[493]

MCCONAUGHY (2000) bestätigen in Teilen die Hypothese, dass familieneigene Manager aufgrund eigener Gesellschaftsanteile ihr Handeln am Unternehmenswert ausrichten und daher keine ergebnisbasierten Anreize benötigen. Die Autoren belegen

490 Vgl. Bechtle (1983: 358 ff. und 363). Der variablen Vergütung lagen je nach Unternehmen unterschiedliche Kriterien zugrunde. Die Fremdmanager bevorzugten eine feste Definition der zugrunde liegenden Kriterien, de facto war dies jedoch die Ausnahme. Kirchdörfer & Kögel (2000: 238) sind der Auffassung, dass sich eine Aufteilung im Verhältnis von 50% zu 50% in der Praxis bewährt hat. Hennerkes (2005: 186) hat 25 bis 35% als üblichen Anteil der variablen Vergütung beobachtet.

491 Vgl. PricewaterhouseCoopers (2006: 35) und May et al. (2005: 8). Gemäß Schulze et al. (2001: 103) ist der Anteil in den USA mit 73 bis 85% geringer. Als Bemessungsgrundlage wird der Intes-Untersuchung zufolge meist EBT oder EBIT verwendet, selten auch der CF; in 13% der Fälle ist keine Bemessungsgrundlage festgelegt worden („Gutsherrenregelung").

492 Vgl. Obermaier (2006: 3 und 16 f.). Befragt wurden Familienunternehmen aus Deutschland, Österreich, der Schweiz und Liechtenstein (29 Interviewpartner). Der Autor rät zu dreijährigen Zeiträumen. Auch Aronoff & Ward (2000: 42 und 45) sprechen sich für langfristige Komponenten aus, z.B. eine Auszahlungsstreckung von Erfolgsbeteiligungen über drei bis fünf Jahre.

493 Vgl. Gächter et al. (2001: 145, 157 und 161). Die Autoren simulieren in Laborexperimenten Vertrauens- und Sanktionsverträge. Vertrauensverträge gehen von einer Stewardship-Relation aus, Sanktionsverträge von einer Agenten-Relation.

empirisch, dass die Vergütung familieneigener Manager, die Gesellschaftsanteile besitzen, geringer und weniger erfolgsabhängig ist als die von Fremdmanagern. Die Autoren begründen dies mit nicht-monetären Anreizen familieneigener Manager.[494] Auch GOMEZ-MEJIA ET AL. (2003) belegen in ihrer Untersuchung höhere Vergütungen von Fremdmanagern gegenüber familieneigenen Geschäftsführern.[495]

Nicht bestätigt wird die auf der Prinzipal-Agent-Theorie basierende Hypothese, dass familieneigene Geschäftsführer keine erfolgsabhängigen Vergütungsbestandteile erhalten. CHRISMAN ET AL. (2007a) zeigen empirisch, dass Governance-Instrumente wie monetäre Anreize und Monitoring auch bei Familienführung zu besserer Unternehmensperformance führen können. Sie folgern daher, dass auch familieneigene Manager häufig wie Agenten im Sinne der Prinzipal-Agent-Theorie handeln.[496] Zu gleichen Ergebnissen kamen zuvor bereits SCHULZE ET AL. (2001 und 2003b). In ihrer Untersuchung aus dem Jahre 2003 gewähren nahezu gleich viele Familienunternehmen erfolgsabhängige Vergütungen an Geschäftsführer aus dem Kreise der Eigentümerfamilie wie an Fremdmanager (71% versus 69%).[497] Die Autoren widersprechen damit der traditionellen Theorieauslegung, dass in familiengeführten Unternehmen keine Agency-Kosten entstehen. Vielmehr sind sich Familienunternehmen demnach der Problematik von Agentenverhalten ihrer familieneigenen Manager bewusst. Die Autoren stellen fest, dass die Ursachen für Agency-Kosten aber andere sind als bei Fremdmanagern. Altruismus und Nepotismus seien die zwei Haupttreiber für die Existenz von Agency-Kosten in familiengeführten Unternehmen.[498]

---

[494] Vgl. McConaughy (2000: 121 f. und 125). Im Falle von Gründerunternehmern sei dies etwa der Ehrgeiz, etwas aufzubauen und der Wunsch der Weitergabe an die Nachkommen. Diese Erkenntnis (sog. family incentive alignment hypothesis) wird auch von anderen Autoren belegt, vgl. z.B. Chua et al. (2003a: 97) oder Koeberle-Schmid & Nützel (2005: 59 ff.).

[495] Vgl. Gomez-Mejia et al. (2003: 226 ff.). Rost & Osterloh (2009: 119 ff.) stellen in einer Meta-Analyse fest, dass Unternehmen variable Komponenten für Manager nicht in ihre bestehende Vergütungsstruktur integrieren, sondern „on top“ gewähren.

[496] Vgl. Chrisman et al. (2007a: 1031 und 1035 f.). Nach Aussage der Autoren handelt es sich um die erste Studie, die breit angelegt Monitoring von Familienmitgliedern in Familienunternehmen untersucht. Die Untersuchungsergebnisse liefern eine empirische Bestätigung für die Existenz von Agency-Kosten in Familienunternehmen.

[497] Vgl. Schulze et al. (2001: 110 f.) und Schulze et al. (2003b: 473 f., 482 und 487). Die Autoren weisen aber darauf hin, dass der Anteil möglicherweise dadurch beeinflusst wurde, dass Dividenden an Gesellschafter als variable Gehaltsanteile deklariert wurden, um Steuerzahlungen zu minimieren.

[498] Vgl. Schulze et al. (2003b: 478), bestätigt auch durch Karra et al. (2006: 873 f.).

SCHULZE ET AL. (2001) stellen fest, dass monetäre Anreize nicht generell signifikant positive Wirkung auf die Leistung familieneigener Manager haben.[499] Vielmehr sei deren Effekt von der Sicherheit des familieneigenen Managers über zukünftige Eigentumsverhältnisse abhängig.[500] Die Gründe dafür, dass Familienunternehmen derartige Anreize dennoch setzen, sehen die Autoren eher in dem Bestreben, Fremdmanagern gegenüber durch Gleichbehandlung Professionalität signalisieren zu wollen, was für diese eine zusätzliche Motivation darstellen soll.[501]

WERNER ET AL. (2005) vergleichen die Unterschiede zwischen Anreizen, die der ersten Führungsebene in Publikumsgesellschaften gesetzt werden und denen in Unternehmen, deren Anteilsbesitz stärker konzentriert ist. Sie stellen fest, dass Anreize eine Funktion der Anteilskonzentration darstellen: bei stärkerer Anteilskonzentration basieren sie auf Performance, in Publikumsgesellschaften jedoch auf Unternehmensgröße. Top-Manager von Publikumsgesellschaften schaffen es demnach, ihre Anreize auf einer Größe basieren zu lassen, die weniger stark schwankt und die sie besser beeinflussen können. Diese Beobachtung ist nicht konform mit der Prinzipal-Agent-Theorie, die immer zu einer Koppelung an Performance rät.[502] Die These von JENSEN UND MECKLING (1976), dass sich die Möglichkeiten der Interessensdurchsetzung für Prinzipale verringern, je größer die Streuung der Eigentumsrechte ist, wird damit jedoch empirisch bestätigt[503] – eine Erkenntnis, die wiederum auch für Familienunternehmen relevant sein könnte.

ARONOFF UND WARD (2000) berichten aus ihrer Erfahrung, dass nur wenige Fremdmanager eine Eigenkapitalbeteiligung an Familienunternehmen anstreben. Gründe für eine Eigenkapitalbeteiligung könnten sein:

---

[499] Vgl. Schulze et al. (2001: 110 f.).
[500] Vgl. Schulze et al. (2003b: 479).
[501] Vgl. Schulze et al. (2003b: 487), Schulze et al. (2001: 111) und Aronoff & Ward (2000: 22).
[502] Vgl. Werner et al. (2005: 377 ff.) und auch Frey et al. (2001: 563) oder McConaughy (2000: 122). Auch PricewaterhouseCoopers (2012) stellen eine Risikoscheu von Managern hinsichtlich der eigenen Vergütung fest. Sie begrüßen nicht mehrheitlich variable Vergütung, insbesondere langfristige Boni versuchen sie zu vermeiden. Andere Studien belegen tatsächlich, dass Managergehälter kaum mit der individuellen Leistung korrelieren und damit falsche Anreize setzen, vgl. Fabbri & Marin (2012), Bertrand & Mullainathan (2000) oder Rost & Osterloh (2009: 119 ff.).
[503] Vgl. Anderson & Reeb (2003: 1304) und Miller & Le Breton-Miller (2006: 75). Die Folge sind nicht nur weniger zielführende Anreize für die erste Führungsebene, sondern auch für nachfolgende Ebenen, da Anreizstrukturen in Unternehmen üblicherweise kaskadieren, vgl. Werner et al. (2005: 377 ff.).

- eine damit erwartete finanzielle Absicherung: dann seien jedoch Rentenpläne besser geeignet
- eine gewünschte Aufwertung der Außenwirkung (persönlich motiviert oder im Interesse der Firma): alternativ könnten Titel Abhilfe schaffen
- oder der Wunsch nach mehr Einfluss im Unternehmen: dies könnte ein Zeichen sein, dass der Eigentümer zu wenig Freiheiten gewährt.[504]

Nach Einschätzung der Autoren stimmen Familienunternehmen einer Eigenkapitalbeteiligung von Fremdmanagern fast nie zu.[505] FRITSCH UND GROTZ (2007) sehen als Hauptgrund dafür eine psychologische Hürde, Eigentum am Unternehmen in familienfremde Hände zu geben.[506] Wenn sie es doch tun, dann lediglich in einem Umfang, der Fremdmanagern keinen grundlegenden Einfluss auf langfristige strategische Unternehmensfragen sichert.[507] Auch operative Schwierigkeiten in der Umsetzung können ein Hinderungsgrund sein, denn Beteiligungsmodelle erfordern zeit- und kostenintensive Prozesse der Unternehmensbewertung sowie die Rückabwicklung bei Ausscheiden des Fremdmanagers. SCHULZE ET AL. (2003b) führen an, dass die Bewertung von Anteilen schwierig ist, da Familienunternehmen typischerweise nicht an der Börse gehandelt werden.[508] CHITTOR UND DAS (2007) empfehlen dennoch eine Kapitalbeteiligung von Fremdmanagern.[509] CHUA ET AL. (2009) hingegen lehnen auf Basis einer agencytheoretischen Betrachtung Beteiligungen am Eigenkapital zugunsten einer Beteiligung am Unternehmenserfolg ab.[510]

In der Untersuchung von BECHTLE (1983) sind 26% der Fremdmanager am Eigenkapital des Familienunternehmens beteiligt, sowohl Eigentümer als auch Fremdmanager zeigen sich damit zufrieden. Jedoch lehnte die Mehrheit der Fremdmanager

---

[504] Vgl. Aronoff & Ward (2000: 43 f.). Jeuschede (2004: 60) teilt diese Einschätzung, Hennerkes (2005: 187) sieht im Gegensatz dazu durchaus bei vielen Fremdmanagern den Wunsch nach einer Beteiligung.

[505] Vgl. Aronoff & Ward (2000: 44 und 51). Auch eine Untersuchung von Spencer Stuart (2006) stellt fest, dass Kapitalbeteiligungen von Fremdmanagern nur im Ausnahmefall stattfinden, vgl. Obermaier (2006: 3 und 16). Auch Habig & Berninghaus (1998: 92) teilen diese Einschätzung.

[506] Vgl. Fritsch & Grotz (2007: 18).

[507] Vgl. Chua et al. (2009: 364 f.) oder Obermaier (2006: 17).

[508] Vgl. Schulze et al. (2003b: 482). Aronoff & Ward (2000: 45) ergänzen, dass häufig auch einer Bewertung nachfolgende Ansprüche anderer Gesellschafter vermieden werden sollen.

[509] Vgl. Chittoor & Das (2007: 73).

[510] Vgl. Chua et al. (2009: 365). In der Untersuchung von Mehran (1995: 164) korreliert die Performance der untersuchten Unternehmen positiv mit dem Anteil der Vergütung, der eigenkapitalbasiert ist. Chittoor & Das (2007: 73) bestätigten diese positive Korrelation.

(68%) eine Beteiligung ab.[511] ALBACH UND FREUND (1989) stellen in ihrer Studie fest, dass 6% der Fremdmanager eine (vorübergehende) Eigenkapitalbeteiligung halten.[512] In einer aktuelleren Untersuchung von INTES (2005) beträgt dieser Anteil 9%. Die Untersuchung betont, dass eine Eigenkapitalbeteiligung eine hohe Bedeutung im Wettbewerb um die besten Manager am Arbeitsmarkt hat.[513]

VON SCHULTZENDORFF (1984) untersucht Nebenleistungen für Fremdmanager in 70 Familienunternehmen. Die Untersuchung zeigt, dass die Spannweite der gewährten Leistungen sehr breit ist. Ein Dienstwagen gehört zum Standard, häufig wird auch eine Dienstwohnung/-haus gestellt, Versicherungen übernommen oder die Inanspruchnahme von Firmenpersonal für private Zwecke gestattet.[514]

Hinsichtlich familiengeführter Familienunternehmen stellen CHUA ET AL. (2003a) fest, dass die Familie selbst als Kontrollinstrument für ihre Mitglieder wirkt. Geht sie aber dazu über, Fremdmanager einzusetzen, sei die Konsequenz die Einrichtung angemessener Kontrollmechanismen im Unternehmen.[515] Auch die empirische Untersuchung von SCHACHNER ET AL. (2006) zeigt, dass Familienunternehmen formalisierte Instrumente zur Unternehmenssteuerung (z.B. die Balanced Scorecard) erst dann nutzen, wenn Fremdmanager im Unternehmen tätig sind. Solange ausschließlich Familienmitglieder im Unternehmen tätig sind, würde auf solche Instrumente zumeist verzichtet. Eine Erklärung dafür ist, dass familiengeführte Unternehmen den damit verbundenen Aufwand grundsätzlich scheuen. Wenn aber Familienfremde entscheidend an der Unternehmensführung beteiligt werden oder diese übernehmen, werden solche Instrumente als notwendig betrachtet (z.B. als Grundlage detaillierter individueller Zielvereinbarungen bzw. als darauf gerichtete Messinstrumente). Weitere Gründe für eine zurückhaltende Nutzung solcher Instrumente liegen in nichtmonetären Zielen, vereinfachter Wissensweitergabe aber auch in einer Ausrichtung

---

[511] Vgl. Bechtle (1983: 367 ff.).
[512] Vgl. Albach & Freund (1989: 46).
[513] Vgl. May et al. (2005: 9 und 13).
[514] Vgl. von Schultzendorff (1984: 272 ff.). Diese Nebenleistungen werden auch als „fringe benefits" oder „perquisites" bezeichnet. Der Autor beschreibt die genannten Nebenleistungen als „nichtmonetär". Jedoch haben diese Leistungen durchaus geldwerten Charakter. Zu weiteren Nebenleistungen siehe Bechtle (1983: 370 ff.) oder Voeth & Partner (2011: 15 f.).
[515] Vgl. Chua et al. (2003a: 103).

auf das Steward-Menschenbild.[516] PIEPER ET AL. (2008) ergänzen in dieser Hinsicht, dass Anreizkonzepte auf den Managertypus abgestimmt sein müssen – was einen Agenten motiviere, müsse nicht einen Steward motivieren.[517]

3.1.2.3 Anreize abseits der Vergütung

Die Prinzipal-Agent-Theorie fordert die Verknüpfung der Vergütung mit der individuellen Leistung. Variable Vergütungsinstrumente haben aus diesem Grund viel Aufmerksamkeit erfahren. Die Theorie zeigt aber auch, dass monetäre Kompensation Agency-Kosten zwar reduzieren, nicht aber eliminieren kann. Daher sollten weitere Governance-Instrumente aus dem nicht-monetären Bereich genutzt werden.[518] Darauf gerichtete empirische Untersuchungen liegen bisher kaum vor.[519] Im Gegenteil, viele Untersuchungen ignorieren immaterielle Anreize und konzentrieren sich ausschließlich auf Vergütungsfragen für Mitglieder der obersten Führungsebene eines Unternehmens.[520] Eine Reihe von Autoren steht jedoch rein monetärer Anreizsetzung kritisch gegenüber. Die wichtigsten Arbeiten werden im Folgenden vorgestellt.

GÄCHTER ET AL. (2001) kritisieren, dass in traditionellen ökonomischen Analysen die finanziellen Leistungsanreize zur Sicherstellung funktionsfähiger Organisationen dominieren. Sozialwissenschaftlich orientierte Organisationstheoretiker dagegen betonten schon lange die Bedeutung freiwilliger Kooperationsbereitschaft für das Funktionieren von Organisationen und die effiziente Gestaltung von Arbeitsbeziehungen. Die Autoren stellen die Wirksamkeit variabler Vergütungen sogar grundsätzlich in Frage, denn ihre Experimente zeigen, dass Fixlohnverträge sehr oft nicht zu den auf Basis traditioneller ökonomischer Sichtweisen zu erwartenden Minderleistungen führen.[521]

---

[516] Vgl. Schachner et al. (2006: 590 f. und 596). Die Autoren stellen fest, dass Eigentums- und Führungsstrukturen eine viel bessere Erklärung für die Ausgestaltung von Merkmalen der Unternehmenssteuerung liefern, als die Unternehmensgröße, die häufig als Kriterium dafür angesehen wird.

[517] Vgl. Pieper et al. (2008: 386), „one size fits all“ sei nicht möglich.

[518] Vgl. Schulze et al. (2001: 111).

[519] Vgl. Heinrich (2002: 15). Witt (2008: 14) fordert daher auch weitere Forschungsarbeiten zu diesen Fragen.

[520] Vgl. Winter (2001: 495 und 497 f.). Gemäß Hendry (2002: 98) ist dies der Fall, da extrinsische Anreize leichter zu erheben und unter Anwendung der Prinzipal-Agent-Theorie leichter zu analysieren sind. Wichtiger sei aber intrinsische Motivation – diese sei aber weniger greifbar und damit weniger managebar.

[521] Vgl. Gächter et al. (2001: 161).

Auch ARONOFF UND WARD (2000) betonen, dass die finanzielle Kompensation des Fremdmanagers nur eine Seite der Beziehung zwischen dem Fremdmanager und dem Eigentümer darstellt. Auf der anderen Seite stehe eine Reihe immaterieller Aspekte, die für die Zusammenarbeit mit Fremdmanagern wichtig sind und durch die die Eigentümerfamilie Fremdmanagern Gleichberechtigung signalisieren müsse. Notwendig seien z.B. ein respektvoller und offener Umgang miteinander, die Einbindung in alle das Unternehmen betreffende Entscheidungen (auch zur Besetzung von Führungspositionen), die Beachtung von Kompetenzbereichen sowie eine aufrichtige Anerkennung von Leistungen.[522]

Da das Risiko opportunistischer Handlungen eines Fremdmanagers nicht vollständig aufgelöst werden kann, können langfristige Verträge als ein weiteres Instrument genutzt werden, um sich einer optimalen Lösung weiter anzunähern. Denn in diesem Fall wird der Aufbau von Reputation zu einem weiteren Entscheidungskriterium des Fremdmanagers.[523] Gemäß WITT (2008) drückt sich die langfristige Perspektive in Familienunternehmen auch in langfristigen Verträgen für Fremdmanager aus.[524]

Nach Ansicht von FREY ET AL. (2001) sollten Unternehmen stärker auf intrinsische Motivation achten und diese durch Aspekte wie Karrierechancen, Unternehmensimage, Unternehmenskultur oder Qualitätsbewusstsein ansprechen. Intrinsisch motivierte Mitarbeiter strengen sich dann wiederum an, einen eigenen Beitrag zu diesen

---

522 Vgl. Aronoff & Ward (2000: 19 ff. und 41 ff.). Die Autoren bieten eine Bewertung verschiedener monetärer Anreizinstrumente an (S. 48) – wichtig sei es, mit der richtigen Kompensation auf die richtige Motivation zu zielen. Die Bindungswirkung von Anreizen ist in Kombination mit der bereits in Kapitel 2.3 erwähnten Selektionswirkung zu sehen. Denn ebenso wie leistungsorientierte Anreize leistungsstarke Bewerber anlocken, erhöhen sie die Bindung für leistungsstarke Mitarbeiter, während leistungsschwache Mitarbeiter dazu tendieren, das Unternehmen zu verlassen. Im Durchschnitt kann somit eine Steigerung der Mitarbeiterproduktivität erreicht werden.

523 Vgl. Witt (2001a: 92 ff. und 111) oder auch Winter (2001: 497) und Ebers & Gotsch (2006: 275). Spieltheoretisch lässt sich auf Basis einer sich wiederholenden Verhandlungs- und Auftragsbeziehung zeigen, dass die Vertragsparteien in diesem Fall ein Interesse am Aufbau von Reputation haben. Langfristig bedeutet nach Ansicht verschiedener Autoren eine Vertragslaufzeit von 3 bis 5 Jahren, vgl. Kirchdörfer & Kögel (2000: 238), Jeuschede (2004: 58), Hennerkes (2005: 190) und Voeth & Partner (2011: 13).

524 Vgl. Witt (2008: 6 und 14). Der Autor fordert Studien zur Verweildauer von Fremdmanagern in Familienunternehmen. Aus Sicht der Stewardship-Theorie könne erwartet werden, dass Fremdmanager in Familienunternehmen ihre Aufgabe länger wahrnehmen als ihre Kollegen in Nicht-Familienunternehmen. Einige Autoren bestätigen dies, vgl. Miller & Le Breton-Miller (2006: 77), Albach & Freund (1989: 50) oder Institut für Mittelstandsforschung Mannheim (2010: VI).

sogenannten Pool-Ressourcen zu leisten.[525] Der Einfluss von Karriereperspektiven auf das Leistungsverhalten ist zwar theoretisch belegt, empirisch jedoch noch weitestgehend ungeklärt.[526] IRLENBUSCH UND SLIWKA (2003) untersuchen diese Form von immateriellen Anreizen experimentell und bestätigen eine grundsätzliche Beziehung zwischen Leistung und Entlohnung nach dem soziologischen Prinzip der Reziprozität, d.h. der Gegenseitigkeit.[527]

BARNETT UND KELLERMANNS (2006) weisen darauf hin, dass die Wahrnehmung von (Besetzungs-)gerechtigkeit im Familienunternehmen einen großen immateriellen Anreiz für familienfremde Manager darstellen kann. Allerdings stellt die Untersuchung von PRICEWATERHOUSECOOPERS (2010) fest, dass viele Familienunternehmen Top-Führungspositionen zunächst für Familienmitglieder reservieren.[528] Für den Fremdmanager stellt aber nicht nur ein möglicher interner Aufstieg einen Anreiz dar. Motivierend kann es für ihn auch sein, wenn sich ihm durch Bewährung in seiner Tätigkeit Wechseloptionen zu anderen Unternehmen bieten (sog. career concerns).[529]

Ergänzende nicht-monetäre Anreize können z.B. auch mit einer positiven externen Wahrnehmung des Familienunternehmens (z.B. durch Kunden) verbunden sein.[530] Eine INTES-STUDIE (2005) stellt fest, dass es für Fremdmanager motivierend ist, wenn ihnen nach außen der Rücken gestärkt wird oder wenn sie die Bezeichnung „Ge-

---

[525] Vgl. Frey et al. (2001: 561 ff.). Pool-Ressourcen können für ein Unternehmen einen schwer imitierbaren, nachhaltigen Wettbewerbsvorteil ausmachen. So finden z.B. Kashmiri & Mahajan (2010: 271 ff.) heraus, dass das Führen des Familiennamens des Unternehmensgründers in Familienunternehmen die Mitarbeitermotivation erhöht und reputations- und performancesteigernd wirkt (n=130 börsennotierte US-Familienunternehmen). Bechtle (1983: 236) betont die motivatorische Wirkung von Aufstiegsmöglichkeiten.

[526] Vgl. Winter (2001: 494 f.).

[527] Vgl. Irlenbusch & Sliwka (2003: 72). Das soziologische Prinzip der Reziprozität ist in der Untersuchung besser geeignet, das Leistungsverhalten der Manager zu beschreiben, als dies klassische rationaltheoretische Modelle tun. Die Untersuchung liefert empirische Indizien für die Relevanz impliziter Anreize. Ob die Auswirkungen abnehmender impliziter Anreize durch verstärkten Einsatz expliziter Anreize aufgefangen werden kann, bedarf aber weiterer empirischer Überprüfungen, vgl. Irlenbusch & Sliwka (2003: 73 f. und 85).

[528] Vgl. Barnett & Kellermanns (2006: 847 ff.) sowie PricewaterhouseCoopers (2010: 7 und 17). Fremdmanager sind in der vorliegenden Arbeit im Gegensatz zu anderen Untersuchungen bereits per Definition im obersten operativen Führungsorgan eines Familienunternehmens tätig. Die Wahrnehmung von (Besetzungs-)gerechtigkeit bezieht sich aber auch auf die Bestimmung des Vorsitzenden bzw. Sprechers der Geschäftsführung, auf die Entsendung in Verbände und Ausschüsse, etc. Im Kern ist entscheidend, dass der Fremdmanager das Gefühl haben kann, dass Qualifikation und Unternehmensnutzen die Selektionskriterien bilden und nicht familiäre Abstammung.

[529] Vgl. Winter (2001: 496). Möglicherweise könnte die Verfolgung dieses Zieles aber mit der Erreichung der Prinzipal Ziele kollidieren, da die Adressaten unterschiedlich sind.

[530] Vgl. Carrigan & Buckley (2008: 664).

schäftsführender Gesellschafter" führen können. Besonders wichtig seien für Fremdmanager große Handlungs- und Entscheidungsfreiräume.[531] Die Existenz von Vertrauen zwischen den Vertragspartnern bestimme maßgeblich die Bereitschaft des Eigentümers, solche Handlungs- und Entscheidungsfreiräume zu gewähren.[532]

Zahlreiche Autoren gehen auf die zentrale Rolle von Vertrauen ein.[533] Häufigkeit und Stellenwert der Betonung der Rolle von Vertrauen in der Literatur legt die Folgerung nah, dass es sich hierbei um den zentralen Katalysator für eine erfolgreiche Zusammenarbeit von Eigentümer und Fremdmanager handelt. Daraus ergibt sich, dass dieser Aspekt auch konzeptionelles Element anzuwendender Theorien sein sollte, was somit deutlich für eine stärkere Nutzung der Stewardship-Theorie im Kontext von Familienunternehmen spricht.[534]

Zu beachten ist auch, dass das Anreizsystem nicht nur dafür geeignet sein muss, Fremdmanager zu halten, sondern auch, neue Fremdmanager anzuziehen. Der allgemeine Managerarbeitsmarkt ist wie erwähnt ein wichtiger externer Mechanismus, der zur Motivierung von Fremdmanagern beiträgt. Neben nicht-monetären Anreizen im Rahmen der Ausübung seiner Tätigkeit können für Fremdmanager daher insbesondere während der Stellenbesetzungs- und Startphase auch einmalige Anreize von Bedeutung sein und eine Differenzierungsoption gegenüber Wettbewerbern bieten. Dies umfasst im Wesentlichen Leistungen, die dem Fremdmanager und insbesondere auch seiner Familie den Start (an einem zumeist neuen Wohnort) erleichtern, z.B. Hilfe bei der Immobiliensuche, Arbeitsplatzsuche für Lebenspartner, Kindergarten-/Schulplätze für Kinder, etc.

---

531 Vgl. May et al. (2005: 11 ff.) und Voeth & Partner (2011). Auch andere, am allgemeinen Arbeitsmarkt sich in Veränderungsprozessen befindliche Themen (z.B. flexiblere zeitliche Gestaltung des Arbeitsverhältnisses, Vereinbarkeit von Beruf und Familie, etc.) müssten beachtet werden.

532 Z.B. befürwortet es Bechtle (1983: 372) in diesem Zusammenhang, Führungskräfte mit ihren jeweiligen Ehe- oder Lebenspartnern auch zu turnusmäßigen Treffen der Eigentümerfamilie einzuladen.

533 Vgl. Davis (1983: 52), Witt (2003: 12), Witt (2008: 2 f.), Hack (2009: 11), Klein (2009: 69 und 76 ff.), Davis et al. (1997: 4, 24 f., 33 und 42), Schachner et al. (2006: 595 f.), Albach (1997: 1257, 1270 f., 1277 und 1282), Gächter et al. (2001: 145, 157 und 161), van den Berghe & Carchon (2003: 173), Gomez-Mejia et al. (2001: 89 ff.), etc. – Davis et al. (2000: 573) belegen empirisch eine positive Korrelation zwischen Vertrauen und Unternehmensperformance. Häufig werden verwandte, angelehnte oder abgeleitete Begriffe genutzt, um eine gleiche oder sehr ähnliche Qualität der Beziehung zwischen Eigentümer und Fremdmanager zu beschreiben (z.B. Loyalität oder Fürsorge in Caspar et al. (2010: 5)).

534 In diesem Sinn äußern sich auch Albach & Letmathe (2008: VIII).

3.2 Forschungslücken

ALBACH UND FREUND (1989) stellen fest, dass die wissenschaftliche Literatur zu Familienunternehmen auf wenige Themen verengt ist. Großzahlige empirische Arbeiten fehlten nahezu vollständig. In der Zwischenzeit hat sich das Forschungsfeld Familienunternehmen jedoch weiter entwickelt, die thematische Abdeckung hat in den vergangenen Jahren deutlich zugenommen. Die Anzahl und Varianz empirischer Ansätze im deutschen Sprachraum ist jedoch nach wie vor gering.[535]

Eine erfolgreiche Gestaltung der Nachfolge ist die wichtigste Herausforderung an die Family Business Governance. Immer häufiger werden Fremdmanager als Nachfolger eingesetzt. Fragestellungen des Fremdmanagements in Familienunternehmen wurden jedoch von der Wissenschaft bislang kaum untersucht.[536] Es fehlen umfassende Untersuchungen zur erfolgreichen Gestaltung des Nachfolgeprozesses inklusive der Steuerung und der Erfolgskontrolle von Fremdmanagern. Ebenso besteht ein Defizit an wissenschaftlicher Erkenntnis darüber, ob und wie Fremdmanager auch nicht-operative Themen in Familienunternehmen beeinflussen.[537]

Verschiedene Autoren weisen auf Untersuchungsbedarf zu Aspekten des Fremdmanagements hin. So betont VALLEJO (2009), dass weitere Untersuchungen zur Führungsform „Fremdmanagement“ unter Nutzung der Stewardship-Theorie notwendig seien.[538] MAY ET AL. (2005) merken an, dass es keine eindeutigen wissenschaftlichen Aussagen zu den Ausprägungen von und den Gründen für Fremdmanagement sowie zur Suche und Vergütung von Fremdmanagern in Familienunternehmen gibt.[539] Auch laut WITT (2008) fehlt es bisher z.B. an empirischen Studien zur Motivation und zu Verhaltensweisen von Fremdmanagern in Familienunternehmen sowie zu deren durchschnittlicher Verweildauer, Vergütung und ihrem wirtschaftlichem Erfolg.[540] Insgesamt muss konstatiert werden, dass die Forschung das Thema einer gemischten

---

[535] Vgl. Albach & Freund (1989: 23 ff.). Als wesentliche Gründe dafür können die unzureichende Eignung bestehender Theorien sowie das Fehlen von Definitionen gelten.

[536] Vgl. Witt (2008: 10), Chua et al. (2003a: 96 f. und 103), Tagiuri & Davis (1996: 199), Sonfield & Lussier (2009a: 196 f.), Klein (2000: 157), Schulze et al. (2001: 112). Dies gelte für den internationalen Raum sogar noch mehr als für den deutschen Sprachraum.

[537] Vgl. Chua et al. (2003a: 103) bzw. Sonfield & Lussier (2009a: 196 f.).

[538] Vgl. Vallejo (2009: 388).

[539] Vgl. May et al. (2005: 1).

[540] Vgl. Witt (2008: 5, 10 und 12 ff.) und Hack (2009: 8).

Geschäftsführung aus familieninternen und familienfremden Managern noch weniger als das Thema des reinen Fremdmanagements verfolgt. Jedoch haben in der Praxis beide Führungsformen eine hohe Bedeutung für Familienunternehmen.[541]

Ein Manko bisheriger Forschung zu Familienunternehmen besteht darin, dass innerhalb der heterogenen Gruppe von Familienunternehmen bislang nur unzureichend differenziert wurde. Wesentlicher Grund dafür ist das Fehlen einer allgemein akzeptierten und operationalisierbaren Definition von Familienunternehmen. Die vorliegenden Forschungserkenntnisse lassen vermuten, dass als mögliche Differenzierungskriterien insbesondere die Generationenzahl und die Größe eines Familienunternehmens in Betracht kommen. Untersuchungen, die sich z.B. explizit auf große Familienunternehmen fokussieren, liegen jedoch kaum vor.[542] Zu der fehlenden Definition des Familienunternehmens tritt die bereits dargestellte Problematik eines fehlenden belastbaren theoretischen Fundaments. Zusammen führt dies dazu, dass die Familienunternehmensforschung bisher eher fragmentierte und zu wenig aufeinander aufbauende Ergebnisse erbracht hat.[543]

Noch stärker als für Themen der Nachfolge und der Führungsform von Familienunternehmen gilt, dass zu wenige Untersuchungen zu Anreizen in Familienunternehmen vorliegen. Dieses Thema wird allenfalls nur beiläufig und abstrakt behandelt. Auch WITT (2008) stellt fest, dass die Vergütung von Fremdmanagern in Familienunternehmen bisher nicht erforscht wurde.[544] Die vorliegende Arbeit ist darauf ausgerichtet, diese Forschungslücken zu reduzieren.

3.3 Forschungsfragen

Die Betriebswirtschaftslehre ist eine anwendungsorientierte Wissenschaft. Die Praxisrelevanz einer Arbeit auf diesem Fachgebiet ist daher ein entscheidendes Kriteri-

---

[541] Vgl. Witt (2008: 5) sowie Kapitel 1.6.

[542] Vgl. auch Ibrahim et al. (2008: 95 f.). Wenn große Familienunternehmen untersucht werden (z.B. Villalonga & Amit (2006) oder Lee (2006)), geht es in aller Regel um börsennotierte Unternehmen. Lediglich Jeuschede (2004: 88 ff.) räumt der Generationenzahl als Differenzierungskriterium bei der Entscheidung über die Führungsform eines Familienunternehmens größeres Gewicht ein.

[543] Vgl. Klein (2009: 65) oder auch Boyd (2007: 7).

[544] Vgl. Witt (2008: 14).

um ihrer Beurteilung.[545] Auf die Formulierung geeigneter Forschungsfragen hat dies direkte Auswirkungen. ZHARA ET AL. (2004) beziehen die Anforderung auf das Forschungsfeld Familienunternehmen:

> *For practically oriented fields like family business studies, it would be useful to identify research questions that are simultaneously important for the practitioner and interesting for the researcher.*[546]

VOUGHT ET AL. (2008) kritisieren, dass viele Forschungsarbeiten über Familienunternehmen dieser Anforderung nicht genügen und für die Praxis daher wenig hilfreich sind.[547]

In dieser Arbeit wird mit Fallstudien ein qualitatives Verfahren als Untersuchungsmethodik eingesetzt. Kennzeichnend für qualitative, explorative Verfahren ist zumeist der Verzicht auf eine Hypothesenbildung ex ante. Vielmehr handelt es sich um hypothesen- oder theoriegenerierende Verfahren.[548] YIN (2003) verzichtet in seinem Fallstudiendesign gar auf eine Theoriebearbeitung.[549] Die explorativ gehaltenen Forschungsfragen dieser Arbeit orientieren sich an Forschungsstand und -lücken sowie der Notwendigkeit der Praxisrelevanz.[550] Unter Einbezug der dargestellten Theorien werden zu den aufzustellenden Forschungsfragen Thesen gebildet.[551] Diese sind als theoriegeleitete Forschungsthesen zu verstehen und nicht als streng theoriebasierte Hypothesen. Ziel der Forschungsthesen ist es vielmehr, zu einer Hypothesenbildung in späteren Untersuchungen beizutragen. Es handelt sich um eine induktive Vorgehensweise.[552]

---

545 Vgl. Wiedmann (2002: 16 ff.), von Schultzendorff (1984: 11 ff.) oder Bechtle (1983: 3).
546 Zhara et al. (2004: 338).
547 Vgl. Vought et al. (2008: 1111).
548 Vgl. Dyer & Wilkins (1991: 618) oder Trefelik (1998: 25).
549 Vgl. Yin (2003b: 19 ff.).
550 Vgl. Yin (2003b: 9).
551 Dieses Vorgehen wird z.B. auch von Chittoor & Das (2007: 66) gewählt (dort werden „propositions“ abgeleitet).
552 Vgl. Trefelik (1998: 51), Bechtle (1983: 6 f.) sowie Boyd (2007: 66) und Lamnek (2005: 21). Dies entspricht der Sichtweise von Lamnek (2005: 508), wonach Hypothesen durch „kontrolliertes Fremdverstehen der von den Untersuchten verwendeten Alltagskonzepte“ generiert werden, nicht aufgrund von wissenschaftlichem Vorwissen. Zur eingesetzten empirischen Methodik vgl. Kapitel 4.

Die Forschungsfragen dieser Untersuchung werden in zwei Gruppen unterteilt. Die erste Gruppe widmet sich der Führungsform von Familienunternehmen. Gesellschafter von Familienunternehmen haben ein vitales Interesse an der Bestimmung der für ihr Unternehmen optimalen Führungsform. Denn je besser diese ausgestaltet ist, desto niedriger sind die Transaktions- und Agency-Kosten. Der Faktoreinsatz ist damit effizienter und die Performance höher.[553] Die in den vorhergehenden Kapiteln aufgeführten Aspekte bezüglich familieninterner Führung und Fremdmanagement führen zu folgender Frage:

> *Forschungsfrage 1a: Inwiefern könnte in großen Familienunternehmen im Nachfolgefall Fremdmanagement Vorteile gegenüber der familieninternen Nachfolge bieten?*

Die wesentlichen bisher aufgeführten Indizien für eine Nachteiligkeit der familieninternen Nachfolge sind:[554]

- ein eng begrenzter Kreis verfügbarer und potenziell geeigneter familieninterner Nachfolger[555]
- Agency-Kosten der familieninternen Nachfolge durch die Gefahr adverser Selektion, parentalen Altruismus, schlechtere Kontrollmöglichkeiten sowie weniger Sanktionierung innerhalb eines Familienverbunds im Fall von Schwierigkeiten[556]
- eine Häufung bestimmter nachteiliger Merkmale in der Geschäftsausübung durch Familienmitglieder, z.B. weniger investitionsfreudig und risikobereit, starke emotionale Bindung an Firmentraditionen[557]

Für eine Vorteilhaftigkeit der Fremdmanagementnachfolge sprechen:

- ein zumeist höherer formeller Qualifizierungsgrad von Fremdmanagern[558]

---

[553] Vgl. Witt (2003: 2), bezogen auf die Family Business Governance insgesamt.

[554] Die nachfolgend aufgeführten Argumente wurden in den vorhergehenden Kapiteln detailliert eingeführt. Die Argumentation beschränkt sich hier auf eine verkürzte Auflistung.

[555] Über die geringe statistische Wahrscheinlichkeit, in nachfolgenden Generationen in den eigenen Reihen fündig zu werden, berichten z.B. Chua et al. (2003a: 103), Anderson & Reeb (2003: 1307), Chittoor & Das (2007: 71), Dyer (1989: 222), Habig & Berninghaus (1998: 91) oder Miller & Le Breton-Miller (2006: 83).

[556] Vgl. Witt (2008: 10), Chua et al. (2004: 37 ff.), Chrisman et al. (2004: 349 f.) oder Karra et al. (2006: 873 f.).

[557] Vgl. Jeuschede (2004: 32 f.).

- flexiblere Auswahlmöglichkeiten eines zur Unternehmensstrategie passenden Fremdmanagers aus einem großen Bewerberpool[559]
- langfristig geringere Agency-Kosten, z.B. aufgrund besserer Steuerungs- und Kontrollmöglichkeiten und einfacherer Sanktionierung
- eine Häufung bestimmter vorteilhafter Merkmale in der Geschäftsausübung durch Fremdmanager, z.B. umfassendere Führungserfahrung, geringere Abhängigkeit aufgrund stärkerer Dezentralisierung von Entscheidungen, ökonomisch rationalere Entscheidungsbildung[560]
- größere Flexibilität hinsichtlich der Eigentumsübertragung durch Entkopplung von Führungs- und Eigentumsnachfolge[561]
- ein stabilisierender Effekt auf das Familienunternehmen, denn bei einem unvorhergesehenen Ausfall eines Fremdmanagers kann dieser tendenziell schneller und konfliktärmer ersetzt werden als ein familieneigener Manager[562]

Die vorliegenden theoretischen und empirischen Erkenntnisse führen insgesamt zu keiner eindeutigen Antwort auf die Forschungsfrage. Die bisherige Forschung erbringt sowohl Argumente für als auch gegen beide Führungsformen. Offen bleibt damit, wovon es abhängt, ob für ein Familienunternehmen ein familieneigener Kandidat oder ein Fremdmanager der bessere Nachfolger ist. Festzuhalten ist, dass Argumente gegen Fremdmanagement und für familieninterne Nachfolge zu einem großen Teil auf der Anwendung der klassischen Form der Prinzipal-Agent-Theorie fußen. Die Praxisferne der Annahmen dieser Theorie wurde im vorherigen Kapitel dargestellt. Oder es werden vollständig eigentümergeführte Familienunternehmen be-

---

558 Vgl. Anderson & Reeb (2003: 1307). Gemäß Blumentritt et al. (2007: 321) sind Fremdmanager essentiell wichtig für Familienunternehmen, da die Komplexität der globalisierten Wirtschaft weiter zunimmt. Die aus diesem Grund breitere Spanne an benötigten Fähigkeiten kann häufig nur durch Fremdmanager geboten werden.

559 Vgl. Oesterle (2002: 106). Die flexible Besetzung der Geschäftsführung ist aus Sicht des Autors wichtig, damit die Geschäftsführer zur Strategie passen und nicht umgekehrt. Auch Albach & Freund (1989: 21) weisen auf die Wahl der Geschäftsführer als Mittel zur Strategieumsetzung hin. Anpassungen (z.B. auf Anforderungen aus Globalisierung) seien bei Fremdmanagement leichter.

560 Vgl. Schachner et al. (2006: 593).

561 Vgl. Koropp & Grichnick (2007: 298). Erbschaftssteuerzahlungen können liquiditätsschonend geplant und über längere Zeiträume gestreckt werden. Bei familieneigenen Nachfolgen sollte dagegen die Eigentumsübertragung gleichzeitig mit der Übertragung der Führungsverantwortung erfolgen, vgl. Schwass (2003: 179).

562 Vgl. Schachner et al. (2006: 593), Chrisman et al. (2004: 350) und Miller & Le Breton-Miller (2006: 80). Nachfolgen können bei rivalisierenden Familienstämmen Shareholder-Konflikte auslösen. Diese wirken sich bei Fremdmanagement weniger auf das operative Geschäft aus als bei familieninternen Nachfolgen.

trachtet, bei denen Eigentum und Führung nicht auseinanderfallen. Diese Konstellation ist in der Praxis jedoch bei großen Familienunternehmen fast nie anzutreffen.

Aus der Gesamtheit der aufgeführten Argumente wird zu der Forschungsfrage 1a der vorliegenden Untersuchung daher folgende Forschungsthese abgeleitet:

> *Forschungsthese 1a: Auf lange Sicht ist familieninterne Führung dem Fremdmanagement als Nachfolgevariante in großen Familienunternehmen unterlegen.*

Auch die zweite Forschungsfrage der Fragengruppe „Führungsform" wird auf Basis der in den vorhergehenden Kapiteln aufgeführten Aspekte abgeleitet:

> *Forschungsfrage 1b: Unter welchen Umständen könnten gemischte Geschäftsführungen reinen Fremdgeschäftsführungen im Nachfolgefall vorzuziehen sein?*

Das aus agencytheoretischer Sicht wichtigste Argument für gemischte Geschäftsführungen ist eine Verringerung des zentralen Problems der Informationsasymmetrie. Arbeiten Fremdmanager und familieneigene Manager im operativen Tagesgeschäft zusammen, erhalten die Prinzipale detaillierte Kenntnisse über die operativen Entscheidungen der Geschäftsführung. Vorausgesetzt, dass sie diese an die übrigen Prinzipale weitergeben, reduziert sich die Informationsasymmetrie.[563]

Die empirische Untersuchung von ANDERSON UND REEB (2003) liefert ein weiteres Argument für gemischte Geschäftsführungen und gegen reines Fremdmanagement. Denn die Präsenz von Familienmitgliedern in der Geschäftsführung erhält demnach die besondere Identität eines Familienunternehmens und daraus resultierende motivationale Effekte für alle Beschäftigten können mögliche Nachteile mehr als auf-

[563] Ergänzend wird darauf hingewiesen, dass die Prinzipale in einer gemischten Geschäftsführung wiederum Agenten der nicht in der Geschäftsführung tätigen Prinzipale sind. Damit liegt analytisch betrachtet eine zweistufige Prinzipal-Agent-Beziehung vor, aus der wiederum Agency-Kosten resultieren können, vgl. Witt (2008: 5).

heben.[564] Die schrittweise Öffnung der Geschäftsführung für Fremdmanager kann für die Mitarbeiter eines Familienunternehmens ein sichtbares Zeichen sein, dass die familiäre Abstammung nicht wichtigstes Kriterium bei der Besetzung von Führungspositionen ist. Auch dies wirkt sich positiv auf die Motivation der Beschäftigten des Unternehmens aus.[565] Gemäß BECHTLE (1983) steigt dadurch gleichzeitig auch die Attraktivität des Unternehmens für externe Führungskandidaten. Aus Sicht der Autorin kann ein Vorteil gemischter Geschäftsführungen auch darin bestehen, ein junges Familienmitglied für eine spätere Nachfolge zu coachen.[566]

Im Hinblick auf die Evolutionsmodelle ist ein Übergang vom familiengeführten zum rein fremdgeführten Familienunternehmen in der Praxis gemäß der Einschätzung von FRITSCH ET AL. (2007) zumeist fließend. Ein radikaler Umbruch ist die Ausnahme. Meistens entwickelt sich demnach ein solches Familienunternehmen von der Führung durch die Eigentümerfamilie über eine zunehmende Beteiligung von familienfremden Mitarbeitern (z.B. institutionalisiert als gemischte Geschäftsführung) hin zu einem letztlich ganz überwiegend oder sogar vollständig fremdgemanagten Familienunternehmen. Das Maß der weiteren Einflussnahme durch die Eigentümerfamilie hängt von deren individuellen Fähigkeiten ab, entsprechend qualifizierte Familienmitglieder zu stellen.[567]

Aus der Summe der genannten Argumente zu Forschungsfrage 1b wird folgende Forschungsthese abgeleitet:

> *Forschungsthese 1b: Gemischte Geschäftsführungen sind reinem Fremdmanagement zunächst vorzuziehen, soweit geeignete Manager in der Familie zur Verfügung stehen. Ist dies nicht der Fall, sollte das Fremdmanagement durch eine starke Beteiligung der Familie (z.B. über einen Beirat) gesteuert werden.*

---

[564] Vgl. Anderson & Reeb (2003: 1307). Die empirische Studie belegt den positiven Einfluss von Eigentümerfamilien. Dieser kann durch Familienführung ausgeübt werden, aber auch durch starken Familieneinfluss bei gleichzeitiger Beschäftigung von Fremdmanagern im Rahmen gemischter Geschäftsführungen. Sie argumentieren, dass sowohl familieneigene Manager als auch Fremdmanager spezifische, nicht unmittelbar vergleichbare Kenntnisse einbringen.

[565] Sind die Regeln für die Besetzung der Top-Führungspositionen nicht transparent, können zusätzliche Kosten aus einer Verbitterung familienfremder Führungskräfte entstehen, vgl. Schulze et al. (2001: 101) oder Anderson & Reeb (2003: 1307).

[566] Vgl. Bechtle (1983: 152 und 232 ff.). Als weitere Gründe werden Umgehung von Betriebsblindheit und Objektivierung von Entscheidungen genannt.

[567] Vgl. Fritsch & Grotz (2007: 11).

Aus der auf lange Sicht notwendigen Integration von Fremdmanagern in die Geschäftsführung großer Familienunternehmen ergibt sich als dritte Forschungsfrage in der Fragengruppe „Führungsform":

Forschungsfrage 1c: Sind interne Fremdmanager externen Fremdmanagern im Rahmen einer Nachfolge vorzuziehen?

Aus Sicht der Prinzipal-Agent-Theorie sind interne Fremdmanager bei derselben formalen Qualifikation externen Fremdmanagern vorzuziehen, da bei dieser Lösung geringere Agency-Kosten zu erwarten sind. Weil interne Fremdmanager bereits vor Berufung in die Geschäftsführung in dem Familienunternehmen tätig waren, besteht weniger Unsicherheit bezüglich der fachlichen Qualifikation und der charakterlichen Merkmale des Fremdmanagers. Das Risiko für Agency-Kosten aus adverser Selektion und hidden characteristics ist dann geringer. Auch kann bei internen Fremdmanagern eine geringere Einarbeitungszeit erwartet werden, da diesen organisatorische Zusammenhänge bereits bekannt sind und sie über ein persönliches Beziehungsnetzwerk in der Organisation verfügen. Zudem fallen im Gegensatz zur externen Kandidatensuche geringere Transaktionskosten an.

In der Praxis setzt die Berufung interner Fremdmanager in die Geschäftsführung eine sorgfältige und weitsichtige Personalpolitik voraus.[568] Insbesondere rein familiengeführte Unternehmen weisen aber gerade in dieser Hinsicht Schwächen auf.[569] OESTERLE (2002) wendet ein, dass situationsabhängig entschieden werden müsse, ob ein interner oder ein externer Fremdmanager geeigneter ist. Denn das Veränderungspotenzial bei externen Besetzungen sei größer, wenn z.B. deutliche Kursänderungen in der Unternehmensführung anstehen oder ausgeprägte Krisensituationen zu bewältigen seien.[570]

Aus den zu Forschungsfrage 1c genannten Argumenten wird folgende Forschungsthese abgeleitet:

---

[568] Vgl. Bechtle (1983: 240).

[569] Vgl. Albach & Freund (1989: 92).

[570] Vgl. Oesterle (2002: 102 ff.). Der Autor stellt weiter fest, dass das Veränderungspotenzial einen nicht-linearen Verlauf hat. Denn nur eine moderate Wechselhäufigkeit nutzt den genannten Effekt. Zu häufige Wechsel oder zu hohe Kontinuität in der Unternehmensführung lassen den Effekt hingegen verpuffen.

Forschungsthese 1c: Interne Fremdmanager sind externen Fremdmanagern vorzuziehen, soweit nicht strategische Umbrüche umgesetzt oder Krisensituationen bewältigt werden müssen.

Die zweite Gruppe der Forschungsfragen widmet sich Anreizen, die einem Fremdmanager gesetzt werden können. Aufgrund der sehr geringen Abdeckung dieses Themenfeldes durch bisherige Forschungsergebnisse sind die aufgestellten Forschungsfragen noch stärker explorativ geprägt als im Themenfeld „Führungsform". Die erste Forschungsfrage stellt auf monetäre Elemente von Anreizen ab:

Forschungsfrage 2a: Wie setzen Familienunternehmen Fremdmanagern langfristige monetäre Anreize?

Familienunternehmen haben wie dargestellt langfristige Interessen, die nicht ausschließlich monetärer Natur sein müssen. Den Eigentümern dieser Unternehmen ist daher damit gedient, wenn ihre Agenten in der Geschäftsführung sich ebenfalls an diesen Zielen orientieren, selbst wenn sie inhaltlich nicht den persönlichen Zielen und zeitlich nicht den Planungshorizonten der Agenten entsprechen. Die Prinzipal-Agent-Theorie fokussiert sich auf extrinsische Anreize und empfiehlt, Fremdmanagern langfristig orientierte monetäre Anreize anzubieten.[571]

Hinsichtlich eines Agenten wurde der grundsätzlich positive Zusammenhang zwischen variablen Gehaltsanreizen und der Wohlfahrt der Eigentümerfamilie durch SCHULZE ET AL. (2003) nachgewiesen.[572] Orientieren sich variable Gehaltsanreize jedoch nur an aktuellen Kennziffern (z.B. aktueller Jahresgewinn), würde dies den Agenten dazu verleiten, einen eher kurzfristigen Fokus einzunehmen.[573] Langfristig orientierte variable Gehaltsanreize zeichnen sich dagegen dadurch aus, dass ihre Ermittlung auf mehrperiodigen Größen beruht oder dass ihre Auszahlung über mehrere Perioden gestreckt wird.[574]

---

[571] Vgl. Davis et al. (1997: 28).
[572] Vgl. Schulze et al. (2003b: 478) aber auch McConaughy (2000: 122).
[573] Vgl. Chua et al. (2009: 365).
[574] McConaughy (2000: 124) empfiehlt, als Basis der variablen Vergütung den Firmenwert statt des Ergebnisses zu verwenden. Dann sei ein klarer Bezug zu den Prinzipal-Interessen gegeben. Bei nicht börsennotierten Familienunternehmen ist die Feststellung des Firmenwertes aber aufwendig.

Als Alternative zu langfristig orientierten, variablen Gehaltsanreizen könnten Beteiligungen von Fremdmanagern am Eigenkapital in Betracht kommen. Im Sinne der Prinzipal-Agent-Theorie wird der Agent damit selbst zum Prinzipal.[575] Kapitalanteile sollen Fremdmanager motivieren, eine langfristige Wertsteigerung zu verfolgen. Jedoch zeigt McConaughy (2000), dass dieses Instrument in der Praxis nur wenig genutzt wird. Er hat in seiner Untersuchung auch eine Substituierbarkeit beider Anreizelemente festgestellt.[576] Da die Kapitalbeteiligung eines Fremdmanagers faktisch in aller Regel nur geringfügig und ohne entscheidende Mitsprache bei Eigentümerrechten sein kann, bevorzugen sie selbst zudem häufig variable Gehaltsanreize.

Aus den genannten Argumenten zu Forschungsfrage 2a wird folgende Forschungsthese abgeleitet:

> *Forschungsthese 2a: Familienunternehmen bieten ihren Fremdmanagern langfristig orientierte leistungsabhängige Gehälter. Kapitalbeteiligungen werden nicht gewährt.*

Als zweite Forschungsfrage der Gruppe „Anreize" wird auf Basis der in den vorhergehenden Kapiteln aufgeführten Aspekte abgeleitet:

> *Forschungsfrage 2b: Enthalten Anreizkonzepte für Fremdmanager in Familienunternehmen über monetäre Elemente hinausgehende (langfristige) Komponenten?*

Aus Sicht der Stewardship-Theorie ist ein Steward stärker durch intrinsische Anreize motiviert. Er bringt ein eigenes Interesse ein, die Unternehmensziele zu verfolgen. Setzt die Eigentümerfamilie langfristige Unternehmensziele fest, verfolgt der Steward diese auf Basis intrinsischer Motivation.[577] Im Gegensatz zum Agenten, dessen Nutzenbestimmung ausschließlich auf monetärer Kompensation beruht, können beim Steward zusätzlich auch nicht-monetäre Bedürfnisse aktiviert werden.

---

[575] Vgl. auch Kirchdörfer & Kögel (2000: 237). In agencytheoretischer Betrachtung gleichen sich die Nutzenfunktionen von Eigentümer und Fremdmanager entsprechend der Beteiligungshöhe an.

[576] Vgl. McConaughy (2000: 124 ff.). Kapitalbeteiligungen korrelieren negativ mit der Anreizwirkung von variabler Vergütung, die Motivationswirkung hebt sich daher mindestens partiell auf.

[577] Vgl. Davis et al. (1997: 28).

Wegen ihrer Fokussierung auf extrinsische Motivation in Form monetärer Anreize ist die Prinzipal-Agent-Theorie für Forschungsfrage 2b wenig hilfreich. Aus Sicht der Stewardship-Theorie hingegen gibt es eine Reihe nicht-monetärer Motivatoren. Beispiele hierfür sind nach außen erkennbare und weitreichende Handlungs- und Entscheidungsfreiräume, respektvolle Zusammenarbeit zwischen Eigentümer und Fremdmanager, Anerkennung und Wertschätzung durch die Eigentümerfamilie oder Repräsentation des Unternehmens nach außen. In der Praxis kann das Menschenbild des Agenten oder des Stewards nicht in seiner reinen Ausprägung erwartet werden. Fremdmanager werden vielmehr Merkmale beider Menschenbilder aufweisen. Daher kann erwartet werden, dass Anreizkonzepte neben der monetären Vergütung auch nicht-monetäre Elemente enthalten. Es ergibt sich folgende Forschungsthese:

> *Forschungsthese 2b: Anreizkonzepte für Fremdmanager in Familienunternehmen enthalten über monetäre Elemente hinausgehende (langfristige) Komponenten (z.B. weitreichende Handlungs- und Entscheidungsfreiräume).*

Abschließend werden die Forschungsfragen und -thesen im Überblick dargestellt:

	Forschungsfrage	Forschungsthese
Führungsform	F1a: Inwiefern könnte in großen Familienunternehmen im Nachfolgefall Fremdmanagement Vorteile gegenüber der familieninternen Nachfolge bieten?	T1a: Auf lange Sicht ist familieninterne Führung dem Fremdmanagement als Nachfolgevariante in großen Familienunternehmen unterlegen.
Führungsform	F1b: Unter welchen Umständen könnten gemischte Geschäftsführungen reinen Fremdgeschäftsführungen im Nachfolgefall vorzuziehen sein?	T1b: Gemischte Geschäftsführungen sind reinem Fremdmanagement zunächst vorzuziehen, soweit geeignete Manager in der Familie zur Verfügung stehen. Ist dies nicht der Fall, sollte das Fremdmanagement durch eine starke Beteiligung der Familie (z.B. über einen Beirat) gesteuert werden.
Führungsform	F1c: Sind interne Fremdmanager externen Fremdmanagern im Rahmen einer Nachfolge vorzuziehen?	T1c: Interne Fremdmanager sind externen Fremdmanagern vorzuziehen, soweit nicht strategische Umbrüche umgesetzt oder Krisensituationen bewältigt werden müssen.
Anreizkonzept	F2a: Wie setzen Familienunternehmen Fremdmanagern langfristige monetäre Anreize?	T2a: Familienunternehmen bieten ihren Fremdmanagern langfristig orientierte leistungsabhängige Gehälter. Kapitalbeteiligungen werden nicht gewährt.
Anreizkonzept	F2b: Enthalten Anreizkonzepte für Fremdmanager in Familienunternehmen über monetäre Elemente hinausgehende (langfristige) Komponenten?	T2b: Anreizkonzepte für Fremdmanager in Familienunternehmen enthalten über monetäre Elemente hinausgehende (langfristige) Komponenten (z.B. weitreichende Handlungs- und Entscheidungsfreiräume).

Abbildung 17: Überblick Forschungsfragen und -thesen

4 Empirische Methodik

Das folgende Kapitel dient dazu, Forschungsmethode und Forschungsprozess näher zu beschreiben. Im Rahmen der vorliegenden Untersuchung wurden zehn Fallstudien durchführt. Nachfolgend wird die Auswahl von Fallstudien als passende Forschungsmethode begründet und die Vorgehensweise vorgestellt.

4.1 Forschungsmethode

Eine übliche Einteilung von Forschungsmethoden ist die in quantitative und qualitative Ansätze.[578] Erstgenannte beschäftigen sich damit, umfangreiches und standardisiertes Datenmaterial zu erheben (z.B. durch Fragebogenuntersuchungen) und dieses komplexen statistischen Verfahren zu unterziehen.[579] LAMNEK (2005) kritisiert an quantitativen Verfahren deren informationsreduzierende Selektion. Denn durch standardisierte Erhebungsinstrumente und vorab formulierte Hypothesen blenden diese Verfahren eine weitergehende Informationsbereitschaft der Befragten aus. Qualitative Forschungsstrategien, zu denen auch Fallstudien gehören, verfolgen indes einen detailspezifischen Ansatz, der auf eine möglichst genaue Berücksichtigung des jeweiligen Kontextes abzielt. Sie seien durch eine möglichst weite Öffnung des „Wahrnehmungstrichters empirischer Sozialforschung“ gekennzeichnet.[580] Gemäß YIN (2003) zielen qualitative Verfahren im Gegensatz zu quantitativen Verfahren daher nicht auf eine statistische Generalisierung der Erkenntnisse ab, sondern auf eine analytische Generalisierung.[581] Ihnen wird das Potenzial zur Erhöhung der Qualität empirischer Daten zugesprochen.[582] Dennoch gibt es gelegentlich Neigungen, quantitativen Erhebungen mehr Gewicht einzuräumen. Dies ignoriert die Chancen, insbe-

---

[578] Vgl. Gillham (2000: 9 f.) oder Kleindienst (2007: 121). Als Nachschlageliteratur zu (einzelnen) Forschungsmethodiken werden Lamnek (2005), Yin (2003b), Yin (2003a), Eisenhardt (1989b), Eisenhardt & Graebner (2007) oder Gillham (2000) empfohlen.

[579] Vgl. Gillham (2000: 9). Eine wesentliche Gefahr quantitativer Erhebungen liegt darin, dass sie aufgrund der Verwendung statistischer Verfahren mathematische Genauigkeit suggerieren könnten.

[580] Vgl. Lamnek (2005: 21) und Yin (2003b: 10, 1 und 109 ff.). Lamnek (2005: 3-31) geht ausführlich auf Status, geschichtliche Entwicklung und Kritikpunkte an beiden Untersuchungsansätzen ein.

[581] Vgl. Yin (2003b: 10).

[582] Vgl. Simon et al. (2005: 25). Die Autoren sprechen qualitativen Forschungsergebnissen auch eine bessere praktische Anwendbarkeit zu. Ergänzende einfache quantitative Aggregationen könnten nur bei einer größeren Anzahl von Fallstudien genutzt werden, vgl. Yin (2003b: 134).

sondere bei sensiblen Themen einen höheren Erkenntnisgewinn z.B. auf Basis persönlicher Gespräche zu erzielen, als durch standardisierte Fragebögen.[583]

Qualitative Forschungsmethodiken haben sich verstärkt seit den 70er Jahren aus der kritischen Diskussion der damals dominierenden quantitativen Sozialforschung entwickelt.[584] Beide Untersuchungsansätze werden vielfach als grundsätzlich unterschiedliche Forschungsparadigmen angesehen, denen jeweils ein grundlegend anderes Verständnis gesellschaftlicher Wirklichkeit zugrunde liegt.[585] Quantitative Ansätze sind eher deduktiv, d.h. sie testen existierende Theorien. Qualitative Methoden beruhen dagegen meist auf einer induktiven Forschungsphilosophie, d.h. erst mit Hilfe des erhobenen Datenmaterials werden Hypothesen entwickelt. Sie werden auch genutzt, um neue Theorieaspekte zu entwickeln. Aus diesem Grund werden qualitative Methoden häufig in Frühphasen eines Forschungsfeldes zur Theoriebildung eingesetzt.[586] BROCKHAUS (2004) rät, großzahlige Erhebungen erst dann durchzuführen, nachdem valide Erkenntnisse auf Basis theoretischer und qualitativ empirischer Methodiken vorliegen.[587] ZHARA UND SHARMA (2004) bezeichnen beide Ansätze als essentiell für die idealtypische Evolution eines Forschungsfeldes, auch wenn sie strukturell fundamentale Unterschiede aufweisen. Eine in diesem Sinne per se überlegene Methodik gibt es nicht.[588] Die folgende Abbildung stellt beide Forschungsansätze gegenüber.

---

[583] Vgl. Bechtle (1983: 7) und Schachner et al. (2006: 591 f.). Lamnek (2005: 298) spricht gar von einer „Fetischisierung quantitativer Forschung und von Methodenorientierung bei gleichzeitiger Vernachlässigung von Gegenstandsorientierung". Fallstudien hätten insgesamt noch nicht das ihnen zustehende Ansehen. Auch lässt die Vertraulichkeit der in der vorliegenden Arbeit adressierten Themen eine ausreichende Datenmenge für quantitative Verfahren nicht erwarten.

[584] Vgl. Lamnek (2005: 1 f.), Dyer & Wilkins (1991: 613) oder Trefelik (1998: 23).

[585] Vgl. Lamnek (2005: 274 und 512 f.) und Trefelik (1998: 24 und 26). Laut Trefelik (1998) sehen qualitative Ansätze ein sich aus Interaktion entwickelndes Verhalten, während quantitative Ansätze von vorbestimmten und beobachtbaren Regelmäßigkeiten ausgehen. Den Einfluss von Interaktionsbeziehungen versuchen Letztere durch Standardisierung weitgehend zu eliminieren („homo oeconomicus" der ökonomischen Modelle als repräsentativer Stellvertreter). Eine Standardisierung erfolgt in qualitativen Ansätzen nicht.

[586] Vgl. Eisenhardt (1989b: 548). In Bezug auf die Theoriebildung schließen induktive Verfahren vom Besonderen auf das Allgemeine und schaffen neues Wissen. Deduktive Verfahren erzeugen im Gegensatz dazu redundantes Wissen.

[587] Vgl. Brockhaus (2004: 170). Zu Vor- und Nachteilen beider Ansätze vgl. auch Diekmann (2010).

[588] Vgl. Zhara & Sharma (2004: 341). Laut Yin (2003b: VIII) wurde das Potenzial von Fallstudien lange verkannt. Auch Simon et al. (2005: 25) plädieren dafür, sich gerade beim Betreten wissenschaftlichen Neulands kreativer, offener Methoden zu bedienen. Gillham (2000: 2 ff.) bezeichnet die quantitativen Methoden in diesem Zusammenhang als logisch-positivistisch, während qualitative Praktiken als phänomenologisch-naturalistisch gelten (vgl. auch Simon et al. (2005: 24)).

Kriterium	Quantitative Ansätze	Qualitative Ansätze
Art des Vorgehens	Deduktiv – Testen von Hypothesen	Induktiv – Entwicklung von Hypothesen
Determiniertheit des Vorgehens	Vorherbestimmt	Anpassbar
Erkenntnisoffenheit	Nein	Ja
Position des Forschers	Objektiv	Subjektiv
Ziel	Begründungszusammenhang	Erkenntniszusammenhang
Beziehung zum Kontext	Isolierung untersuchter Aspekte	Berücksichtigung des Kontextes
Begründungsbasis	Statistik	Inhalt
Weiterverwendung	Erkenntnisse werden generalisiert	Erkenntnisse bleiben kontextabhängig

Abbildung 18: Charakteristika qualitativer und quantitativer Ansätze[589]

Innerhalb der beiden Ansätze gibt es eine Vielzahl verschiedener Methodiken, wovon jede ihre individuellen Vor- und Nachteile hat. Welche Methode zur Beantwortung einer Forschungsfrage adäquat ist, hängt ab von (a) der Art der Forschungsfrage, (b) dem Grad an Kontrolle, die der Forscher über die untersuchten Ereignisse ausüben kann und (c) der Aktualität des Phänomens im Sinne von Neuigkeit.[590]

Ad (a): Fallstudien sind als Untersuchungsstrategie besonders dann geeignet, wenn es sich um Fragen der Art "Wie" oder "Warum" handelt, während für Fragen nach dem "Wie viel(e)" eher quantitative Untersuchungen zweckmäßig sind.[591]

Ad (b): Bei Fallstudien oder Umfragen hat der Forscher keinen direkten Einfluss auf das Geschehen. Nur bei der Wahl von Experimenten als Analysemethode hat er zumindest teilweise eine Kontrolle über die Ereignisse.[592]

Ad (c): Zur Erforschung aktueller Phänomene eignen sich neben Fallstudien z.B. auch Umfragen oder Experimente. Die Analyse historischer Dokumente scheidet indessen qua Definition aus.

Die nachfolgende Abbildung gibt einen Überblick, in welchen Situationen welche Forschungsmethodik zweckmäßig ist. In der letzten Spalte wurde die Kategorisierung für das vorliegende Forschungsprojekt abgetragen.

---

589 Abbildung abgeleitet aus Gillham (2000: 8).
590 Vgl. Yin (2003b: 1 ff.).
591 Vgl. Yin (2003b: 5 f.).
592 Vgl. Yin (2003b: 7 f.).

Situation \ Methode	Frage-bogen	Archiv-Analyse	Experi-ment	Fall-studie	Eigene Untersuchung
Art der Forschungsfragen	Wer, Was, Wo, Wie viel(e)	Wer, Was, Wo, Wie viel(e)	Warum, Wie	Warum, Wie	Warum, Wie, Inwiefern, Unter welchen Umständen
Kontrolle über Ergebnisse	Nein	Nein	Ja	Nein	Nein
Fokus auf aktuelle Phänomene	Ja	Ja/Nein	Ja	Ja	Ja

Abbildung 19: Eignung verschiedener Forschungsmethodiken[593]

Die in dieser Arbeit aufgeworfenen Forschungsfragen haben einen vorwiegend explorativen Charakter, der am ehesten dem Bestimmtheitsgrad von "Wie"- bzw. "Warum"-Fragestellungen entspricht. Dabei ist es nicht erforderlich, dass die Forschungsfragen zwingend diese Frageworte enthalten (ad a). Die Forschungsfragen adressieren die Gründe für die Eignung einer bestimmten Führungsform sowie Fragen zu Anreizen für Fremdmanager in Familienunternehmen. Kontrolle über die Ergebnisse in Fallstudienuntersuchungen kann nicht ausgeübt werden (ad b). Aufgrund der Zunahme von Fremdmanagementlösungen in Familienunternehmen kann man in diesem Zusammenhang zudem von einem aktuellen Phänomen der realen Managementpraxis sprechen (ad c).[594] Fallstudien stellen gemäß der hier dargestellten Kriterien von YIN (2003) für die erarbeiteten Forschungsfragen eine geeignete Methodik dar.

Die vielleicht wichtigste Funktion von Fallstudien ist die Exploration bislang wenig erforschter Sachverhalte.[595] Wie in Kapitel 3.1 gezeigt wurde, sind Themen des Fremdmanagements als Nachfolgeoption in Familienunternehmen ein bislang akademisch allgemein zu wenig beachtetes Forschungsfeld. Ziel einer explorativen Forschungsstrategie wie der Fallstudienuntersuchung ist es in diesem Zusammenhang, durch die Bearbeitung der Forschungsfragen neue Theorieaspekte aufzudecken.[596] Die Ausarbeitung neuer Theorieaspekte erfolgt mit Hilfe eines induktiven und iterati-

---

593 Abbildung angelehnt an Yin (2003b: 5 ff.).

594 Fallstudien sind gemäß Yin (2003b: 13) empirische Erhebungen, die ein aktuelles Phänomen innerhalb seines realen Kontextes untersuchen, insbesondere, wenn die Abgrenzung zwischen Phänomen und Kontext nicht offensichtlich ist.

595 Vgl. Yin (2003b: 1 f.).

596 "Theory building" im Sinne von Eisenhardt (1989b). Yin (2003b: 10) beschreibt als Ziel die Ausweitung und Generalisierung von Theorien. Diese Vorgehensweise ist gegenüber der Überprüfung bereits existierender Theorien abzugrenzen ("theory testing"), dessen Ziel meist die Ermittlung bestimmter Häufigkeiten ist.

ven Prozesses, der stetig zwischen empirischer Auswertung und Interpretation wechselt.[597] Durch eine holistische Sichtweise und das iterative Wechseln zwischen Datengenerierung und Auswertung können mit dieser Arbeitsweise komplexe Zusammenhänge erfasst werden, die bei standardisierten quantitativen Untersuchungen durch das Auswertungsraster fallen würden.

Das Vorgehen bei Fallstudieninterviews bezeichnet LAMNEK (2005) auch als „grounded theory approach" (datenbasierter Theorieansatz). Beim „grounded theory approach" werden empirische Daten als Ausgangspunkt der Begründung von Theorien betrachtet.[598] Einer der Vorteile dieses Ansatzes liegt aus Sicht von BLUMENTRITT (2007) darin, dass Interviewer weniger voreingenommen bezüglich der Antworten auf die Forschungsfragen sind und dadurch weniger wahrscheinlich einen „bias" (theoretisch relevante Verzerrung) einbringen.[599] Ein weiterer Vorteil liegt darin, dass im Gegensatz zu Fragebogenerhebungen keine Unsicherheit über die Person des Befragten besteht. Einen „bias" durch die in der Praxis häufige Delegation von Fragebögen durch den Adressaten kann so vermieden werden.[600] Offen formulierte Fragen in den Fallstudieninterviews erlauben zudem eine stärkere qualitative Tiefe der Befragung, Detailanalysen sind so möglich. Im Gegensatz zur mechanistischen Datensammlung quantitativer Methoden kann im Rahmen der Datenerhebung flexibel auf neue Erkenntnisse reagiert werden.[601] Qualitative Verfahren bieten zudem den Vorteil, dass die entwickelten Forschungsfragen noch während der Auswertung zugänglich für Modifikationen auf Basis empirischer Erkenntnisse sind.[602]

Im Bereich der Sozialwissenschaften sind Fallstudien bereits seit Langem eine weit verbreitete und einflussreiche Forschungsstrategie, um komplexe soziale Phänomene zu erforschen. In jüngerer Vergangenheit werden sie verstärkt auch zur Untersu-

---

[597] Vgl. Eisenhardt (1989b: 53 und 546), Eisenhardt & Graebner (2007: 25) oder Yin (2003b: 3).
[598] Vgl. Lamnek (2005: 100 ff. und 189). Im Gegensatz dazu würden quantitative Methodiken in ihrer logisch-deduktiven Denkweise empirische Daten nur zur Bestätigung oder Modifizierung von Theorien nutzen.
[599] Vgl. Blumentritt et al. (2007: 324).
[600] Vgl. Vallejo (2009: 388).
[601] Vgl. Yin (2003b: XV und 10).
[602] Vgl. Lamnek (2005: 511), sog. „Postulat der Offenheit".

chung von Managementprozessen in der Unternehmensforschung eingesetzt.[603] Auch im Rahmen von Dissertationen finden Fallstudien zunehmend Anwendung.[604]

ZHARA ET AL. (2004) sehen Forschungsergebnisse, die auf quantitativen Forschungsmethoden und Analysewerkzeugen beruhen, als nicht hilfreich zur Erklärung der Treiber von empirischen Beobachtungen an.[605] Gemäß RUTHERFORD ET AL. (2008) ist ein Indikator dafür auch die Widersprüchlichkeit einiger Ergebnisse von bisher vorliegenden quantitativen Erhebungen. Die Autoren sprechen sich dafür aus, nicht der Verlockung statistischer Auswertungen zu folgen, wenn die zugrunde liegende Operationalisierung auf nicht vollständig passenden Theorien beruht. Fallstudien bieten unter diesen Bedingungen eine bessere Möglichkeit zur Weiterentwicklung von Theorien.[606] Da aber festgelegte Routinen fehlen und die erhobenen Daten ständig mit der zugrunde gelegten Theorie abgeglichen werden müssen, gehört die Fallstudienforschung zu den schwierigsten empirischen Forschungsmethoden.[607] Im Kontext der vorliegenden Forschungsarbeit wird sie dennoch als überlegene Methodik angesehen, um relevante empirische Ergebnisse zu erzielen.

4.2 Fallstudien im Kontext von Familienunternehmen

Die in Kapitel 4.1 dargestellten grundsätzlichen Aspekte für die Eignung von Fallstudien werden an dieser Stelle durch weitere Argumente ergänzt, die sich aus dem vorliegenden Untersuchungskontext ergeben, insbesondere aus dem Untersuchungsobjekt Familienunternehmen. Als wesentliche ergänzende Argumente für die Eignung der Fallstudienmethodik kommen in dieser Hinsicht in Betracht:

---

[603] Vgl. Yin (2003b: 1 f.), Dyer & Wilkins (1991: 613) oder Eisenhardt & Graebner (2007: 25). Z.B. Eisenhardt (1989b: 535) oder Kleindienst (2007: 125) haben Übersichten mit wichtigen Forschungsbeiträgen zusammengestellt, bei denen die wesentlichen Erkenntnisse auf Basis der Fallstudienmethode gewonnen wurden. Chrisman et al. (2007b: 1009) und auch schon Handler (1989: 258) sehen in Fallstudien und Fragebogenerhebungen die beiden dominierenden Forschungsmethoden in der Familienunternehmensforschung.

[604] Vgl. Yin (2003b: 2 f. und XIII).

[605] Vgl. Zhara & Sharma (2004: 336). Die Autoren sehen in den Ergebnissen solcher Arbeiten eine durch Verfolgung statistischer Verfahrensregeln bedingte mechanische Qualität, die zu wenig die Hintergründe der Beobachtungen analysieren kann.

[606] Vgl. Rutherford et al. (2008: 1105). Ihre eigene Meta-Analyse von Forschungsarbeiten über Familienunternehmen schließen die Autoren mit der Erkenntnis, dass Fallstudien oder Langzeitstudien bessere Erkenntnisse hätten generieren können.

[607] Vgl. Yin (2003b: 46, 5 und 57 f.).

- Mangel an Primärdaten[608]
- Mangel an Sekundärdaten[609]
- Mangel an validierten Operatoren[610]
- Vertraulichkeit des Untersuchungsthemas[611]
- Zu erhebende Daten sind ganz überwiegend qualitativer Art
- Verlässlichkeit von Selbstauskünften von Familienunternehmen[612]

SIMON ET AL. (2005) vertreten in Bezug auf Familienunternehmen die Ansicht, dass quantitative Forschungsmethoden für diese generell nicht angebracht sind, da sie nicht geeignet sind, die Komplexität dieser Gebilde zu erfassen. Bereits die Tatsache, dass Familienunternehmen häufig allein auf Basis von Größenkriterien mit der Gruppe der KMUs gleichgesetzt werden, zeige eine gewisse Blindheit für ihre strukturellen Besonderheiten, insbesondere gegenüber den koevolutionären Entwicklungsprozessen von Familie und Unternehmen.[613] Die Beachtung der individuellen Eigentums- und Führungsstrukturen ist aber wichtig, da darin ein Grund für immer wieder vorkommende Widersprüchlichkeiten zwischen verschiedenen Unternehmensstudien gesehen wird. DYER (2003) spricht in diesem Zusammenhang auch von der Familie als der bisher in der Forschung fehlenden Variable.[614]

---

[608] Primärdaten (unmittelbar erhobene Rohdaten) über Familienunternehmen liegen kaum vor (vgl. Ibrahim et al. (2008: 96), Carrigan & Buckley (2008: 657) oder Schulze et al. (2001: 112)). Ihre Erhebung im Rahmen anonymer Erhebungen hat sich als schwierig erwiesen, vgl. Villalonga & Amit (2006: 414) oder auch Carr & Bateman (2010: 244). Brockhaus (2004: 171) bestätigt diese Auffassung und sieht die individuellen Ausprägungen von Familienunternehmen, das Fehlen validierter Theorien und das Fehlen einer akzeptierten Definition als Erschwernisse einer Primärerhebung.

[609] Aus Primärdaten abgeleitete Daten, vgl. Brockhaus (2004: 171). Der Mangel an Primär- und Sekundärdaten zwingt Forscher dazu, eigene Feldforschung zu betreiben.

[610] Vgl. Rutherford et al. (2008: 1105).

[611] Vgl. Regnér (2003: 60). Quantitative Verfahren sind nach Ansicht des Autors in diesem Kontext ungeeignet. Die grundsätzliche Verschwiegenheit von Familienunternehmen gründet darauf, dass Forschung in Familienunternehmen in großen Teilen auch Forschung in der Familie bedeutet, vgl. Villalonga & Amit (2006: 414), Handler (1989: 264) und Trefelik (1998: 49).

[612] Vgl. Schulze et al. (2003b: 482). Dies gilt besonders, wenn die Ergebnisse anonymisiert publiziert werden.

[613] Vgl. Simon et al. (2005: 24 f.) oder auch Hennerkes (2005: 19). Chrisman et al. (2005: 567) befürworten in diesem Zusammenhang ebenfalls qualitative Verfahren wie Feldstudien.

[614] Vgl. Dyer (2003: 401). Auch Schachner et al. (2006: 591 f.) sehen in einer expliziten Berücksichtigung individueller Merkmale von Familienunternehmen einen Weg, um Widersprüchlichkeiten aufzulösen.

4.3 Untersuchungseinheiten

Grundsätzlich kann zwischen Einzel-Fallstudien- und Mehr-Fallstudien-Designs unterschieden werden, jeweils mit einer oder mehreren Untersuchungseinheiten. In der vorliegenden Arbeit werden mehrere Familienunternehmen auf Basis von Interviews mit jeweils einer Untersuchungseinheit befragt. Untersuchungseinheiten sind die Gesprächspartner der Fallstudieninterviews. Es handelt sich demnach um eine Mehr-Fallstudien-Untersuchung mit jeweils einer Untersuchungseinheit. Mehr-Fallstudien-Untersuchungen sind laut YIN (2003) grundsätzlich zu bevorzugen und in den vergangenen Jahren insgesamt verstärkt angewendet worden.[615] Ihr Vorteil gegenüber Einzel-Fallstudiendesigns besteht darin, dass sich durch eine Vergleichbarkeit der verschiedenen Fallstudien untereinander die interne Validität erhöht. Eine Wechselbeziehung zwischen einem äußerst tiefen Verstehen eines Unternehmens (in Einzel-Fallstudien) und den Möglichkeiten eines fallübergreifenden Vergleichs (bei Mehr-Fallstudien) ist zu beachten.

4.3.1 Auswahl der Unternehmen und der Gesprächspartner

Für die Selektion der Unternehmen wurden Kriterien aufgestellt, die trotz der zu erwartenden Individualität der Familienunternehmen hinsichtlich der in den Forschungsfragen behandelten Aspekte eine gewisse Vergleichbarkeit der empirischen Ergebnisse ermöglichen sollen. Betont wird an dieser Stelle nochmals, dass das Ziel der Erhebung nicht in der Gewinnung einer großen Anzahl vergleichbarer Antworten liegen kann (Begründungszusammenhang), sondern in der Erforschung unterschiedlicher Aspekte des Untersuchungsthemas (Entdeckungszusammenhang). Dies schließt explizit nicht aus, dass die empirischen Ergebnisse im Einzelfall doch die Voraussetzungen erfüllen könnten, zur Begründung von verallgemeinerungsfähigen Aussagen oder Gestaltungsempfehlungen herangezogen zu werden.[616]

---

615 Vgl. Yin (2003b: 39 ff.). Der Autor spricht in diesem Fall von holistischen Mehr-Fallstudien-Untersuchungen.

616 Vgl. Lamnek (2005: 118, 199, 305 und 384) oder Bechtle (1983: 6). Diese Aussagen bzw. Gestaltungsempfehlungen können den Charakter von Hypothesen haben. Gemäß Yin (2003b: 10) können Fallstudien grundsätzlich zu theoretischen Propositionen generalisiert, aber nicht für eine Grundgesamtheit verallgemeinert werden.

Das erste Kriterium für die Auswahl der Unternehmen ist bereits im Titel dieser Arbeit impliziert: Es muss sich um Familienunternehmen handeln. Angesichts einer fehlenden, allgemeingültigen Definition[617] wurden für die Auswahl im Rahmen dieser Arbeit die folgenden strengen Bedingungen festgelegt: Die Eigentümerfamilie muss die alleinige Kontrolle haben (100% des Eigenkapitals besitzen), mindestens ein Mitglied der Eigentümerfamilie muss in der Geschäftsführung oder dem Aufsichtsgremium vertreten sein und es dürfen maximal drei Familienstämme existieren.[618]

Zweites Kriterium ist, dass nur deutsche Familienunternehmen einbezogen wurden, um einen möglichen Einfluss gesellschaftskultureller Werte auf die zu untersuchenden Fragestellungen auszuschließen. Dieses Kriterium ist erfüllt, wenn ein Familienunternehmen seinen Unternehmenssitz sowie die Mehrzahl der Gesellschafter ihren Wohnsitz in Deutschland hat.

Drittes Kriterium ist, dass die Unternehmen zum Zeitpunkt der Befragung oder in den vorangegangenen zwei Jahren selbst eine gemischte Geschäftsführung oder eine Führung durch Fremdmanagement praktizieren bzw. praktiziert haben. Insgesamt müssen sie über mehrjährige Erfahrungen im Umgang mit Fremdmanagern in ihrer Geschäftsführung verfügen.[619]

Das vierte Kriterium ist, dass die befragten Familienunternehmen aus verschiedenen Branchen und Regionen stammen sollten. Dadurch soll eine mögliche aus diesen Merkmalen resultierende Verzerrung reduziert werden.

Als fünftes und abschließendes Kriterium wird vorausgesetzt, dass es sich um große Familienunternehmen mit einem Mindestumsatz von 0,5 Mrd. Euro handeln muss.

---

[617] Gemäß Hack (2009: 3 und 5) wird eine einheitliche Definition des Begriffs „Familienunternehmen" kaum möglich sein. Sie soll sich jeweils an den Forschungsfragen einer Untersuchung orientieren. Da diese Diskussion nicht Gegenstand dieser Arbeit ist, berücksichtigt die vorliegende empirische Untersuchung nur solche Unternehmen, die die im Folgenden aufgeführten strengen Merkmale eines Familienunternehmens aufweisen.

[618] Die Familie sollte auch bereits einen Führungswechsel vollzogen haben. Denn gemäß Schwass (2003: 176) ist für ein Familienunternehmen die erste Nachfolge die schwierigste. Mit zunehmendem Alter des Unternehmens werden diese tendenziell professioneller, vgl. Prudent (2003b: 81).

[619] Diese Unternehmen belegen damit ihre Beweglichkeit in den Dimensionen des Kontinuums aus Abbildung 3. Weitere Selektionskriterien sind denkbar, z.B. Rechtsform, Ertragskraft, Alter, Gesellschafter-/Generationenzahl oder auch Führungsstruktur (vgl. Redlefsen (2002: 5 f.), Jeuschede (2004: 14 ff.)).

Durch den Ausschluss von Familienunternehmen mit geringerem Umsatz soll eine vergleichbare organisationale Komplexität der Untersuchungseinheiten sichergestellt und ein möglicher „bias“ durch Unternehmensgrößeneffekte vermieden werden.[620]

Ausgangspunkt der Selektion war eine selbst erstellte Datenbank aus Presseberichten und -meldungen, Datenbanken, Studien, sonstigen Publikationen und Eigenrecherchen.[621] Zum Zeitpunkt der Selektion enthielt sie 469 Familienunternehmen, von denen 197 die strukturellen Merkmale erfüllten. Nach Anwendung des abschließenden Umsatzkriteriums blieben 103 Familienunternehmen, die alle Selektionskriterien erfüllten. Aus diesen 103 Familienunternehmen wurden 18 Unternehmen selektiert und mit der Bitte um einen Interviewtermin angeschrieben. Auf die Kriterien der Selektion wird später noch eingegangen. Die folgende Abbildung zeigt das Vorgehen bei der stufenweisen Selektion der in Frage kommenden Fallstudienunternehmen.

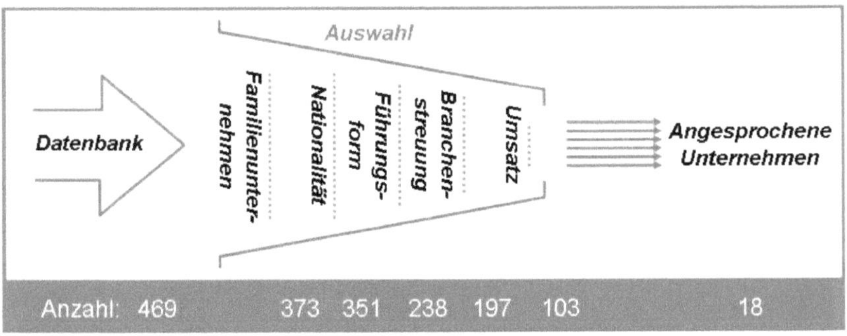

Abbildung 20: Selektion der Untersuchungseinheiten

Da gemäß LAMNEK (2005) in qualitativen Untersuchungen allgemein nicht generalisiert wird, muss eine Stichprobe nicht repräsentativ sein. Begründet wird dies damit, dass weniger die statistische Verteilung eines Problems interessiert, sondern vielmehr, welche Probleme es tatsächlich gibt und wie sie beschaffen sind. Das Postulat

---

620 Auch Redlefsen (2002: 5 f.) führt Größe als Selektionskriterium an. Die Studie von Spencer Stuart (2006) stützt die Größenschwelle von 0,5 Mrd. Euro Umsatz, vgl. Obermaier (2006: 5 f.). Eine vergleichbar hohe organisationale Komplexität der Untersuchungseinheiten wird in dieser Arbeit trotz großer Umsatzspannen erwartet. Handels- und Finanzdienstleistungsunternehmen wurden nicht betrachtet, da eine Umsatzschwelle bei diesen kein geeignetes Selektionskriterium darstellt. Ob die Branchenzugehörigkeit Einfluss auf Fragen der Unternehmensnachfolge hat, ist bisher unerforscht, vgl. Brockhaus (2004: 166).

621 Die Datenbank wurde im Vorfeld der Untersuchung über mehr als zwei Jahre aufgebaut.

der quantitativen Sozialforschung, Zufallsstichproben zu ziehen, ist für qualitative Untersuchungen sogar gänzlich ungeeignet, da Stichprobenfehler angesichts der kleinen Fallzahlen folgenschwere Verzerrungen bedingen würden.[622] Da im vorliegenden Fall zudem die vollständige Grundgesamtheit der Familienunternehmen, die die genannten Kriterien erfüllen, nicht öffentlich verfügbar ist, ist die eigene Auswahl relevanter Fälle die einzig umsetzbare Form der Stichprobenselektion.[623]

Wichtiges Kriterium bei der Auswahl der Untersuchungseinheiten ist gemäß EISENHARDT (1989), dass diese eine Replizierbarkeit der Ergebnisse wahrscheinlich macht.[624] Replikation meint, dass eine Untersuchung der Unternehmen der Stichprobe vergleichbare Ergebnisse erwarten lassen muss (eigentliche Replikation) oder sich widersprechende Ergebnisse, die erklärbar sind (theoretische Replikation).[625] Eine Replikation soll in dieser Untersuchung im Wesentlichen durch Selektion von Familienunternehmen gewährleistet werden, die in der Vergangenheit vergleichbare Erfahrungen mit Führungsnachfolgen gemacht haben. So finden sich unter den angeschriebenen Familienunternehmen sowohl solche mit reibungslosen Führungswechseln als auch solche, die Schwierigkeiten mit diesem Prozess bewältigen mussten. Ergänzende Kriterien bei der Fallselektion waren eine branchenmäßige und regionale Streuung der Unternehmen.

Ziel der empirischen Erhebung war die Befragung des jeweiligen Vertreters der Eigentümerfamilie in insgesamt zehn Familienunternehmen.[626] Die gewünschten zehn Interviewtermine wurden bereits nach Ansprache von 18 Unternehmen vereinbart.

---

622 Vgl. Lamnek (2005: 188 f.). Gemäß Klein (2004: 38) kann ein Anspruch auf Repräsentativität einer Stichprobe aus wissenschaftlicher Sicht ohnehin nicht erhoben werden.

623 Ein solches Vorgehen bei der abschließenden Fallselektion wird in der Literatur auch als „convenience sampling" bezeichnet. Im Rahmen einer induktiven empirischen Erhebung wird dies u.a. von Blumentritt et al. (2007: 324) und Eisenhardt (1989b: 537) ("Random selection is neither necessary, nor even preferable") als geeignet angesehen. Lamnek (2005) spricht in diesem Zusammenhang von „theoretical sampling". Bechtle (1983: 9) geht auf weitere Argumente für eine bewusste Auswahl (purposive sample) versus Wahrscheinlichkeitsauswahl (probability sample) ein.

624 Vgl. Eisenhardt (1989b: 537) oder auch Lamnek (2005: 384).

625 Vgl. Lamnek (2005: 191), Yin (2003b: 47), Eisenhardt (1989b: 537) oder Eisenhardt & Graebner (2007: 27).

626 Die Grenze für die Anzahl von Fallstudien ist dort zu setzen, wo der inkrementelle Erkenntniszuwachs minimal ist bzw. wo man mit einer hohen Wahrscheinlichkeit eine Wiederholung der Ergebnisse erwarten kann, vgl. Lamnek (2005: 189). Nützlich erscheint Eisenhardt (1989b: 545) eine Spanne von vier bis zehn Unternehmen. Miles & Huberman (1994: 30) sehen die Anzahl abhängig von der Art der Untersuchung, die Obergrenze läge bei 15. Zwei bis drei Fallstudien bilden gemäß Yin (2003b: 51 ff.) das Minimum.

Dadurch ergibt sich eine für Dissertationen ungewöhnlich hohe Zusagequote von knapp 56%. Das hohe Interesse der angeschriebenen Unternehmen an den Fragen dieser Arbeit zeigte sich damit bereits bei der Anbahnung der Interviewtermine.[627]

In den Interviews sollten die Erfahrungen und Haltungen der jeweiligen Eigentümerfamilien erfragt werden, da diese letztlich über die Führungsform ihres Unternehmens entscheiden. In den Anschreiben wurde daher um ein Gespräch mit dem Vorsitzenden des jeweiligen familiären Entscheidungsgremiums (Beirat, Aufsichtsrat oder Gesellschafterversammlung) gebeten. Tatsächlich konnte in allen befragten Familienunternehmen ein Gespräch mit dem gewünschten Gesprächspartner geführt werden. In neun der zehn Fälle handelte es sich dabei um ein Familienmitglied und in einem Fall um einen Familienexternen.[628] Auf eine Befragung der Fremdmanager in den untersuchten Familienunternehmen wurde aus mehreren Gründen verzichtet. Zum einen bedarf ihre Befragung der Zustimmung der Unternehmenseigentümer. Da sie zu diesen in einem Weisungsverhältnis stehen und die Befragung die Form der Zusammenarbeit umfasst, kann nicht mit uneingeschränkter Auskunftsbereitschaft gerechnet werden. Zum anderen muss gleichzeitig mit einer sinkenden Qualität der Auskünfte der Unternehmenseigentümer gerechnet werden, wenn die Fremdmanager zu den selben Themen befragt werden.

4.3.2 Eckdaten der ausgewählten Familienunternehmen

Im Durchschnitt befanden sich die interviewten Familienunternehmen zum Zeitpunkt der Befragung jeweils zwischen der dritten und vierten Generation, generierten einen jährlichen Umsatz von fast fünf Mrd. Euro und beschäftigten knapp 27.000 Mitarbeiter. Von den zehn befragten Unternehmen hatten drei eine gemischte Geschäftsführung eingerichtet, die übrigen sieben ein reines Fremdmanagement. Im Durchschnitt hatten die befragten Familienunternehmen zum Zeitpunkt der Befragung fast 26 Jah-

---

[627] In der Studie von SpencerStuart, die sich ebenfalls mit Fremdmanagement beschäftigt, machen die Autoren eine ähnliche Erfahrung, vgl. Obermaier (2006: 5). Grundsätzlich ist aber gemäß Brockhaus (2004: 171) bei Familienunternehmen eine eher geringe Teilnahmeneigung zu erwarten.

[628] Die von Lamnek (2005: 385) aufgeworfene Problematik der durch Vorverständnis bedingten bewussten Selektion von Interviewpartnern kann in dieser Arbeit ausgeschlossen werden, da per Definition innerhalb jedes Familienunternehmens immer nur eine Person in Frage kam.

re Erfahrung mit Fremdmanagern in ihrem obersten operativen Leitungsgremium. Eine Liste der Unternehmen und Gesprächspartner findet sich im Anhang.[629]

4.4 Datenerhebung und -analyse

Bei Fallstudien handelt es sich gemäß YIN (2003b) keineswegs nur um eine optionale Form der Datenerhebung, sondern um eine allumfassende Forschungsmethodik. Sie umfasst eine eigene konzeptionelle Logik, eigene Techniken der Datensammlung und spezifische Ansätze der Datenanalyse.[630] Da die untersuchten Unternehmen und ihre zu erwartenden Antworten zu dem Untersuchungsthema dieser Arbeit individuell sind, müssen auch die Daten im Rahmen der empirischen Erhebung flexibel gesammelt und analysiert werden. Gemäß LAMNEK (2005) und SIMON ET AL. (2005) sind dabei Offenheit, Gegenstandsangemessenheit, Prozesscharakter, Flexibilität und Nachvollziehbarkeit als anerkannte zentrale Prinzipien der qualitativen Sozialforschung zu beachten.[631] An diesen Grundprinzipien orientierte sich die Vorbereitung, Durchführung, Protokollierung und Analyse der Forschungsinterviews.

4.4.1 Vorbereitung

Zur Vorbereitung der Interviews gehörten die Ableitung eines auf die Forschungsfragen ausgerichteten Leitfragebogens sowie die Recherche und Aufbereitung aller öffentlich verfügbaren Informationen zu jedem der befragten Familienunternehmen.

Der Leitfragebogen dient der Unterstützung des Interviewers bei der Gesprächsführung. Er adressiert Aspekte, die zur Beantwortung der Forschungsfragen wichtig sind. Um Subjektivität oder Missverständnisse möglichst auszuschließen, werden die

---

[629] Auf eine nähere Beschreibung individueller Merkmale der befragten Familienunternehmen wird aus Gründen der Anonymitätszusicherung verzichtet. Yin (2003b: 69 f.) bemängelt, dass viele Arbeiten zu ausführliche Beschreibungen von Hintergrund und Geschichte enthalten. Die Beschreibung des Projektgegenstandes komme hingegen zu kurz.

[630] Vgl. Yin (2003b: 14).

[631] Vgl. Lamnek (2005: 20 ff.) und Simon et al. (2005: 25). Die Autoren beschreiben Offenheit als unvoreingenommenes Herangehen ohne eine Hypothesenbildung ex ante. Gegenstandsangemessenheit meint ein dem Forschungsgegenstand angemessenes Vorgehen der konkreten Datensammlung. Forschungsprozess als auch -gegenstand werden als Prozess begriffen und nicht als statischer Dauerzustand. Die Nachvollziehbarkeit bezieht sich auf die transparente Präsentation der Ergebnisse. Flexibilität meint die Integration neuer Erkenntnisse in allen Phasen des Forschungsprozesses.

wichtigsten Aspekte über mehrere Fragen abgedeckt. Die einzelnen Fragen im Interview sind offen zu stellen und sollen sämtliche Aspekte ansprechen, die in Summe zur Beantwortung der Forschungsfragen relevant sind.[632] Der Leitfragebogen dient während des Interviews als Kontrollliste bzw. Gedächtnisstütze, um sicherzustellen, dass kein Aspekt vergessen wird.[633]

Da im Rahmen der vorliegenden Untersuchung Familienunternehmen mit Fremdmanagement und solche mit gemischten Geschäftsführungen befragt wurden, wurden zwei Leitfragebögen eingesetzt. Inhaltlich adressieren sie dieselben Aspekte, die Formulierungen wurden an einzelnen Stellen aber entsprechend angepasst. Die Struktur beider Leitfragebögen ist identisch und umfasst drei Abschnitte: Allgemeine Angaben, Führungsform und Anreizsystem. Ein Muster des Leitfragebogens findet sich im Anhang.

Da der Zeitrahmen für Interviews zumeist limitiert ist, ist es wichtig, im Vorfeld sämtliche öffentlich verfügbaren Informationen über das Unternehmen, die Eigentümerfamilie(n) sowie die zu interviewende Person zu recherchieren. Unternehmenschroniken, Presseberichte, Jahresabschlüsse, Unternehmensmeldungen, Studien, Registerauszüge oder Branchenreports können in dieser Hinsicht nützliche Quellen darstellen.[634] Eine sorgfältige Recherche im Vorfeld ermöglicht es, im Interview mehr Zeit auf die wichtigen, nicht-öffentlichen Inhalte verwenden zu können. Widersprüche, die bei der Recherche möglicherweise auftauchen, können im Interview geklärt werden.

Die finale Vorbereitung für die Datenerhebung ist gemäß YIN (2003b) eine Pilotstudie. Der Interviewer soll sich an die zu erwartende Situation und den zu erwartenden Kontext gewöhnen sowie ein Gefühl für Zeitplanung, für die strukturelle und methodische Eignung des geplanten Vorgehens und für die Verwendbarkeit der vorbereiteten Dokumentationsmaterialien entwickeln. Hinsichtlich des Gesprächspartners ist es

---

[632] Vgl. Yin (2003b: 73 ff.).

[633] Vgl. Gerke-Holzhäuer (1996: 53). Der Leitfragebogen wurde von Forschern der WHU geprüft und im Rahmen einer Pilotstudie getestet.

[634] Auch Yin (2003b: 76, 8 und 98) sowie Eisenhardt & Graebner (2007: 28) und Eisenhardt (1989b: 548) empfehlen die Verwendung möglichst vieler unterschiedlicher Quellen, da die Ergebnisse dadurch insgesamt überzeugender und glaubwürdiger werden.

Ziel einer Pilotstudie, seine Reaktion auf die Interviewfragen und auf das Vorgehen zu testen. Gesprächspartner sollten den geplanten Interviewpartnern daher ähnlich sein, z.B. eine vergleichbare Position innehaben. Erkenntnisse einer Pilotstudie können es gegebenenfalls erforderlich machen, die geplante Durchführung der Studie anzupassen oder zu verfeinern.[635] Für diese Arbeit wurde der erste Interviewtermin im Sinne einer solchen Pilotstudie genutzt. Im Leitfragebogen wurde anschließend lediglich eine Umsortierung einzelner Fragen vorgenommen. Da sich aber keine substanzielle Anpassungsnotwendigkeit ergab, wurden die Erkenntnisse des Pilot-Interviews auch für die abschließende Datenanalyse verwendet. Gemäß EISENHARDT (1989) sind Anpassungen eines Leitfragebogens auch noch während der laufenden Datenerhebung möglich und belegen die Integration neu gewonnener Erkenntnisse.[636]

4.4.2 Durchführung

Bei der Erhebung der Daten im Rahmen von Fallstudieninterviews handelt es sich um ein halbstrukturiertes Vorgehen, bei dem die Fragen des Leitfragebogens flexibel aber konsequent diskutiert werden.[637] Dies ist wichtig, denn das Gespräch folgt natürlicherweise nicht immer der strukturellen Sequenz des Leitfragebogens, sondern kann individuell zwischen einzelnen Aspekten hin- und herspringen. Die Verwendung eines starren Fragebogens wäre dem Gesprächsfluss nicht dienlich und könnte möglicherweise Chancen ungenutzt lassen, im wechselseitigen Austausch tiefgehende Erkenntnisse zu erarbeiten. Hier spielen auch die spezifischen Vorteile der Interviewmethode eine Rolle. In Interviews kann nämlich hinsichtlich der Themenabfolge und Fragentiefe situativ reagiert werden, auftretende Verständnisschwierigkeiten können sofort ausgeräumt werden. Gemäß YIN (2003b) entsprechen solche Interviews einer „geführten Kommunikation" auf Basis des Leitfragebogens.[638] Der Leitfragebogen unterstützt dabei hinsichtlich der Vollständigkeit, nicht hinsichtlich der

[635] Vgl. Yin (2003b: 57 und 78 ff.).
[636] Vgl. Eisenhardt (1989b: 539).
[637] Vgl. Lamnek (2005: 352 f.), Yin (2003b: 90 f.). Gillham (2003) geht detailliert auf die Gesprächsführung und -protokollierung ein.
[638] Vgl. Yin (2003b: 89 f.). Etwaige Verständnisschwierigkeiten können bei anderen Methodiken – insbesondere bei großzahligen Fragebogenerhebungen – zu nicht verwertbaren, unplausiblen oder sogar widersprüchlichen Auswertungsergebnissen innerhalb eines einzelnen Untersuchungsobjektes führen.

Sequenz. BLUMENTRITT ET AL. (2007) bezeichnen derartige Interviews als teilstrukturierte Unterhaltungen mit der generellen Intention, definierte Themen zu adressieren.[639]

Ein wichtiges Prinzip bei der Gesprächsführung ist es laut SIMON ET AL. (2005), die eigenen Überlegungen zu einzelnen Fragen respektvoll zurückzuhalten und theoriegestützte Zuspitzungen und Verallgemeinerungen erst nach der Erhebung vorzunehmen.[640] Dabei hat es sich als zielführend erwiesen, innerhalb jedes Themenblocks zunächst möglichst offene Fragen zu stellen. Eine Vertiefung einzelner Aspekte oder eine Diskussion von Unklarheiten wird dann gegebenenfalls im weiteren Gesprächsverlauf vorgenommen.[641] Wo durch Verwendung bestimmter Signalwörter Gefahr bestehen könnte, Antworten der Interviewpartner zu steuern (social (un)desirability), wurden diese Begriffe vermieden.[642] Im Kontext dieser Arbeit könnte eine solche „social (un)desirability" z.B. entstehen, wenn offen nach Opportunismus oder Altruismus in familiären Beziehungen gefragt würde.

Gemäß LAMNEK (2005) müssen die Antworten eines Interviews in irgendeiner Weise aufgezeichnet werden. Im Rahmen der die Interviewgespräche einführenden Erläuterungen zum Hintergrund der Untersuchung konnte erreicht werden, dass ein digitaler Mitschnitt für Protokollierungszwecke von allen Teilnehmern vorbehaltlos akzeptiert wurde. Die erhobenen Daten sind dadurch intersubjektiv nachprüfbar. Ein weiterer großer Vorteil einer Gesprächsaufzeichnung ist, dass sich der Interviewer vollständig auf die Gesprächsleitung konzentrieren kann.[643] Positiv auf die Einwilligung der Gesprächspartner wirkte die Gesprächsanbahnung in Form eines persönlichen Anschreibens, die Zusendung des Leitfragebogens vorab, umfassende Informationen zur Zielsetzung der Untersuchung, eine vertrauenswürdige Gesprächsführung, die

---

[639] Vgl. Blumentritt et al. (2007: 324).
[640] Vgl. Simon et al. (2005: 25).
[641] Vgl. Lamnek (2005: 353). Das Vorgehen entspricht dem von Lamnek (2005: 388 f.) dargestellten Verständnis von zurückhaltender Gesprächsführung und Rollenidentifikation zwischen Interviewer und Interviewten.
[642] Vgl. Kahn & Cannell (1957: 59 ff., 106 ff. und 131 ff.). Nur wenn die Pointierung eines Aspektes anderweitig nicht möglich war, wurden solche Begriffe im späteren Gesprächsverlauf eingestreut.
[643] Vgl. Lamnek (2005: 387 und 389 f.).

Zusicherung der Abstimmung des Interviewprotokolls sowie die Zusicherung der anonymisierten Verwendung der Aussagen.[644]

YIN (2003) empfiehlt hinsichtlich der Verwendung erhobener Daten, Unternehmen und Interviewpartner zu nennen, inhaltliche Aussagen aber nicht auf diese zu beziehen. Zwar ist damit ein möglicher Nachteil verbunden, dass die Basisdaten im Rahmen zukünftiger Forschungsarbeiten nur eingeschränkt aufgegriffen und weiterentwickelt werden können.[645] Jedoch fördert dieses Vorgehen in entscheidendem Maße die Bereitschaft der Interviewpartner, im Rahmen der Gespräche vertrauliche Auskünfte zu geben, was einen entscheidenden Parameter der Gesprächsqualität darstellt.[646] Das beschriebene Vorgehen wird in der vorliegenden Arbeit umgesetzt.

Im Rahmen der Pilotstudie konnte die für die weitere Durchführung der Erhebung wichtige Erkenntnis gewonnen werden, dass die Gesprächsaufzeichnung keine Auswirkung auf die Bereitschaft der Gesprächspartner hatte, offen Auskunft auch über vertrauliche Aspekte zu geben. Denn einige der erhaltenen Informationen waren zum Zeitpunkt des Interviews definitiv noch nicht im Unternehmen bekannt. Ein „response bias“ aufgrund nicht vorhandener Bereitschaft zu offener Auskunft kann somit als unwahrscheinlich bewertet werden.

Die Interviews dauerten zwischen 1:12 Stunden und 2:38 Stunden, die mittlere Dauer betrug 1:42 Stunden.[647] Als Grundstruktur waren allen Gesprächen folgende Phasen gemein:

---

644 Vgl. Brockhaus (2004: 175), „The researcher must fully disclose the purpose of the study, how the information will be compiled, the guarantee of confidentially, and the benefits of the research to society, and still elicit complete and honest responses".

645 Vgl. Yin (2003b: 157 f.) oder Brockhaus (2004: 172). Die Aussagen der vorliegenden Arbeit wurden vollständig anonymisiert, ein Bezug zu ihrer Quelle kann nicht hergestellt werden. Die Anonymisierung erhobener Daten ist gemäß Lamnek (2005: 390) als Selbstverständlichkeit anzusehen.

646 Vgl. auch Redlefsen (2002: 5 f.), Prügl (2011: 15) oder Trefelik (1998: 50). Gemäß YIN (2003b: 157 ff.) ist im Zweifelsfall Anonymität zugunsten von Inhaltstiefe einzuräumen. So kann das erforderliche Vertrauen geschaffen werden, damit Familienunternehmer Einblick in ihre familiären Verhältnisse gewähren, vgl. Simon et al. (2005: 26).

647 Die Gespräche fanden in den Geschäftsräumen der Gesprächspartner statt und erfüllen damit die Forderung von Lamnek (2005: 388), „in deren Lebenswelt“ zu gehen. Die Länge der Interviews deutet auf das Interesse der Gesprächspartner an den Themen sowie deren Auskunftsbereitschaft hin, denn in den Anschreiben wurde jeweils nur eine Stunde Zeit erbeten.

- „Aufwärmphase“: Persönliche Vorstellung, Darstellung der Motivation für die Themenwahl, Zusicherung von Anonymität der Aussagen, Abgleich von vorrecherchierten Kennzahlen
- „Erzählphase“: Bitte um Darstellung der mit Führungsformen, Fremdmanagern und Anreizsystemen gemachten Erfahrungen und Präferenzen, Gesprächsstimulierung durch allgemeine Rückfragen
- „Nachfragephase“: Konkrete Rückfragen jeweils nach Abschluss eines Themenblocks zu bis zu diesem Zeitpunkt noch nicht angesprochenen Aspekten des Leitfragebogens, Klärung unklarer oder noch zu präzisierender Antworten
- „Abschlussphase“: Informationen über das weitere Vorgehen sowie Ausdruck des Danks für die Bereitschaft zum Interview

Der Autor führte alle Interviews für diese Forschungsarbeit selbständig durch, wodurch ein einheitliches Vorgehen und die Vergleichbarkeit der Aussagen unterstützt werden. Rückblickend nahm der Erkenntniszuwachs ab dem achten Interview deutlich ab. Dies stimmt mit Beobachtungen von EISENHARDT (1989) überein.[648]

4.4.3 Protokollierung

Zur Qualitätssicherung wurde für jedes Interview ein Protokoll erstellt.[649] Naheliegenderweise wurde dafür die Struktur der Leitfragebögen übernommen. Jedoch ist zu beachten, dass sich beide Dokumente insbesondere dadurch unterscheiden, dass sie sich an unterschiedliche Empfänger wenden.[650] Die sorgfältige Protokollierung der Interviews fördert die nachfolgende Analyse ebenso wie die Wiederholbarkeit der Ergebnisse durch andere Forscher bei Befolgung der beschriebenen

---

[648] Vgl. Eisenhardt (1989b: 545) oder auch Lamnek (2005: 189) und Miles & Huberman (1994: 30). Auch Blumentritt et al. (2007: 324 f.) und Lamnek (2005: 115) empfehlen, keine weiteren Fallstudien mehr durchzuführen, wenn keine neuen Erkenntnisse zu erwarten sind.

[649] Vgl. Lamnek (2005: 390), dort „Transkript“ genannt. Der Begriff Transkript bzw. Transkribierung beschreibt jedoch eher eine sehr wortgetreue Übertragung von Sprache in ein anderes Medium. Da hier eine inhaltsgetreue Übertragung vorgenommen wurde, wird der Begriff Protokoll bevorzugt.

[650] Der Leitfragebogen ist eine Arbeitshilfe für den Interviewer, während sich das Protokoll zunächst an den Interviewten richtet. Es dient in der Untersuchung aber hauptsächlich der Qualitätssicherung. Yin (2003b: 141) bezeichnet mit dem Begriff Protokoll das ein Interview vorbereitende Dokument (hier Leitfragebogen). Die anschließende Protokollierung bezeichnet er als Report.

Vorgehensweise – ein wesentliches Qualitätsmerkmal von Fallstudienuntersuchungen.[651]

Eine detaillierte Protokollierung fand unter Nutzung der Mitschnitte jeweils direkt im Anschluss an jedes Gespräch statt. Dabei wurden die Gespräche in mehreren Durchläufen analysiert, um sicher zu gehen, dass keine relevante Information verloren geht. Zum Aufbau von Interviewprotokollen in der Fallstudienforschung existieren insgesamt wenige Vorgaben, auch daher muss besondere Sorgfalt auf den Aufbau eines solchen Protokolls gerichtet werden. In der vorliegenden Arbeit wurde ein standardisiertes Dokumentationsmuster für alle Fallstudien entworfen, welches die Vollständigkeit und die bessere Vergleichbarkeit der Ergebnisse unterstützt.[652] YINS (2003b) Empfehlung, Protokolle durch die interviewten Personen überprüfen zu lassen, wurde gefolgt. Von den Gesprächspartnern wurde neben der reinen Prüfung die Freigabe des Protokolls erbeten, welche auch von allen erteilt wurde.[653]

4.4.4 Analyse

Gemäß LAMNEK (2005) liegt in der Datenanalyse die zentrale Herausforderung qualitativer Forschungsmethoden, da es anders als bei der Analyse quantitativer Daten dazu keine eindeutigen Vorgaben gibt. YIN (2003b) umreißt die Anforderungen folgendermaßen: „... much depends on an investigator's own style of rigorous thinking, along with the sufficient presentation of evidence and careful consideration of alternative interpretations". Er beschreibt drei Grundstrategien der Analyse: theoretische Forschungsthesen, Rahmen auf Basis konkurrierender Erklärungen und die Entwicklung von Fallbeschreibungen. Jede dieser Strategien könne sich fünf Analysetechniken bedienen: Mustersuche, Bildung von Erklärungszusammenhängen, Ereignisanalysen im Zeitablauf, logische Modelle im Zeitablauf und fallübergreifende Synthese. Die folgende Abbildung stellt diese Auswahl in Form einer Matrix dar.[654]

---

[651] Vgl. Yin (2003b: 37), dort als „externe Validität" bezeichnet.

[652] Vgl. Yin (2003b: 134).

[653] Vgl. Yin (2003b: 141). Die Gesprächsprotokolle wurden zeitnah an die Gesprächspartner geschickt. Eventuelle Änderungen oder Ergänzungen wurden eingearbeitet. Ausschließlich die abgestimmten und abschließend genehmigten Protokolle sind in die Auswertung eingegangen.

[654] Vgl. Lamnek (2005: 199) und Yin (2003b: 109 ff.). Anregungen für die Datenanalyse finden sich z.B. auch bei Miles & Huberman (1994).

Analysetechnik / Analysestrategie	Mustersuche	Bildung von Erklärungszusammenhängen	Ereignisanalysen im Zeitablauf	Logische Modelle im Zeitablauf	Fallübergreifende Synthese
Theoretische Forschungsthesen	//////	//////			//////
Rahmen auf Basis konkurrierender Erklärungen					
Entwicklung von Fallbeschreibungen					

Abbildung 21: Analysestrategien und -techniken nach YIN (2003b)

In dieser Arbeit wird der erstgenannten Strategie der Bildung theoretischer Forschungsthesen gefolgt.[655] Diese wurden in Kapitel 3.3 auf Basis der Forschungsfragen gebildet. Hinsichtlich der Analysetechnik ist die Anwendung aller fünf Varianten zu prüfen, da sie alle darauf gerichtet sind, die externe und interne Validität des Vorgehens zu gewährleisten.[656] Schwerpunkt in dieser Arbeit sind die erste, zweite und fünfte Technik. Da die Fallstudienuntersuchung einmalig durchgeführte Forschungsinterviews umfasst, sind Analysen im Zeitablauf (dritte und vierte Technik) nicht möglich.

Der erste Schritt der Datenanalyse ist eine sorgfältige Einzelfallanalyse. Dabei steht die Suche nach Erklärungszusammenhängen auf Basis unternehmensindividueller Strukturen, Motivationen und Rahmenbedingungen im Vordergrund. Wie auch bei anderen Erhebungsmethoden können die Antworten in Interviews einer gewissen Subjektivität der Gesprächspartner folgen. Weitere Subjektivität kann durch den Interviewer selbst einfließen. Um subjektive Wahrnehmungen und Schlussfolgerungen soweit wie möglich auszuschließen, wurden bereits im Rahmen der Interviewvorbereitung, -durchführung und -protokollierung entgegengerichtete Maßnahmen getroffen. Insbesondere wurden wichtige Aspekte über mehrere Fragen adressiert, missverständliche oder unklare Äußerungen in den Interviews unmittelbar hinterfragt, die Gespräche aufgezeichnet sowie ausführliche Gesprächsprotokolle erstellt und mit den Interviewpartnern abgestimmt.

Es fällt in die Verantwortung des Interviewers, herauszufinden und zu bewerten, ob andere Motive als die genannten hinter bestimmten Äußerungen oder Verhaltens-

---

655 Vgl. Yin (2003b: 109 und 111 ff.).
656 Vgl. Yin (2003b: 109 ff.).

weisen des Interviewten liegen. Als Beispiel werfen CHRISMAN ET AL. (2007a) in ihrer Arbeit den Gedanken auf, dass Anreizvergütungen nicht nur zur bestmöglichen Förderung der Erreichung der Unternehmensziele gewährt werden könnten, sondern auch, um bestimmten Stakeholdern des Unternehmens eine professionelle Führung des Unternehmens zu suggerieren. Die Autoren nennen explizit Fremdmanager als mögliche Adressaten eines solchen Vorgehens.[657] Gleiches könnte für Governance-Strukturen gelten, z.B. für die Einrichtung von Beiräten. Dementsprechend wurden grundsätzlich alle Aussagen der Gesprächspartner unter Würdigung aller zur Verfügung stehenden Informationen und auf Basis des individuellen Kontextes hinterfragt.

Im Anschluss an die Einzelfallanalyse werden die erhobenen Datensätze auf gemeinsame Muster untersucht (fallübergreifende Analyse). Es wird geprüft, inwieweit sie Anhaltspunkte liefern, die den aufgestellten Forschungsthesen Gewicht geben oder nicht. Im Rahmen der fallübergreifenden Analyse wurden die Einzelfallanalysen mehrfach miteinander verglichen, um die Identifikation aller fallübergreifenden Muster sicherzustellen. Das Vorgehen entspricht der Empfehlung von EISENHARDT (1989), dem induktiven Grundsatz von Fallstudienforschung auch im Rahmen der Datenanalyse zu folgen.[658] Neben gemeinsamen Mustern können sich aus den Daten aber auch Widersprüche ergeben. Auf beides wird im Auswertungsteil dieser Arbeit detailliert eingegangen werden.

Zwischen fallübergreifender Analyse und Thesenabgleich ist der Prozess der Datentriangulation geschaltet. Dies bezeichnet ein Verfahren zur Bestätigung der Erkenntnisse aus dem Musterabgleich, bei dem die eigenen empirischen Erkenntnisse ergänzend abgeglichen werden mit den sonstigen verfügbaren Informationen zu Untersuchungsthema und -unternehmen. Einbezogen werden sowohl alle öffentlich verfügbaren Informationen als auch von den Unternehmen erhaltene Unterlagen (Familiensatzungen, Unternehmens- und Familienchroniken, etc.). Auch Ergebnisse quantitativer empirischer Forschungen wurden berücksichtigt, so dass im Sinne von LAMNEK (2005) das Prinzip der methodologischen Offenheit gewahrt bleibt.[659]

---

[657] Vgl. Chrisman et al. (2007a: 1036).

[658] Vgl. Eisenhardt (1989b: 539 ff.). Beschrieben wird das Vorgehen z.B. auch von Cater & Justis (2010: 570 f.).

[659] Vgl. Lamnek (2005: 274).

Bei der Datenanalyse besteht die Gefahr, dass mögliche Erkenntnisse und auffällige Muster übersehen werden, die über die ursprünglich formulierten Forschungsfragen hinausgehen. Um dieser Gefahr zu begegnen, wurden die unter dem besonderen Blickwinkel der aufgestellten Forschungsfragen vorgenommenen Analysen in einem zweiten Schritt ergänzt durch die Untersuchung von im ersten Durchgang verworfenen Daten. Im Rahmen der zweiten Analyse wurden laufend Abgleiche mit Erkenntnissen aus der Datentriangulation vorgenommen. Als Abschluss der Analyse werden die fallübergreifenden Erkenntnisse zusammengefasst und daraus Thesen abgeleitet.

YINS (2003b) vier ergänzende Prinzipien der Datenanalyse (Einbezug aller verfügbaren Informationen, Ausführung möglicher rivalisierender Interpretationen, Vertiefung signifikanter Aspekte und Einbezug eigenen Expertenwissens) werden mit dem beschriebenen Vorgehen befolgt.[660] Die folgende Abbildung zeigt das Vorgehen der Datenanalyse schematisch.

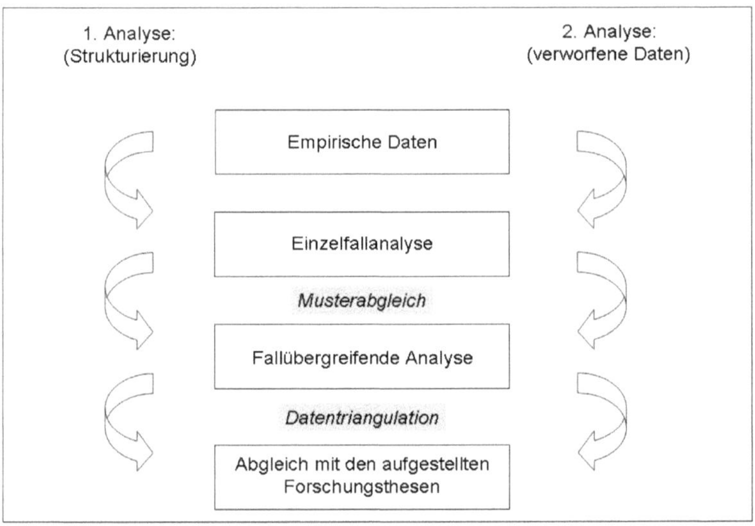

Abbildung 22: Datenanalyse (schematisch)

---

[660] Vgl. Yin (2003b: 137).

Folgende Abbildung fasst die wichtigsten Arbeitsschritte des Forschungsprozesses noch einmal zusammen:

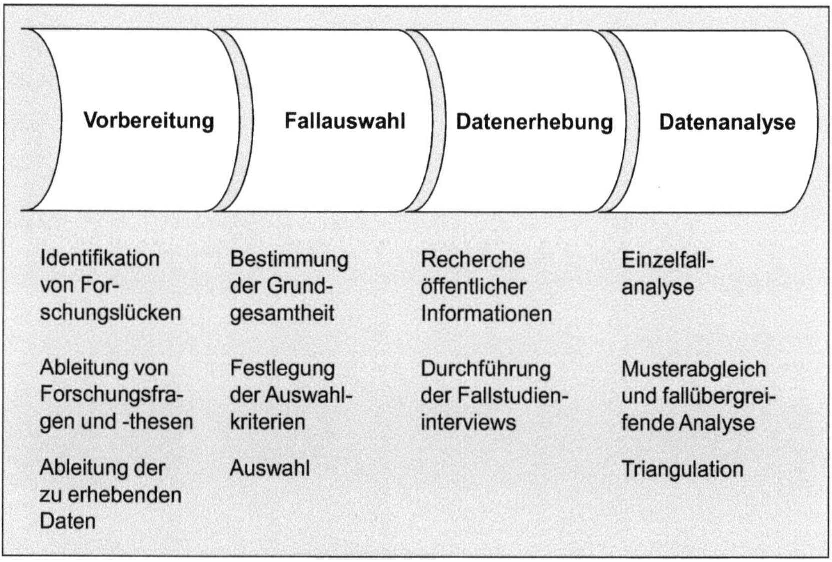

Abbildung 23: Forschungsprozess (schematisch)

5 Empirische Ergebnisse

Nachfolgend werden die Antworten der Fallstudienteilnehmer zu den einzelnen Interviewfragen entsprechend der zugrunde liegenden Forschungsfragen ausgewertet. Dabei werden die Themenkomplexe „Führungsform“ und „Anreize“ zunächst getrennt voneinander behandelt.[661] Dies entspricht der von YIN (2003) als vorteilhaft beschriebenen Strukturierung nach Maßgabe der Forschungsfragen. Es erleichtert die fallübergreifende Analyse und fördert zugleich eine Weiterverwendung der Erkenntnisse im Rahmen nachfolgender Arbeiten.[662] Die Forschungsfragen selbst sind in qualitativen Untersuchungen nicht als vorab festgelegt anzusehen, sondern als grundsätzlich offen für Modifikationen aufgrund sich ergebender empirischer Erkenntnisse.[663]

Ziel der zunächst einzelfallbezogenen und später fallübergreifenden Analyse der Fallstudien ist die Identifikation gemeinsamer Muster. Wegen der den Teilnehmern zugesicherten Teilanonymität der Informationen muss auf eine detaillierte Darstellung der Einzelfallanalysen verzichtet werden, da diese unmittelbar Rückschlüsse auf das jeweilige Unternehmen zulassen würden. Als Ergebnis der Analyse werden anschließend die Thesen dieser Untersuchung abgeleitet. Es ist darauf hinzuweisen, dass Thesen im Gegensatz zu Hypothesen noch nicht hinreichend operationalisiert sind, um unmittelbar getestet werden zu können, was dem explorativen Charakter der Untersuchung entspricht (vgl. Kap. 3.3).[664] Das Vorgehen stimmt überein mit der Sichtweise von LAMNEK (2005), wonach eine Generalisierung qualitativ gewonnener Ergebnisse lediglich durch Typisierung erfolgt, nicht durch Verallgemeinerung. Ziel der Typisierung ist die Identifikation eines Sets von sozialen Handlungsmustern in einem Feld unter Verzicht auf eine Quantifizierung der Häufigkeit der Muster.[665]

---

[661] Wie in Kapitel 2 und 3 dargestellt, könnten einzelne Aspekte des Themenkomplexes „Anreize“ abhängig sein von der gewählten Führungsform. Sollte dies zutreffen, werden die betreffenden Äußerungen zusammengeführt.

[662] Vgl. Yin (2003b: 111 ff. und 148).

[663] Vgl. Lamnek (2005: 511) oder auch Simon et al. (2005: 26)

[664] Eine Hypothese hat stets Ursache-Wirkungsbeziehungen zum Inhalt, die z.B. mittels statistischer Testverfahren überprüft werden können.

[665] Vgl. Lamnek (2005: 512). Dies bedeutet, dass qualitative Verfahren Muster identifizieren können, nicht aber quantifizieren, für welchen Anteil der Grundgesamtheit eine Übereinstimmung mit dem Muster zu erwarten ist. Auch Yin (2003b: 10) äußert sich entsprechend: “Case studies are generalizable to theoretical propositions and not to populations or universes, the goal is to expand and to generalize theories”. Vgl. auch Bechtle (1983: 8 und 12).

5.1 Fremdmanagement in Familienunternehmen

5.1.1 Forschungsfrage 1a

In Forschungsfrage 1a geht es um einen Vergleich der Führungsformen Fremdmanagement und familieninterne Führung im Kontext eines Nachfolgefalles in großen deutschen Familienunternehmen.

5.1.1.1 Präferenz für Familienmanager

Die Befragten treffen keine pauschale Festlegung auf eine präferierte Führungsform. Die Entscheidung hat nach einhelliger Meinung individuell und zum jeweiligen Zeitpunkt primär in Abhängigkeit vom Unternehmenskontext und der Verfügbarkeit qualifizierter familieninterner Kandidaten zu erfolgen.

Unter Unternehmenskontext verstanden die Befragten insbesondere die Unternehmensgröße sowie die (damit häufig verbundene) geschäftliche Komplexität. Sie gaben an, dass reine Familienführung grundsätzlich kaum mehr in Betracht kommt, wenn Familienunternehmen eine Größe wie die im Rahmen dieser Untersuchung befragten Unternehmen erreicht haben.[666] Zum zweiten Kriterium, der Verfügbarkeit von qualifizierten Kandidaten aus dem Kreis der Eigentümerfamilie, äußerten verschiedene Gesprächspartner, dass dies sogar das zunächst dominierende Kriterium für die Wahl der Führungsform ist.[667] Denn grundsätzlich wünschen bis auf eines alle befragten Familienunternehmen eine Mitarbeit von Familienmitgliedern im Unternehmen. Ein Indiz für den Stellenwert dieses Kriteriums ist auch die lange Dauer der Zugehörigkeit von Familienmitgliedern zur Geschäftsführung in den befragten Unternehmen mit gemischter Geschäftsführung (im Schnitt über 17 Jahre). Eine nicht imitierbare Schlüsselqualifikation von Familienmitgliedern sehen die Befragten darin, dass diese eher einen Blick für den Zusammenhalt eines Familienunternehmens als

---

[666] Diese Aussage deckt sich mit anderen Studienergebnissen, z.B. von Schultzendorff (1984: 39 und 236 ff.) oder PricewaterhouseCoopers (2008b: 8 f.).

[667] Vgl. ähnlich auch z.B. Le Breton-Miller et al. (2004: 306). In der Untersuchung von PricewaterhouseCoopers (2008a: 14) führen hingegen 77% der befragten Familienunternehmen an, bei Besetzungen grundsätzlich interne und externe Kandidaten zu berücksichtigen. In einer späteren Studie wird festgestellt, dass eine Präferenz für familieninterne Nachfolger in deutschen Familienunternehmen im internationalen Vergleich unterproportional ausgeprägt ist, vgl. PricewaterhouseCoopers (2010: 17 f.).

Ganzes haben. Denn sie sind in der Unternehmerfamilie aufgewachsen, laufend in Diskussionen über Unternehmensthemen einbezogen worden, sich der Unternehmenshistorie bewusst und selber Teil dieser Historie.[668] Auch der Wunsch, Familienmitgliedern Beschäftigung und Einkommen anbieten zu können, spielt für die meisten der befragten Familienunternehmen eine Rolle.[669] Die Fallstudienteilnehmer machen aber die fachliche und charakterliche Eignung eines Familienmitglieds zur zwingenden Voraussetzung für eine Mitarbeit in der Geschäftsführung.[670] Jedoch sehen auch sie bei steigender Unternehmensgröße eine deutlich sinkende Wahrscheinlichkeit, dass diese Voraussetzungen vorliegen. Die geringe Wahrscheinlichkeit, gewillte und gleichzeitig geeignete Nachfolger dauerhaft im Familienkreis zu finden, wird denn auch von fast allen Gesprächspartnern als wesentliches Argument gegen Familienführung angeführt. Tatsächlich rechnen nur zwei der zehn befragten Familienunternehmen fest damit, innerhalb der kommenden fünf Jahre einen Nachkommen in das oberste operative Leitungsgremium des Unternehmens aufnehmen zu können.[671]

Verschiedene Merkmale der evolutionären Reife eines Familienunternehmens bilden nach Ansicht der Befragten ergänzende Kriterien für die Wahl der Führungsform. Dazu zählen die Anzahl der Gesellschafter, die Generationenzahl, die Anzahl der Familienstämme oder die Anteilsstreuung. Bei steigender Gesellschafteranzahl steigt die Gefahr von Gesellschafterkonflikten, sind mehrere Familienstämme vertreten, erhöht sie sich noch stärker.[672] Im Idealfall einigen sich die Gesellschafter dann auf

---

[668] Vgl. Anderson & Reeb (2003: 1307). In der Studie von PricewaterhouseCoopers (2008b: 6) führen die befragten Familienunternehmen eine mögliche Gefahr des Identitätsverlustes an, wenn keine Familienmitglieder in der Geschäftsführung vertreten sind. Hamilton (2011) untersucht, wie der soziale Kontext in Familienunternehmen unternehmerisches Lernen beeinflusst.

[669] Ähnlich auch bei Janjuha-Jivraj & Spence (2009: 711).

[670] Klein (2004: 217 ff.) weist darauf hin, dass die Gefahr adverser Selektion bei Familienunternehmen dadurch verstärkt wird, dass es Familienmitgliedern oft schwer fällt, die Qualifikation enger Verwandter objektiv zu beurteilen. Die Forderung (z.B. von Malone (1989: 341 f.) oder Sharma et al. (1997: 4)), bei der Eignungsbewertung neben der aktuellen geschäftlichen Situation auch die absehbaren zukünftigen strategischen Herausforderungen zu berücksichtigen, wurde bei den Befragten im Allgemeinen unter „fachlicher und charakterlicher Eignung" subsumiert.

[671] Die Untersuchung von PricewaterhouseCoopers (2008b: 10) zeigt, dass sich große Familienunternehmen bereits in den vergangenen Jahren zunehmend für Fremdmanager geöffnet haben. Für die nahe Zukunft wird keine gravierende Zunahme mehr erwartet.

[672] Dieses Ergebnis deckt sich z.B. mit Witt (2008: 14). Fremdmanagement kann als Katalysator dienen, Familienkonflikte zu lösen, vgl. Brenes et al. (2011: 285). Hack (2009: 6) führt an, dass die Anzahl der Gesellschafter in Familienunternehmen mit zunehmender Größe und mit jedem Generationenwechsel steigt.

einen einzigen familieninternen Geschäftsführer oder schließen Familienvertreter ganz aus.[673] Die Wahrscheinlichkeit, dass eine solche Einigung möglich ist, sinkt jedoch tendenziell mit steigender Gesellschafteranzahl. Die evolutionäre Reife eines Familienunternehmens ist nach Meinung der Befragten individuell und sollte bei einem Vergleich von Familienunternehmen berücksichtigt werden.[674]

Nur eines der befragten Familienunternehmen hat sich bisher grundsätzlich gegen eine operative Mitarbeit von Familienmitgliedern im Unternehmen entschieden. Es lässt auch die Kontrolle und die Beratung der Geschäftsführung durch Gremien erfolgen, die mehrheitlich familienfremd besetzt sind. Ein anderes Unternehmen lehnt aufgrund potenzieller Gesellschafterkonflikte eine reine Familienführung ab. Auffällig ist, dass bewusste Maßnahmen zur Vermeidung von Gesellschafterkonflikten nur in den Familienunternehmen beschrieben wurden, in denen derartige Konflikte tatsächlich bereits einmal aufgetreten sind.[675]

5.1.1.2 Zugang für Familienmitglieder

Trotz der grundsätzlichen Präferenz für familieneigene Nachfolger nehmen alle befragten Familienunternehmen für sich in Anspruch, Familienmitgliedern keinen privilegierten Zugang zu Leitungspositionen zu bieten. An einer Tätigkeit im Unternehmen interessierte Familienmitglieder müssen sich einem Qualifikationsvergleich mit externen Kandidaten stellen und in der Regel den üblichen Karriereweg durchlaufen.[676] Zwei Unternehmen sehen einen Einstieg nur auf Geschäftsführungsebene vor, ebenfalls nach bestandenem Qualifikationsvergleich mit externen Kandidaten. Ein Unternehmen führt dazu an, dass solche Qualifikationsvergleiche nur einge-

[673] Jeuschede (2004: 75 f.) rät in diesem Zusammenhang zu verbindlichen und transparenten Auswahlregeln (z.B. hinsichtlich vorheriger Führungserfahrung) sowie angemessenen Barrieren gegen Automatismen. Damit könne man der Gefahr von Politisierungen und Machtkämpfen im Gesellschafterkreis begegnen. Spranger et al. (2012) beschäftigen sich mit den Auswirkungen der Mitarbeit von mehreren Familienmitgliedern im Unternehmen.

[674] Chrisman et al. (2005: 562) legen nahe, dass solche Aspekte auch Einfluss auf die agencytheoretische Bewertung von Familienunternehmen haben könnten.

[675] PricewaterhouseCoopers (2006: 33) stellt fest, dass 83% der deutschen Familienunternehmen kein Konfliktlösungsverfahren für die Familie entwickelt haben.

[676] Krüger (2006: 244) fordert, gleiche Auswahlkriterien für familieneigene und familienfremde Nachfolger anzulegen. Bechtle (1983: 153 ff. und 228 ff.) und Le Breton-Miller et al. (2004: 314 f.) leiten aus ihren Untersuchungen Kriterien für die Auswahl familieninterner Kandidaten ab. Bechtle (1983) stellt klar, dass es auch Teil unternehmerischer Verantwortung ist, ungeeigneten Familienangehörigen niemals führende Positionen im Unternehmen zu übertragen.

schränkt objektiv sein können und dass Familienmitglieder die einzelnen Stationen des Karrierewegs im Familienunternehmen häufig durchaus schneller durchlaufen dürfen. Um die Qualifikationsbewertung objektiver zu gestalten, lassen einige der befragten Familienunternehmen familieninterne Kandidaten durch ein Gremium bewerten, das teilweise oder mehrheitlich familienfremd besetzt ist, oder nutzen Personalberater.[677] Den Ausstieg von Familienmitgliedern aus allen Leitungsfunktionen haben die meisten der befragten Unternehmen mittels fester Altersgrenzen geregelt.

5.1.1.3 Gründe für einen Bedarf an Fremdmanagern

Die von den Befragten angegebenen Gründe für den Einsatz von Fremdmanagern in der obersten Geschäftsführung ihres Familienunternehmens lassen sich auf wenige Themen zusammenfassen. Auch wenn die individuellen Umstände jeweils unterschiedlich sind, ist Treiber im Kern immer ein Bedarf, der nicht aus den eigenen Reihen gedeckt werden kann. Ausgelöst wird dieser Bedarf in aller Regel durch Unternehmenswachstum sowie steigende Komplexität und Internationalität des Geschäfts.[678] Die damit verbundene zunehmende zeitliche und fachliche Belastung der Geschäftsführung und das Fehlen geeigneter Familienmitglieder führen fast automatisch zur Integration von Fremdmanagern. Fast alle Befragten sehen hinsichtlich der Fremdmanager-Frage daher letztlich keine reale Entscheidungsoption. Freiheiten sehen die befragten Unternehmen nur hinsichtlich der Umsetzung einer solchen Fremdmanager-Integration. Zwei Unternehmer betonen in diesem Zusammenhang, dass die operative Führung des Unternehmens für sie nicht mehr zwingend primäres Ziel sei. Wichtiger sei es, Familienmitglieder stellen zu können, die die Kompetenz und das Interesse haben, das Unternehmen strategisch über den Vorsitz im jeweiligen Aufsichtsgremium zu führen.[679]

---

[677] Eine Intes-Studie aus dem Jahr 2006 liefert Anhaltspunkte für eine eingeschränkte Urteilskraft von Gesellschaftern hinsichtlich der Qualifikation von Familienmitgliedern. Von den erfolgreichen Familienunternehmen binden 70% Dritte ein, vgl. May et al. (2006: 7). In der Untersuchung von Jaeschke (2004: 66) sind Personalberater in 50% der Besetzungen beteiligt.

[678] In einem Fall war der Unfalltod eines familieninternen Geschäftsführers der Auslöser. In einem anderen Fall war ursprünglich die Auflösung von Gesellschafterkonflikten Ziel für das Engagement von Fremdmanagern. Fremdmanager sind für die Anforderungen aus steigender Komplexität besser geeignet, vgl. Chua et al. (2009: 364).

[679] Diese Haltung der befragten Unternehmer bestätigt die Ergebnisse einer Studie der Stiftung Familienunternehmen, vgl. Prügl (2011: 23). Eine zunehmende Neigung von Familienunternehmern, Einfluss über ein Aufsichtsgremium einzubringen, wird auch von Klein (2000: 172) beobachtet.

Neben der Kompensation familienintern nicht vorhandener fachlicher Qualifikationen werden als weitere wesentliche Vorteile einer Integration von Fremdmanagern z.B. häufig auch die Vermeidung von Gesellschafterkonflikten sowie die Rationalisierung und die Beschleunigung von Entscheidungen genannt. Auch BECHTLE (1983) schlussfolgert in ihrer Untersuchung, dass die Entscheidung zwischen Familienführung, gemischter Geschäftsführung oder Fremdmanagement das Ergebnis der Bewertung eines ganzen Bündels von Kriterien ist.[680] Letztlich aber ist für die Mehrzahl der hier befragten Unternehmen im Wesentlichen die mangelnde Verfügbarkeit qualifizierter familieninterner Führungskandidaten das zentrale Kriterium.

KLEIN (2003) ergänzt als einen wichtigen Nebeneffekt der Integration von Fremdmanagern, dass sie die Motivation der Mitarbeiter eines Familienunternehmens heben kann. Die Ernennung leistungsorientierter Manager in die Geschäftsführung kann ihnen ein glaubwürdiges Vorbild für Chancengleichheit auch ohne verwandtschaftlichen Bezug zur Unternehmerfamilie sein.[681] Eine solche Signalwirkung wird von den meisten Unternehmern in dieser Untersuchung zwar bestätigt, spielt aber für ihre Entscheidungen über die Führungsform keine maßgebliche Rolle.

5.1.1.4 Anforderungen an Fremdmanager

Hinsichtlich der Qualifikationen, die ein Fremdmanager vorweisen muss, hat für fünf der befragten Familienunternehmen das fachliche Wissen einen höheren Stellenwert als charakterliche Eigenschaften. Drei der befragten Unternehmen sahen dagegen die charakterlichen Eigenschaften als wichtigstes Selektionskriterium an und zwei Befragte bewerteten beide Aspekte als gleich wichtig.[682] Hinsichtlich der geforderten charakterlichen Eigenschaften wurde insgesamt eine Vielzahl von Attributen genannt. Davon waren Loyalität, Respekt und Transparenz den teilnehmenden Familienunternehmern am wichtigsten. Letztlich verbindet diese Charakteristika, dass sie entscheidend für die Bildung von Vertrauen zwischen Eigentümerfamilie und

[680] Vgl. Bechtle (1983: 153).

[681] Vgl. Klein (2003a: 49). Auch Aronoff & Ward (2000: 7 f.) verweisen auf die Gefahr, Fremdmanager z.B. durch destruktiven Nepotismus oder Machtmissbrauch durch die Familie zu demotivieren.

[682] Albach & Freund (1989: 90) stellen fest, dass die Anforderungen an das fachliche Wissen von Fremdmanagern mit der Unternehmensgröße steigen.

Fremdmanager sind.[683] Die meisten der befragten Unternehmen stellten denn auch direkt auf ein hohes Maß an Vertrauen ab, das von beiden Seiten mitgebracht und ausgebaut werden müsse, um erfolgreich zusammenarbeiten zu können.[684]

KLEIN (2009) führt aus, dass Familienmitglieder aufgrund ihrer primären Sozialisation im Familienverbund häufig über ein gemeinsames Wertesystem verfügen. Sie haben daher eine höhere Zielübereinstimmung als Individuen, die sich erst im Erwachsenenalter begegnen. Ein hohes Maß an Zielübereinstimmung zwischen Menschen begünstigt die Bildung von Vertrauen. Vertrauen wiederum erlaubt weniger komplexe Governance-Mechanismen und damit komparative Kostenvorteile.[685] Die starke Betonung der gewünschten charakterlichen Eigenschaften von Fremdmanagern soll sicherstellen, dass diese ein vergleichbares Wertesystem vertreten wie die Eigentümerfamilie selbst. Tatsächlich zeigen sich die befragten Unternehmen sehr zufrieden mit der Beziehung zu ihren Fremdmanagern.[686] Dies lässt darauf schließen, dass sich nicht nur zwischen Familienmitgliedern, sondern auch zwischen Eigentümer und Fremdmanager ein hohes Maß an Vertrauen ausbilden kann.

5.1.1.5 Verhältnis der Eigentümerfamilie zum Unternehmen

Aus dem Rückzug der Familie aus dem operativen Geschäft ergab sich bei fast allen befragten Unternehmern eine ähnliche Problematik. Auf der einen Seite wird die hohe Bedeutung der Integrationswirkung einer Eigentümerfamilie betont. Um die Autorität der Fremdmanager nicht zu beschädigen, dürfe sich die Familie auf der anderen Seite aber nach ihrem Rückzug nicht mehr in operative Entscheidungen einmischen. Trotz dieses Zwiespaltes berichtet keines der befragten Unternehmen über negative

---

683 Auch in der Literatur werden Anforderungen an Fremdmanager meist eher vage beschrieben und sind nur schwer objektiv zu bewerten. Zentral ist die Forderung, dass Fremdmanager und Eigentümer auch menschlich harmonieren. Dies setzt Vertrauen voraus. Zu einzelnen Aspekten der Anforderungen an Fremdmanager siehe Chrisman et al. (1998), Jeuschede (2004: 81 ff.), Aronoff & Ward (2000: 10), May (2003: 91) oder Voigt (1990: 61 f.).

684 Ein besonderer Vorteil von Familienunternehmen – verkürzte Kommunikations- und Entscheidungsprozesse – kann nur voll genutzt werden, wenn Vertrauen zwischen den handelnden Akteuren besteht. Es muss daher gelingen, auch Fremdmanager in das „familiäre Kulturnetzwerk" einzubinden, vgl. Aronoff & Ward (2000: 10) und Milton (2008: 1068).

685 Vgl. Klein (2009: 76 f.) oder auch Krüger (2006: 240 f.).

686 Das Ergebnis deckt sich mit May et al. (2005: 4 und 9), die eine ebenso hohe Zufriedenheit mit ihrer Führungsform in Familienunternehmen mit Fremdmanagement und familiengeführten Unternehmen feststellen.

Veränderungen im Verhältnis der Gesellschafterfamilie(n) zum Unternehmen durch die Umstellung auf Fremdmanagement. Für zwei Befragte hat sich das Verhältnis sogar deutlich verbessert. Insgesamt bewerten alle befragten Unternehmen ihre mit Fremdmanagern gemachten Erfahrungen als positiv bis sehr positiv. Zwei Unternehmen betonen explizit, dass es keine Nachteile gibt, soweit die Eigentümerfamilie keine gravierenden Fehler hinsichtlich der Selektion der Fremdmanager und der Zuweisung unternehmerischer Freiräume macht.[687]

Wie bereits zuvor angeführt, präferieren die befragten Familienunternehmer mehrheitlich grundsätzlich eine Nachfolge durch familieneigene Manager. Die sehr positive Bewertung der Erfahrungen, die die Gesprächspartner mit der Umstellung auf Fremdmanager gemacht haben, überraschen daher auf den ersten Blick. Dies legt den Schluss nahe, dass die Präferenz für Familienführung nicht erfahrungsbasiert ist, sondern eher traditionelle bzw. intuitive Ursachen hat.[688] Die positiven Erfahrungen lassen aber auch den weiteren Schluss zu, dass die untersuchten Familienunternehmen – wenn sie sich denn zur Aufnahme von Fremdmanagern entschieden haben – diesen konsequent das für sie passende Umfeld bereitet haben, in dem Fremdmanager die Unternehmen zur Zufriedenheit der Gesellschafter entwickeln konnten.

Hinsichtlich der informativen Einbindung der gesamten Eigentümerfamilie über die aktuelle Geschäftslage gehen die befragten Unternehmen unterschiedlich vor. Während die eine Hälfte eine regelmäßige Information im Rahmen turnusmäßiger Gesellschaftertreffen vorsieht, findet in der anderen Hälfte nur ein seltener und reduzierter Informationsfluss an alle Gesellschafter statt. Einige dieser Unternehmen begründeten dies mit der Aussage, dass die Informationsbedarfe der Gesellschafter situationsspezifisch durch einen zentralen Gesellschaftervertreter gedeckt werden. Dies

---

[687] Jeuschede (2004: 34 und 37) befragt Eigentümer und Fremdmanager und stellt fest, dass erstere sich in der Praxis gelegentlich schwer tun, Freiräume und Entscheidungskompetenzen für letztere zu respektieren. Aronoff & Ward (2000: 1 f.) sehen als Grund dafür ein Missverständnis zwischen Fremdmanager und Unternehmer – der Unternehmer will von seinen drei Funktionen (Eigentümer, Unternehmer, Manager) häufig nur die letzte abgeben, Fremdmanager würden aber die beiden letzten Funktionen erwarten.

[688] Auch Koropp & Grichnick (2007: 298) stellt fest, dass die Entscheidung für Fremdmanagement eine rationale ist, während die für Familienführung eine emotionale ist. Fremdmanagement könne in diesem Zusammenhang entemotionalisierend wirken.

erscheint angesichts der bei diesen Unternehmen unterdurchschnittlichen Größe der Gesellschafterkreise plausibel. Die übrigen drei Unternehmen halten umfangreiche Informationen an alle Gesellschafter für nicht notwendig oder nicht hilfreich. Die Haltung dieser Unternehmen begründet sich aus der Tatsache, dass sie keinen Nachfolger aus den eigenen Reihen erwarten und die strategische Führung und Kontrolle des Unternehmens nicht als gemeinsame Aufgabe aller Gesellschafter ansehen.

Aus den Aussagen zur informativen Einbindung der Gesellschafter ließ sich bei einzelnen der Befragten die Neigung feststellen, nicht im Unternehmen aktive Gesellschafter ähnlich einem externen Kapitalanleger zu betrachten. Verschiedene Autoren weisen auf die Gefahren durch Entfremdung solcher nicht aktiven Gesellschafter vom Familienunternehmen hin. Denn entstehende Unzufriedenheiten (z.B. in Krisenzeiten) können im Vergleich zu Nicht-Familienunternehmen stärkere Indifferenzen erzeugen und zu besonderen Spannungen im Gesellschafterkreis führen.[689]

5.1.1.6 Aufteilung von Entscheidungskompetenzen

Die befragten Familienunternehmer offenbaren ihre Präferenz für familieninterne Nachfolger auch durch ein höheres Maß an Vertrauen in Geschäftsführungen, in denen Familienmitglieder vertreten sind, im Vergleich zu denen ohne Familienvertreter. Im letzteren Fall tendiert die Mehrzahl der befragten Familienunternehmen dazu, Entscheidungskompetenzen in das Aufsichtsgremium zu verlagern. Dies ist überraschend, denn acht der Befragten äußerten an anderer Stelle, bei der Kompetenzzuweisung keine Unterschiede zwischen Fremdmanagern und Geschäftsführern der Familie zu machen. Nur ein Unternehmen gab an, dass einem geschäftsführenden Gesellschafter der Eigentümerfamilie tendenziell mehr Entscheidungsspielräume eingeräumt werden.[690] Dieser Widerspruch liefert einen Hinweis darauf, dass die Gleichbehandlung von Fremdmanagern und familieninternen Managern von den Gesellschaftern zwar gewollt, letztlich aber nicht konsequent umgesetzt wird.

---

[689] Vgl. PricewaterhouseCoopers (2008a: 23 f.) Dies begründet sich durch kleine Gesellschafterkreise, äußerst geringe Anteilsfungibilität und familiäre Verflechtungen der Gesellschafter.

[690] Das Ergebnis stützt die Vermutung von Chua et al. (2003a: 98 f. und 101), wonach die Gewichtigkeit von Bedenken gegenüber Fremdmanagern eine Funktion der Trennung von Eigentum und Management sein könnte, gemessen an der jeweiligen Abhängigkeit des Unternehmens von Fremdmanagern.

Die Zuweisung von Entscheidungskompetenzen ist jedoch auch im Verhältnis zu vergleichbaren Nicht-Familienunternehmen zu beurteilen. Der Aufgabenkatalog eines Vorstandes einer Aktiengesellschaft bietet dafür eine gute Grundlage. Denn die Aktiengesellschaft ist eine verbreitete Rechtsform für mit den hier untersuchten Familienunternehmen vergleichbare Nicht-Familienunternehmen. In keinem der befragten Familienunternehmen gab es Hinweise, dass die Kompetenzen reiner Fremdgeschäftsführungen deutlich hinter die des Vorstandes einer Aktiengesellschaft zurückfallen würden. Vielmehr ist es eher kennzeichnend für die befragten Familienunternehmen, dass sie bei Familienführung oder auch bei gemischten Geschäftsführungen ihrem obersten operativen Gremium mehr Entscheidungskompetenzen zuweisen, als es das Aktiengesetz für einen AG-Vorstand vorsieht. Nur bei reinen Fremdgeschäftsführungen werden die Entscheidungskompetenzen der Geschäftsführung in etwa auf den Aufgabenkatalog nach Aktiengesetz reduziert.[691] Familienunternehmen richten somit ihre Family Business Governance in dieser Hinsicht auf die Managementsituation aus.

Soweit aufgrund gesetzlicher Vorschriften Nicht-Gesellschafter in Unternehmensgremien vertreten sind bzw. Betriebsräte in den untersuchten Unternehmen Einfluss nehmen, berichten die Befragten übereinstimmend von konstruktiver Zusammenarbeit. Kompetenzen an Nicht-Gesellschafter werden aber nur dann vergeben, wenn dies durch die Rechtsform zwingend vorgegeben ist. In Verbindung mit der weiter oben beschriebenen Neigung der Gesellschafter von Familienunternehmen, die Zuweisung von Entscheidungskompetenzen an ihre Geschäftsführungen davon abhängig zu machen, ob Familienmitglieder darin vertreten sind, lässt sich bei den befragten Familienunternehmen eine grundsätzlich vorsichtige Haltung bei der Abgabe von Machtbefugnissen feststellen. Entscheidende Determinanten dieser Haltung sind der Machterhalt für die Familie und letztlich das Maß der Nützlichkeit für das Unternehmen.[692]

---

[691] In den Augen von Aronoff & Ward (2000: 8, 15 und 22) kann die Eigentümerfamilie Professionalität insbesondere durch Einbindung von Fremdmanagern in alle strategischen Fragen des Unternehmens signalisieren.

[692] Die Zurückhaltung bei der Abgabe von Machtbefugnissen zeigt sich auch darin, dass Familienunternehmen seltener Unternehmenszusammenschlüsse eingehen, vgl. Shim & Okamuro (2011).

5.1.1.7 Einflussnahme durch die Eigentümerfamilie

Vier der sieben befragten Familienunternehmen mit Fremdmanagement äußerten, dass im Einzelfall auf operative Entscheidungen der Fremdgeschäftsführung Einfluss genommen wird. Dies steht im Widerspruch zu der Betonung der Bedeutung umfangreicher unternehmerischer Handlungs- und Entscheidungsspielräume für die Motivation eines Fremdmanagers.[693] Die Eigentümerfamilien behalten sich offenbar das letzte Entscheidungsrecht auch zu wichtigen operativen Fragen vor und machen im Einzelfall auch Gebrauch davon.

Eine die Entscheidungsautorität von Fremdmanagern potenziell gefährdende Situation besteht auch in der Beschäftigung von Familienmitgliedern unterhalb der Geschäftsführung, da Fremdmanager in der Geschäftsführung diesen gegenüber weisungsbefugt sein könnten. Diese Familienmitglieder sind jedoch häufig selbst Gesellschafter und kontrollieren wiederum den Fremdmanager direkt (als Mitglied des Aufsichtsgremiums) oder indirekt. Unter Governance-Gesichtspunkten ist dies eine insbesondere für die Fremdmanager schwierige Konstellation, die es soweit wie möglich zu vermeiden gilt. Dennoch findet sich eine solche Konstellation in insgesamt sechs der zehn befragten Unternehmen. Von insgesamt 14 Familienmitgliedern arbeiten vier in direkter Hierarchielinie der Fremdmanager. Bei diesen könnten Fremdmanager in ihrer Durchsetzungskraft eingeschränkt sein, sofern ihre Entscheidungen die im Unternehmen beschäftigten Familienmitglieder betreffen. Die befragten Unternehmen waren sich dieser Gefahr bewusst, bewerteten sie aber allesamt als nicht relevant. Für sie überwiegen die positiven Effekte durch die Mitarbeit von Familienmitgliedern. Diese bestehen darin, einen direkten Vertreter im Unternehmen zu haben, der Familienwerte transportieren kann sowie in der Möglichkeit, Familienmitgliedern ihren Interessen entsprechend Beschäftigungsmöglichkeiten anbieten zu können.[694]

---

693 Laut Obermaier (2006: 29) sind Eingriffe in das operative Geschehen ein zentrales Konfliktthema. Eine Satzung zur Aufgabenabgrenzung könnte sich am AktG orientieren.

694 Ein direktes Weisungsverhältnis zwischen Fremdmanager und Familienmitglied sollte vermieden werden, vgl. Blumentritt et al. (2007: 321 ff.). Studien deuten darauf hin, dass nicht nur die im Unternehmen tätigen Familienmitglieder, sondern die ganze Familie Einfluss auf das Unternehmen hat, vgl. z.B. Olson et al. (2003: 639 f.). In signifikantem Ausmaß kann dies nur für eines der teilnehmenden Unternehmen bestätigt werden, ist dort wegen des kleinen Gesellschafterkreises jedoch begründbar.

BLUMENTRITT ET AL. (2007) gehen auch auf ein Weisungsverhältnis zwischen Familien- und Fremdmanagern innerhalb der Geschäftsführung ein. Sie führen unter strenger Auslegung von Aspekten guter Governance an, dass gemischte Geschäftsführungen nur unter Führung eines Familienmitgliedes gebildet werden sollten. Andere Lösungen erforderten ein äußerst wertetreues Verhalten der Beteiligten.[695] Tatsächlich übernehmen in den befragten Familienunternehmen mit gemischten Geschäftsführungen die jeweiligen Familienmanager den Vorsitz bzw. die Funktion des Sprechers.

5.1.1.8 Anforderungen an Familienunternehmen durch Fremdmanagement

Die Gesprächspartner dieser Untersuchung sind übereinstimmend der Ansicht, dass ein familiengeführtes Unternehmen, das Fremdmanager in die Geschäftsführung integrieren möchte, häufig zunächst selbst Maßnahmen vornehmen muss, um gute Kandidaten anziehen zu können. Als entscheidendes Kriterium der Attraktivität eines Familienunternehmens für Fremdmanager sehen sie insbesondere das Maß an unternehmerischer Freiheit, dass dem Fremdmanager für seinen jeweiligen Verantwortungsbereich gegeben wird. Ist diese nicht ausreichend groß, wird es nicht nur schwierig, gute Fremdmanager von außen zu rekrutieren.[696] Man würde auch gute interne Kandidaten zunehmend demotivieren und verlieren. Durch Gewährung unternehmerischer Entscheidungsfreiheiten können Familienunternehmen aber bei Fremdmanagern die von DAVIS ET AL. (1997) beschriebenen Basismotivationselemente Bedeutung und Verantwortung aktivieren.[697]

ARONOFF UND WARD (2000) fordern von Familienunternehmen eine sorgfältige Vorbereitung, wenn Fremdmanager Familienmanagern nachfolgen. Dies umfasst nach Ansicht der Autoren insbesondere eine frühzeitige Verteilung von Verantwortung auf mehrere Entscheidungsträger sowie die langfristige Entwicklung eines kompetenten

---

[695] Vgl. Blumentritt et al. (2007: 321 ff.).

[696] Dies bestätigt PricewaterhouseCoopers (2008b: 7). Die Studie stellt einen Zusammenhang zwischen der wahrgenommenen Attraktivität von Familienunternehmen und einer latent ablehnenden Haltung Fremdmanagern gegenüber fest. Für Fremdmanager seien Familienunternehmen umso attraktiver, je stärker Eigentum und Führung getrennt sind, vgl. Jeuschede (2004: 20).

[697] Vgl. Davis et al. (1997: 28) und Kapitel 2.3.1. Einige erfolgreiche Familienunternehmen (z.B. Merck) vollziehen eine strikte Trennung von Eigentum und Führung. Die Fremdmanager in der Geschäftsführung haben dort große Entscheidungsfreiräume.

Führungsteams. Dazu müssen zunächst professionelle Governance-Strukturen geschaffen werden.[698] BECKER (2006) fordert für das Zusammenspiel zwischen Gesellschafter- und Fremdmanagerinteressen faire Spielregeln, die eine Willkür der Gesellschafter ausschließen.[699] CHUA ET AL. (2003) stellen in diesem Zusammenhang fest, dass das große Potenzial des Einsatzes von Fremdmanagern in vielen Familienunternehmen gefährdet wird, wenn Unzufriedenheit, Interessenskonflikte oder Opportunismus aufgrund einer unzureichenden Family Business Governance entstehen.[700] BLUMENTRITT ET AL. (2007) kritisieren, dass wissenschaftliche Untersuchungen in ihrer theoretischen Bearbeitung zumeist implizit unterstellen, dass Prinzipale passende Governance-Bedingungen bereits geschaffen haben. Denn fast immer wird nur das Verhalten des Agenten bzw. Stewards untersucht, das Verhalten des Prinzipals aber vernachlässigt.[701]

Alle befragten Familienunternehmen betonen die Bedeutung von unternehmerischen Entscheidungsfreiheiten für Fremdmanager und haben dafür frühzeitig entsprechende Governance-Strukturen geschaffen. Über die Hälfte der befragten Familienunternehmen hat einen Beirat eingerichtet, der mehrheitlich familienfremd besetzt ist. In drei dieser Unternehmen übt der Beirat die kontrollierende Aufsicht der Geschäftsführung durch, in den übrigen Unternehmen berät er das Aufsichtsgremium. Bei einem der befragten Unternehmen existiert kein beratendes Gremium, das Aufsichtsgremium selbst ist jedoch mehrheitlich familienfremd besetzt. Die übrigen drei Unternehmen greifen in ihren Aufsichtsgremien ebenfalls auf die Expertise familienfremder Experten zurück, diese stellen dort jedoch nicht die Mehrheit.[702] Zu erwähnen ist, dass alle familienfremden Gremienmitglieder renommierte und erfahrene Experten sind, teils aus derselben, teils aus anderen Branchen. Viele von ihnen sind selbst

---

[698] Vgl. Aronoff & Ward (2000: 8, 15 und 22), May et al. (2006: 3), Le Breton-Miller et al. (2004: 315) oder auch Klein (2004: 97), Jeuschede (2004: 15), Letmathe & Hill (2006), Habig & Berninghaus (1998: 73) und Schmeisser & Grothe (2003: 6). In diesem Zusammenhang ist zu betonen, dass die Führungsnachfolge nicht als singuläres Ereignis betrachtet werden kann, sondern vielmehr ein langfristiger Prozess ist, vgl. Cater & Justis (2010: 567).

[699] Vgl. Becker (2006: 40), ähnlich Krüger (2006: 239 ff.).

[700] Vgl. Chua et al. (2003a: 97).

[701] Vgl. Blumentritt et al. (2007: 323).

[702] Krüger (2006: 243 f.) erachtet Beiräte insbesondere bei den Familienunternehmen als wichtig, die mehrere Gesellschafterfamilien haben. May & Sieger (2000: 247) oder Miller & Le Breton-Miller (2006: 76 f.) sehen einen Beirat als Notwendigkeit beim Übergang vom gründergeführten Unternehmen auf nachfolgende Generationen an. Denn dann wachse das Bedürfnis, die Geschäftsführung qualifiziert und emotionsfrei zu überwachen.

unternehmerisch tätig. Für alle gilt, dass sie auf Basis der über sie bekannten Fakten im Hinblick auf ihre Mitarbeit im jeweiligen Gremium als unabhängig angesehen werden können.[703]

5.1.2 Forschungsfrage 1b

In Forschungsfrage 1b geht es darum, unter welchen Umständen im Nachfolgefall gemischte Geschäftsführungen reinen Fremdgeschäftsführungen vorzuziehen sein könnten.

5.1.2.1 Fließende Übergänge zwischen den Führungsformen in der Praxis

Eine wichtige Erkenntnis aus den Interviews im Kontext dieser Forschungsfrage ist, dass die nominelle Führungsform eines Familienunternehmens häufig einer individuellen Analyse bedarf. So kann z.B. ein nominell reines Fremdmanagement in der Praxis Züge einer gemischten Geschäftsführung tragen. Dies ist der Fall, wenn die Eigentümerfamilie maßgeblichen Einfluss auf Entscheidungen der Geschäftsführung nimmt. In gleichem Sinne kann eine nominell gemischte Geschäftsführung Züge von Familienführung aufweisen. Sofern die Aufgabenabgrenzung zwischen den Unternehmensgremien nicht der Regulierung des Aktiengesetzes unterliegt, ist die tatsächliche Aufgabenabgrenzung zwischen Führungs- und Kontrollgremium bei Familienunternehmen häufig individuell gestaltet und muss bei einer Kategorisierung nach Führungsformen genauer untersucht werden. In individueller Ausgestaltung behält sich in einzelnen Unternehmen das jeweilige Aufsichtsgremium (in der vorliegenden Untersuchung sind dies Aufsichtsräte, Gesellschafterausschüsse, Verwaltungsräte oder Beiräte) über das in Aktiengesellschaften übliche Maß hinaus Entscheidungen vor, z.B. zur Strategie, zu Investitionen oder zu Personalfragen.[704] Den Interview-

---

[703] Le Breton-Miller et al. (2004: 311) weisen auf die Bedeutung eines aktiven und erfahrenen Beirates mit Verantwortung und Autorität hin. Gemäß Aronoff & Ward (2000: 24) wirkt ein unabhängiger Beirat anziehend für Fremdmanager. Obermaier (2006: 9) empfiehlt, dass Aufsichtsgremien so stark sein sollten, dass die Gesellschafterversammlung gegenüber der Geschäftsführung keine unmittelbaren Weisungsrechte wahrnehmen kann.

[704] Auch Albach & Freund (1989: 21 und 24) stellen fest, dass die Organisation von Familienunternehmen flexibel und abhängig von den führenden Personen ist, ähnlich auch May et al. (2006: 9). Klein (2009: 7, 63 ff. und 75) formuliert in ihrer Arbeit das Theorem, dass die Komplexität der Family Business Governance (der Corporate Governance von Familienunternehmen) optimal ist, wenn sie der Komplexität des Subsystems Familie entspricht.

partnern war es in diesem Zusammenhang wichtig zu betonen, dass die Entscheidungsbereiche klar und verlässlich abgegrenzt werden müssen. Die befragten Unternehmen nutzen diese Gestaltungsfreiräume, um einzelne Verantwortlichkeiten gezielt der gewünschten Instanz zuzuweisen. Die bisher in dieser und auch anderen Arbeiten genutzte strenge Kategorisierung in Familienführung, gemischte Geschäftsführung und Fremdmanagement ist in der Praxis in Teilen fließend. Jedoch war die Spanne der Abweichungen in keinem der untersuchten Familienunternehmen so gravierend, dass eine erweiterte Kategorisierung (eigentümerdominiertes Fremdmanagement, eigentümerdominierte gemischte Geschäftsführungen, o.ä.) einen Mehrwert brächte. In dieser Arbeit werden daher auch zur Förderung der Lesbarkeit die bisherigen Termini beibehalten.

Ungeachtet formeller Entscheidungskompetenzen wurde den Fremdmanagern in den untersuchten Familienunternehmen durchgängig ein hohes Maß an Respekt und Vertrauen entgegengebracht (Zitate: „Fremdmanager haben das Unternehmen bereichert", „äußerst offener und konstruktiver Austausch", „vertrauensvolles, freundschaftliches und konstruktives Verhältnis", „absolutes Vertrauen"). Basierend darauf erhalten diese über die formellen Entscheidungsbefugnisse hinaus häufig mehr Freiheiten als in Aktiengesellschaften üblich (z.B. hinsichtlich Reportingumfang/-turnus). Auch dies ist bei einer Bewertung der Stärke einer Geschäftsführung zu beachten. Insofern folgt die Zusammenarbeit zwischen Gesellschaftern und Geschäftsführern in Familienunternehmen anderen Regeln und ist individueller gestaltet als die stärker standardisierte Festlegung der Zusammenarbeit in Aktiengesellschaften. Dies spiegelt sich auch in der gesellschaftsrechtlichen und organisationalen Aufstellung der befragten Familienunternehmen wider. Häufig sind dort individuelle Konstrukte geschaffen worden, um die gewünschte Form der Zusammenarbeit zwischen Familie und Geschäftsführung passend gestalten zu können.[705]

[705] Beispiel: Bildung einer Führungsgesellschaft zwischen Geschäftsführung und Gesellschafterausschuss oder Bildung einer GbR, um die Interessen der Familie in der Hauptversammlung zu vertreten.

5.1.2.2 *Gemischte Geschäftsführung als Zwischenschritt*

CHUA ET AL. (2009) berichten, dass sich Eigentümerfamilien in der Praxis bei der Integration von Fremdmanagern in die Geschäftsführung von Familienunternehmen häufig signifikanten Einfluss vorbehalten. Teilweise werden zunächst gemischte Geschäftsführungen gebildet.[706] In der vorliegenden Untersuchung betrachten sechs der befragten Familienunternehmer die Führungsform einer gemischten Geschäftsführung aus Fremdmanagern und familieneigenen Managern als einen grundsätzlich sinnvollen Zwischenschritt, um das Unternehmen auf reines Fremdmanagement vorzubereiten. In einem Fall wird die gemischte Geschäftsführung ganz konkret als Übergang zu Fremdmanagement angesehen. In diesem Familienunternehmen stehen absehbar keine familieninternen Kandidaten zur Wahrnehmung operativer Verantwortung zur Verfügung. Die Kompetenzen der aktuell sehr starken Geschäftsführung sollen unter Fremdmanagement in etwa auf den Aufgabenkatalog eines AG-Vorstandes angepasst werden. Zwei weitere Interviewpartner betrachten gemischte Geschäftsführungen als ideale Führungsform – Fremdmanagement hingegen sei nur passend, wenn familieneigene Manager gänzlich fehlten.

Auch der umgekehrte Entwicklungsweg konnte in der Untersuchung beobachtet werden. So plant eines der untersuchten Unternehmen, nach 17 Jahren Fremdmanagement in Kürze wieder auf eine gemischte Geschäftsführung umzustellen. Auch dieses Unternehmen betrachtet gemischte Geschäftsführungen als Ideal und strebt stets eine ausgewogene Mischung von Fremdmanagern und Familienmitgliedern in der Geschäftsführung an – das gilt dort auch für den Fall, dass mehr qualifizierte familieninterne Kandidaten zur Verfügung stehen sollten als benötigt werden. Insgesamt deutet die lange Verweildauer von Familienmitgliedern in gemischten Geschäftsführungen von durchschnittlich mehr als 17 Jahren darauf hin, dass diese Konstellation sich für die entsprechenden Familienunternehmen als erfolgreiche Führungsform erwiesen hat. Nur ein Familienunternehmen hat Bedenken gegenüber gemischten Geschäftsführungen, der Statusunterschied der Geschäftsführer könne zu einem Problem werden.

---

[706] Vgl. Chua et al. (2009: 367).

Wie bereits in den Ausführungen zu Forschungsfrage 1a dargestellt, haben die meisten Befragten den Anspruch, mit der Familie in der Geschäftsführung vertreten zu sein.[707] Sie haben aber erkannt, dass rein familienintern besetzte Geschäftsführungen für ihre Unternehmen nicht mehr optimal sind. Die hybride Form einer gemischten Geschäftsführung bietet ihnen viele Vorteile: sie kann die operativen Geschicke des Unternehmens weiterhin selbst maßgeblich steuern, sie kann Präsenz zeigen, sie kann Familienmitgliedern Perspektiven bieten und sie kann möglicherweise Risiken aus der Trennung von Eigentum und Führung reduzieren. Gemischte Geschäftsführungen werden von ihnen daher weniger als Zwischenschritt zu Fremdmanagement angesehen, sondern als anzustrebendes Ideal. Viele der untersuchten Familienunternehmen konnten dieses Ideal jedoch mit den zum Zeitpunkt der Befragung zur Verfügung stehenden Familienmitgliedern nicht erreichen und nutzten daher reines Fremdmanagement.

5.1.2.3 Anforderungen an Mitglieder gemischter Geschäftsführungen

Falls das Zusammenspiel funktioniert, können Fremdmanager und familieneigene Manager in gemischten Geschäftsführungen ihre jeweiligen Vorteile ausspielen. Diese sehen die Befragten bei Familienmitgliedern insbesondere in einem identitätsstiftenden Integrationspotenzial und der Vermittlung von Werten der Familie in das Unternehmen. Bei Fremdmanagern wird primär deren professionelle Managementerfahrung genannt.

Das erfolgreiche Zusammenspiel hängt stark vom Charakter der Beteiligten ab. Für einige der Befragten hat ein funktionierendes Zusammenspiel zwischen Fremdmanagern sowie zwischen Fremdmanagern und Eigentümerfamilie eine so hohe Bedeutung, dass sie bei der Auswahl von Fremdmanagern deren charakterlichen Eigenschaften über die fachlichen Qualifikationen stellen.[708] Welche Eigenschaften bei der

---

[707] Die Studie von PricewaterhouseCoopers (2008b: 8) stellt dazu fest, dass viele Familienunternehmer den Rückgriff auf Fremdmanager grundsätzlich nach wie vor als Verlust von unternehmerischer Unabhängigkeit für die Familie ansehen.

[708] Eine empirische Untersuchung von Royer et al. (2008: 15 und 26 f.) stellt fest, dass familieneigene Manager gebraucht werden, wenn familienspezifisches Erfahrungswissen wichtig ist. Das Erfordernis genereller Managementfähigkeiten dagegen spreche für Fremdmanager. Die Ergebnisse können aus den hier durchgeführten Forschungsinterviews weder bestätigt noch widerlegt werden. Hinsichtlich charakterlicher Anforderungen wird auf Kapitel 5.1.1.4 verwiesen.

Auswahl eines Kandidaten für die Geschäftsführung wichtig sind, hängt demnach auch von den bereits vorhandenen Personen ab. Insgesamt muss auf harmonierende und sich ergänzende Eigenschaften geachtet werden. ARONOFF UND WARD (2000) stellen auf solche komplementären Qualifikationen ab. Zum Beispiel könnten Fremdmanager Eigenschaften von Eigentümern ausgleichen und ergänzen (spontane Kreativität und organisierter Überblick) oder eine Versicherung gegen einen plötzlichen Ausfall des Eigentümers sein.[709]

Die Erwartungshaltung der Eigentümerfamilie an Fremdmanager muss klar kommuniziert werden. Denn ihre Intentionen, gemischte Geschäftsführungen als Führungsform zu wählen, können unterschiedlich sein. Sie kann als Zwischenschritt geplant sein, soweit für die Zukunft die Umstellung auf Fremdmanagement geplant ist. Gemischte Geschäftsführungen können auch einen Test darstellen, inwieweit die Eigentümerfamilie die Abgabe operativer Verantwortung tatsächlich akzeptieren kann. Sie kann ebenso zur Überbrückung genutzt werden, wenn familieninterne Kandidaten noch nicht zur Verfügung stehen. Eine weitere von ARONOFF UND WARD (2000) genannte Aufgabe von Fremdmanagern im Rahmen gemischter Geschäftsführungen kann darin bestehen, einem zum Nachfolger bestimmten Mitglied der Eigentümerfamilie mit ihrer Erfahrung zur Seite zu stehen und den Generationswechsel dadurch zu unterstützen.[710] Denn eine direkte Zusammenarbeit von übergebenden mit übernehmenden Familienmanagern lehnten Interviewpartner in den befragten Familienunternehmen ab. Die Fremdmanager sollen in einer gemischten Geschäftsführung dann sicherstellen, dass relevante Erfahrungen an Nachfolger übergeben werden. Schließlich kann die Eigentümerfamilie mit der Integration von Fremdmanagern auch das Ziel verfolgen, Positionen in der Geschäftsführung flexibler in Abhängigkeit von sich ändernden strategischen Anforderungen neu besetzten zu können. Der Austausch von familieneigenen Managern ist in dieser Hinsicht deutlich problematischer, er kann zu Konflikten im Gesellschafterkreis führen.[711]

---

[709] Vgl. Aronoff & Ward (2000: 3) und Albach & Freund (1989: 51 f. und 56).
[710] Vgl. Aronoff & Ward (2000: 3).
[711] Gemäß Jeuschede (2004: 52 ff.) ist die Hauptintention, eine für die aktuellen Herausforderungen geeignete Führungsmannschaft zusammenzustellen.

5.1.3 Forschungsfrage 1c

Forschungsfrage 1c untersucht, ob interne oder externe Fremdmanager im Rahmen einer Nachfolge vorzuziehen sind.

5.1.3.1 Auswahlentscheidungen in der Praxis

Bei den befragten Familienunternehmen lässt sich aus den praktizierten Konstellationen keine eindeutige Präferenz ablesen. Unter ihnen gab es Unternehmen mit 100% internen und andere mit 100% externen Fremdmanagern. Von den insgesamt 42 Fremdmanagern in den Geschäftsführungen der Familienunternehmen dieser Untersuchung waren 57% interne Fremdmanager und 43% externe Fremdmanager. ALBACH UND FREUND (1989) stellen eine ähnliche Aufteilung fest.[712] Bei JEUSCHEDE (2004) ist der Anteil externer Fremdmanager mit knapp 60% höher.[713]

Wird die Analyse nur auf den jeweiligen Vorsitzenden bzw. Sprecher der Geschäftsführung in den befragten Familienunternehmen mit Fremdmanagement bezogen, lässt sich auf Basis dieser Untersuchung ebenfalls keine eindeutige Präferenz erkennen. Denn in den sieben Unternehmen mit Fremdmanagement führt in drei Fällen ein externer Fremdmanager den Vorsitz, in vier Fällen ein interner Fremdmanager.

Häufig wird angeführt, dass interne Fremdmanager für eine konstante Fortführung der Geschäfte und zur Vermittlung bewährter Werte zu bevorzugen wären, externe Fremdmanager hingegen eingesetzt würden, wenn signifikante Änderungen durchgesetzt werden sollen.[714] Dies deutet darauf hin, dass für die Beantwortung der Forschungsfrage 1c neben den in Forschungsfrage 1a erhobenen Qualifikationsanforde-

---

[712] Vgl. Albach & Freund (1989: 46): insgesamt 52,9% interne und 47,1% externe Fremdmanager. Einige Studien verwenden andere Definitionen (z.B. werten Helfat & Bailey (2005: 60) intern aufgestiegene Manager als externe Fremdmanager, wenn sie zuvor weniger als zwei Jahre im Unternehmen verbracht haben). May et al. (2005: 6) ermitteln in ihrer Studie für die Geschäftsführungen als Ganzes, dass 53% vollständig extern besetzt sind, 34% vollständig intern und 13% gemischt. In der vorliegenden Untersuchung betragen die entsprechenden Anteile 10% (extern), 30% (intern) und 60% (gemischt).

[713] Vgl. Jeuschede (2004: 65). Die externen Fremdmanager hätten aber häufig bereits vorher in Beziehung zum Familienunternehmen gestanden (als Berater, Banker o.ä.).

[714] Siehe dazu insbesondere Helfat & Bailey (2005: 47 f.), Beiertz et al. (2011: 2 ff.) oder Royer et al. (2008: 26): da interne Fremdmanager eine Sozialisation innerhalb des Familienunternehmens erfahren haben, können sie nach Ansicht der Autoren Werte der Eigentümerfamilie besser vermitteln als externe Fremdmanager.

rungen Merkmale des Unternehmens selbst entscheidende Bedeutung haben könnten. Solche Merkmale wurden auf Basis der aufgestellten Forschungsfragen im Rahmen der vorliegenden Fallstudienuntersuchung nicht erhoben. Aus den geführten Gesprächen ergaben sich auch sonst keine Hinweise zu dieser Frage.[715]

Für die Auswahl von Geschäftsführern aus der Gruppe familienfremder Führungskräfte im Unternehmen definieren nahezu alle befragten Familienunternehmen einen Zirkel potenzieller Aufstiegskandidaten. Dieser Zirkel wird im Rahmen eines meist formell definierten Entwicklungsprogrammes beobachtet. Die Programme dienen neben der fachlichen und persönlichen Qualifizierung auch der Beobachtung der Führungskräfte in kleinen Teams über einen längeren Zeitraum. Charakterliche Stärken und Schwächen werden besonders beobachtet.

5.1.3.2 Theoretische Auswahlpräferenzen

Bei der Frage nach ihrer theoretischen Präferenz für interne oder externe Fremdmanager im obersten operativen Entscheidungsgremium (unabhängig von der praktizierten Lösung) sprachen sich sechs der befragten Familienunternehmer – zumeist sehr deutlich – für interne Fremdmanager aus. Zwei Unternehmen sahen in einer Mischung aus internen und externen Fremdmanagern die optimale Konstellation. Weitere zwei Unternehmen bevorzugten externe Fremdmanager. Insgesamt präferierten acht der befragten Unternehmen einen höheren Anteil von internen Fremdmanagern, als sie tatsächlich in ihren aktuellen Geschäftsführungen aufwiesen.

Die Hälfte der Interviewteilnehmer führte als wesentliche Vorteile von internen Fremdmanagern an, dass deren fachliches und charakterliches Qualifikationsprofil deutlich transparenter sei als bei externen Fremdmanagern. Zudem könnten diese Mitarbeiter auf ein bereits bestehendes Netzwerk im Unternehmen zurückgreifen. Auch würden sie Kunden und interne Prozesse bereits kennen.[716] Als weiteres Argument wird von einzelnen befragten Familienunternehmern ergänzt, dass die Be-

---

[715] Zu dieser Fragestellung wird ergänzend auf die (nicht auf Familienunternehmen beschränkte) Untersuchung von Beiertz et al. (2011: 2 ff., insbesondere 7 f.) verwiesen, die der aktuellen Situation des Unternehmens eine entscheidende Rolle für die Auswahl zuspricht.

[716] So auch Hennerkes (2005: 170 f.). Albach & Freund (1989: 53) ergänzen, dass die Einarbeitungszeit bei internen Fremdmanagern in der Regel kurz ist.

rücksichtigung interner Fremdmanager der Motivation ambitionierter Mitarbeiter zuträglich und Zeichen guter Personalpolitik und -arbeit sei.[717]

5.2 Anreizgestaltung für Fremdmanager in Familienunternehmen

5.2.1 Forschungsfrage 2a

Forschungsfrage 2a untersucht, wie Familienunternehmen Fremdmanagern langfristige monetäre Anreize setzen.

5.2.1.1 Ziele von Anreizen

An erster Stelle der Ziele, deren Verfolgung durch Anreize für Fremdmanager gesteuert werden soll, steht in der Mehrzahl der befragten Unternehmen die langfristige finanzielle Unternehmensperformance. Ein anderes Unternehmen nennt explizit Unternehmenswachstum als wichtigstes Ziel. Einzelne Interviewpartner führen an, dass die Bindung von Fremdmanagern an zweiter Stelle stehe, ein Unternehmen sieht eine Bindung durch finanzielle Anreize als nicht möglich an. Zwar wurde in den Gesprächen auf weitere unternehmensindividuelle Ziele eingegangen. Diese wurden jedoch stets als Subziele des Oberzieles der finanziellen Unternehmensperformance betrachtet. Dies ist überraschend, da in der Literatur zu Familienunternehmen immer wieder die Mehrdimensionalität der Zielstruktur von Familienunternehmen betont wird. Eindimensionale Gewinnmaximierung wurde bisher hingegen eher Nicht-Familienunternehmen unterstellt.

Der Unterschied zwischen Familien- und Nicht-Familienunternehmen hinsichtlich der Performance-Ziele liegt auf Basis dieser Untersuchung im Wesentlichen in der zeitlichen Perspektive. Die finanzielle Performance muss in Familienunternehmen auf langfristige Sicht die Erwartungen der Gesellschafter erfüllen, kurz- und mittelfristig können andere langfristige Ziele (wie der Erhalt des Unternehmens als Familienun-

---

[717] Mit der Personalarbeit in Familienunternehmen beschäftigt sich die Studie von Albach und Freund (1989). Die Autoren stellen fest, dass zum Zeitpunkt der Untersuchung in deutschen Familienunternehmen interne Personalentwicklung kaum betrieben wurde (vgl. Albach & Freund (1989: 92)). Auch Aronoff & Ward (2000: 9) stellen fest, dass Familienunternehmen die interne Fortbildung häufig vernachlässigen, insbesondere die konsequente Qualifizierung potenzieller interner Fremdmanager.

ternehmen) dominieren.[718] Nicht-Familienunternehmen hingegen müssen häufig kurzfristig Erfolge nachweisen (z.B. gegenüber Investoren oder Kapitalmärkten), weshalb das Oberziel der Unternehmensperformance seltener anderen Zielen (z.B. Marktanteilsgewinne) untergeordnet wird.

5.2.1.2 Struktur von Anreizkomponenten

Alle befragten Familienunternehmer praktizieren für Fremdmanager im obersten operativen Leitungsgremium eine Aufteilung der Vergütung in fixe und variable Komponenten. Vier der Befragten haben die variablen Komponenten aufgeteilt in einen kurzfristig variablen Anteil und einen langfristig variablen Anteil. Die übrigen sechs Familienunternehmen nutzen nur das Instrument der kurzfristig variablen Vergütung.[719] Kurzfristig variable Vergütungen werden nach Abschluss eines Geschäftsjahres ausgezahlt. Hinsichtlich der Berechnungsbasis für die variable Komponente lässt sich auf Basis der vorliegenden Untersuchung kein einheitliches Muster feststellen (das bereinigte Ergebnis wurde mehrfach genannt, jeweils einmal: Cash-Flow, bereinigte Planzahlen, Mischsysteme betriebswirtschaftlicher Kennzahlen, die Kapitalrentabilität ROCE oder individuelle Ziele je Fremdmanager). Die langfristig variable Vergütung basierte bei einem der vier dies praktizierenden Familienunternehmen auf denselben Berechnungsgrößen wie die kurzfristig variable Komponente. Bei den übrigen drei Unternehmen werden andere Größen zugrunde gelegt (verschiedene Unternehmensindikatoren statt individueller Ziele, individuelle Ziele statt ROCE bzw. ROCE statt Ergebnis). Dieser Vergütungsbestandteil wird vom Unternehmen zeitverzögert ausgezahlt. Bei einem der Unternehmen verfällt der Restanspruch bei Ausscheiden. Alle vier Familienunternehmen, die eine langfristig variable Komponente nutzen, nahmen eine um drei Jahre verzögerte Auszahlung vor. In einem Fall wird erwogen, den Zeitraum auf fünf Jahre auszudehnen.

---

[718] Vgl. Corbetta & Salvato (2004a: 356) oder Chrisman et al. (2004: 338). Die Langfristigkeit der Performanceziele wurde in den Interviews bestätigt. Gemäß Miller & Le Breton-Miller (2006: 77 ff.) liegt eine Herausforderung für die Gesellschafter von Familienunternehmen bei der Integration von Fremdmanagern darin, den Vorteil, nicht auf kurzfristige Erfolge angewiesen zu sein, nicht aufzugeben. Auch Fremdmanagern müsse daher eine langfristige Perspektive eingeräumt werden.

[719] Diese knappe Mehrheit bestätigt die Studie von PricewaterhouseCoopers (2012). Ihr zufolge verhalten sich Manager risikoavers. Langfristige Boni werden gedanklich stark diskontiert und wirken dadurch nur wenig motivationssteigernd.

Zwischen den untersuchten Unternehmen variieren die angewendeten Anreizkonzepte nicht nur hinsichtlich der Kriterien der Erfolgsmessung, sondern auch hinsichtlich des Anteils der einzelnen Vergütungskomponenten am Gesamteinkommen der Fremdmanager. Bei einer Erreichung der jeweils gesetzten Ziele waren im Durchschnitt der Befragung ca. 40% der Vergütung fix, ca. 55% kurzfristig variabel und ca. 5% langfristig variabel.[720] Innerhalb der Unternehmen war bei den meisten der Befragten die Struktur der Vergütung für alle Fremdmanager der Geschäftsführung einheitlich. Nur zwei der Unternehmen nahmen eine leicht individuelle Gewichtung vor.

Einer der Studienteilnehmer überlegt, die für die befragten Familienunternehmen übliche Bildung von Pensionsrücklagen zugunsten der laufenden Vergütung abzuschaffen.[721] Ein weiteres Unternehmen überlegt, den Anteil der variablen Vergütung zugunsten der Fixvergütung zu senken. Eine zu starke Variabilität wird von diesem Unternehmen negativ gesehen, da damit in Krisenzeiten das Risiko von Frustration und Fluktuation verbunden sei.

5.2.1.3 Konstanz der Anreizstrukturen

Die Grundstruktur der Vergütung von Fremdmanagern ist nach Angabe der Gesprächspartner im Zeitablauf stabil. Keines der befragten Unternehmen hat in der jüngeren Vergangenheit vor der Befragung eine grundlegende Überarbeitung der Vergütungsstrukturen vorgenommen. Einzig die langfristig variable Komponente wurde von den vier entsprechenden Familienunternehmen erst innerhalb der letzten sieben Jahre vor der Befragung eingeführt. Jedoch gibt es aktuell bei zwei Unternehmen Überlegungen, den Fixanteil der Vergütung zu stärken.

---

720 Beim Anteil der fixen Vergütung gab es eine große Streuung (10 bis 60%), der langfristige variable Anteil machte bis zu 20% der Gesamtvergütung aus.

721 Vertragliche Anreizgestaltungen können branchenabhängig sein, Abfindungs- und Pensionsregelungen gehören aber fast überall dazu, vgl. Jeuschede (2004: 58 ff.) oder von Schultzendorff (1984: 275 ff.). Explizit haben vier Unternehmen ergänzend von der Nutzung von Modellen wie z.B. deferred compensation (Vergütungsumwandlung zugunsten der betrieblichen Altersvorsorge) berichtet. Hierbei standen jedoch nicht Anreizwirkung, sondern steuerliche Motive im Vordergrund.

5.2.1.4 Gesamthöhe der Vergütung

Die Bedeutung einer angemessenen Vergütung als Grundvoraussetzung für eine Zusammenarbeit mit Fremdmanagern wird von nahezu allen Gesprächspartnern betont. Das einzige Familienunternehmen, das auf diesen Punkt nicht einging, gab an, dass manche Fremdmanager bzw. Kandidaten die Vergütung ihrer Tätigkeit als eher gering empfinden. Unter einer angemessenen Vergütung verstehen die Befragten eine marktübliche Vergütungshöhe. Diese bildet den Zielwert der angewendeten Anreizstrukturen. Als Vergleichswerte ziehen die befragten Familienunternehmen zumeist Vergütungsstudien über Vorstandsmitglieder in Nicht-Familienunternehmen vergleichbarer Größe heran.[722] Dies wurde von den meisten Befragten damit begründet, dass Familienunternehmen letztlich am selben Arbeitsmarkt um Manager konkurrieren wie Nicht-Familienunternehmen. Die Verdienstmöglichkeiten müssten daher vergleichbar sein. Einer der Befragten gab abweichend davon an, dass Fremdmanager in seinem Unternehmen deutlich mehr verdienten als ihre Pendants in Nicht-Familienunternehmen.

5.2.1.5 Anreize für Manager aus der Familie

Alle befragten Familienunternehmen mit gemischten Geschäftsführungen praktizieren hinsichtlich der Vergütungshöhe eine Gleichbehandlung von Fremdmanagern und Familienmanagern. Zwei der Unternehmen gewährten dem familieneigenen Manager eine geringere Fixvergütung; die Gesamthöhe entsprach durch den gleichzeitig höheren variablen Anteil der der Fremdmanager.

Die interviewten Familienunternehmen mit reinem Fremdmanagement gaben an, im Falle einer gemischten Geschäftsführung familieneigene Manager und Fremdmanager ebenfalls finanziell gleich zu stellen. Ein Familienunternehmen wollte sich hierzu nicht äußern, da sich die Frage dort in absehbarer Zukunft nicht stellt.

Die Aussagen sind insofern überraschend, als einige wissenschaftliche Arbeiten es als theoretisch anreizoptimale Struktur empfehlen, Familienmitgliedern nur den fixen

---

[722] Die absolute Höhe der Vergütungen wurde nicht erfragt, da Fokus der Forschungsfragen Vergütungsstrukturen sind, nicht Vergütungshöhen.

Vergütungsanteil (und damit eine geringere Gesamtvergütung) zu gewähren. Denn aus theoretischer Sicht hätten diese bereits über ihre Kapitalbeteiligung einen der variablen Vergütung äquivalenten Anreiz, die Eigentümerinteressen bestmöglich zu verfolgen. Verschiedene empirische Untersuchungen bestätigen jedoch die Erkenntnisse dieser Arbeit.[723] Auch sie stellen fest, dass in der Praxis zumeist kein Unterschied zwischen der Vergütung von Fremdmanagern und familieneigenen Managern gemacht wird. Gemäß der Interviews ist ein Ziel der Familienunternehmer auch, durch gleiche Bezahlung für die Ausübung derselben Position Gleichbehandlung zwischen Fremdmanagern und familieneigenen Managern zu demonstrieren.

5.2.1.6 Individuelle Differenzierung von Vergütung

Wie bereits dargestellt, unterscheidet sich die Vergütungshöhe von Fremdmanagern und Familienmitgliedern in derselben Position nicht. Ebenso ist die prozentuale Struktur der Vergütungskomponenten (fix, kurzfristig variabel, langfristig variabel) in den meisten der befragten Unternehmen für sämtliche Mitglieder des obersten operativen Leitungsgremiums gleich.[724]

Da aber die tatsächliche Entstehung von Agency-Kosten von der individuellen Neigung eines Agenten zu opportunistischem Handeln abhängt, würde man im Sinne von Prinzpal-Agent- und Stewardship-Theorie eine personen- oder kontextbezogene Differenzierung von Vergütungshöhe und -struktur erwarten. Damit könnte auf individuell unterschiedlich stark vorhandene intrinsische und extrinsische Motivation oder unterschiedliche individuelle Kosten- und Nutzenfunktionen reagiert werden.[725] Dennoch werden Möglichkeiten der individuellen Optimierung der Anreizwirkung überraschenderweise nur sehr bedingt von zwei der befragten Unternehmen genutzt.[726] Bei anderen Interviewpartnern wurden solche Möglichkeiten bisher nicht bedacht, die

---

[723] Vgl. z.B. May et al. (2006: 7), Schulze et al. (2001: 111).

[724] Nur eines der befragten Familienunternehmen hat den Anteil der variablen Vergütung auf Wunsch eines aus der Familie stammenden Geschäftsführers zu Lasten seines Fixanteils erhöht.

[725] Eine Verschiebung zwischen fixen und variablen Vergütungskomponenten kann das Opportunismus-Potenzial eines unzufriedenen Fremdmanagers begrenzen. Die zu erwartende zusätzliche variable Vergütung muss aber größer sein, als der entfallende Fixanteil, vgl. Chua et al. (2009: 365).

[726] Diese Unternehmen bilden individuelle Anreize über die Vereinbarung individueller Ziele ab. Diese Ziele beziehen sich jedoch eher auf den jeweiligen Verantwortungsbereich als auf individuelle Performancemerkmale des Fremdmanagers. Zudem sind auch in diesen Unternehmen die Anteile der Vergütungskomponenten für alle Fremdmanager gleich. Das Ergebnis deckt sich mit den Untersuchungen von Ebers & Gotsch (2006: 267) und Voeth & Partner (2011).

Gesprächspartner zeigten aber großes Interesse an den Überlegungen. Hinderlich für eine individuelle Differenzierung von Vergütung ist, dass Konzepte dazu nur im Ansatz existieren und diese bisher kaum belastbar sind.[727]

In der praktischen Umsetzung steht dem entgegen, dass sich Agency-Kosten letztlich kaum quantifizieren lassen. Eine mathematische Annäherung ist daher nicht möglich. Für den einstellenden Eigentümer eines Familienunternehmens besteht zudem die praktische Schwierigkeit, nicht unmittelbar erkennen zu können, ob ein Fremdmanager eher intrinsische Motivation aufweist oder eher extrinsisch motiviert werden muss, sprich dem Typus des Stewards entspricht oder sich mehr wie ein Agent im Sinne der Prinzipal-Agent-Theorie verhalten wird.[728] Neben der vorhandenen Motivation können auch persönliche Ziele eines Fremdmanagers seine Leistung beeinflussen. Solche Ziele (z.B. internationale Expansion) können für den Eigentümer ebenfalls zunächst verborgen sein und den Unternehmenszielen möglicherweise entgegenstehen.

5.2.2 Forschungsfrage 2b

Die letzte Forschungsfrage untersucht, ob Anreizkonzepte für Fremdmanager in Familienunternehmen über monetäre Elemente hinausgehende (langfristige) Komponenten enthalten.

5.2.2.1 Bedeutung und Formen nicht-monetärer Anreize

Von den zur Verfügung stehenden Governance-Mitteln reicht eines zur Senkung der Agency-Kosten allein nicht aus. Eine ausreichende Wirkung wird zumeist nur dann erzielt, wenn auch komplementäre Mittel effizient eingesetzt werden.[729] Monetäre Anreize in der Steuerung von Fremdmanagern sollten daher ergänzt werden durch auf die Unternehmensziele ausgerichtete nicht-monetäre Anreize. Von fast allen befragten Unternehmen werden in dieser Hinsicht ein hohes Maß an unternehmeri-

---

[727] Auf die vorliegenden Konzepte wird näher in Kapitel 6.1.3 eingegangen.

[728] Vgl. Witt (2008: 3). Zu den Konzepten des Signaling oder Screening als Selektionsmethoden für Fremdmanagerqualifikation vgl. Mertens (2004: 23 ff.).

[729] Vgl. Schulze et al. (2001: 111). Alle Anreize stehen in Wechselwirkung zueinander und tragen bei positivem Erlebnis letztlich zur Bildung von Vertrauen bei, welches immer wieder als zentraler Erfolgsfaktor genannt wurde.

schen Gestaltungsspielräumen, darauf ausgerichtete Entscheidungsfreiheiten sowie Entwicklungspotenziale als wichtigste Faktoren für die Motivation von Fremdmanagern und für die Attraktivität eines Familienunternehmens für potenzielle Kandidaten angesehen. Die Bedeutung dieser Faktoren wird nahezu einhellig als sehr hoch eingeschätzt, häufig sogar höher als eine Motivierung durch überdurchschnittliche Vergütung oder Kapitalanteile.[730]

Ein weiterer, stärker auch außerhalb des Unternehmens wahrnehmbarer Anreiz für Fremdmanager kann in der Repräsentation des Unternehmens liegen, z.B. in Medien, Fachgremien, Verbänden oder Beiräten anderer Unternehmen. Hier verfolgen die befragten Unternehmen unterschiedliche Ansätze. Die deutliche Mehrheit wünscht eine geteilte oder eingeschränkte Repräsentation. Jeweils ein Unternehmen behält solche Aufgaben der Eigentümerfamilie vor bzw. überlässt diese Aufgaben vollständig seinen Fremdmanagern.

Auch in materiellen Zuwendungen können für Fremdmanager Anreize liegen, die nicht primär an ihrem monetären Gegenwert festzumachen sind, sondern stärker an dem damit vermittelten Status. Die meisten der befragten Familienunternehmen gewähren derartige Zuwendungen in Form einer Übernahme von Kosten z.B. für Firmenwagen, Wohnhaus, Gärtner, o.ä. Obwohl es sich hierbei im Kern um monetäre Anreize handelt und diese auch durch eine entsprechend höhere Fixvergütung gewährt werden könnten, werden sie explizit als wichtig für das Statusempfinden von Fremdmanagern eingestuft.

Monetäre Anreize in Form von Vergütung werden von den an dieser Studie teilnehmenden Familienunternehmen als notwendiges Kriterium für die Zusammenarbeit mit Fremdmanagern betrachtet. Sie sind insbesondere am Anfang einer Vertragsbeziehung sehr wichtig, da zunächst Unsicherheiten über die Ausprägung nicht-monetärer Anreize und den Verlauf der Vertragsbeziehung besteht. Ihrer Motivationswirkung sind aber Grenzen gesetzt. Bei längerfristiger Zusammenarbeit gewinnen nicht-monetäre Anreize relativ betrachtet an Bedeutung, sie werden häufig sogar wichtiger als monetäre Anreize. Wissenschaftliche Arbeiten jedoch fokussieren sich aus tech-

730 Ähnlich auch bei Hack (2009: 11).

nischen Gründen meist ausschließlich auf monetäre Anreize, da diese einfacher messbar sind sowie unternehmens-, branchen- und auch länderübergreifend aggregiert und verglichen werden können.

5.2.2.2 Kapitalanteile für Fremdmanager

Aufgrund der Erkenntnisse der empirischen Erhebung wird der Aspekt der Kapitalbeteiligung von Fremdmanagern hier unter nicht-monetären Anreizen subsumiert. Denn in den Interviews hat sich gezeigt, dass bei der Diskussion dieses Instrumentes die Statuswirkung im Vordergrund steht und weniger der finanzielle Anreiz.

Nur ein Unternehmen zeigt sich grundsätzlich offen für den Gedanken einer maßgeblichen Kapitalbeteiligung von Fremdmanagern. Die übrigen Befragten lehnten diese explizit ab. Begründet wurde die ablehnende Haltung nur in einem Fall mit Zweifeln an der Anreizwirkung einer solchen Beteiligung. Die anderen Befragten führten praktische Schwierigkeiten hinsichtlich Anteilsbewertung, -finanzierung und dem Rückkauf bei Ausscheiden an. Um das Ziel einer Kapitalbeteiligung – die Harmonisierung der Interessen von Eigentümern und Fremdmanagern – zu erreichen, ist nach Ansicht aller Interviewpartner eine Beteiligung des Fremdmanagers am Unternehmenserfolg über variable Vergütungskomponenten in demselben Maße geeignet. Diese bieten im Gegensatz zu Kapitalbeteiligungen aber entscheidende Vorteile hinsichtlich einer einfacheren Umsetzbarkeit. Substitute für Kapitalbeteiligungen, wie etwa Aktienoptionen bzw. phantom stocks, werden von allen Befragten ihrer Aufwendigkeit wegen ebenfalls abgelehnt. Obwohl die Anteilsbewertung in Aktiengesellschaften in der Regel ein geringeres Hindernis als in anderen Rechtsformen darstellt, ist auffällig, dass auch die zwei Familienunternehmen, die die Rechtsform einer Aktiengesellschaft gewählt haben, Kapitalanteile für Fremdmanager ablehnen.[731] Eines dieser Unternehmen führte Bedenken insbesondere hinsichtlich der Rückabwicklung an. Neben pragmatischen Bedenken hinsichtlich der Umsetzung verwiesen die Ge-

[731] Im Zuge der Shareholder Value-Diskussion (siehe Ferstl (2000)) in den 90er Jahren haben Aktienoptionen bzw. phantom stocks (fiktive Aktien, imaginärer Anteil am Wert eines Unternehmens) an Bedeutung gewonnen. Aronoff & Ward (2000: 42), Gayle & Miller (2009), Martin (2011) und Rajan & Zingales (2003) verweisen auf Probleme wie eine zunehmend kurzfristige Sichtweise der Akteure. Für Familienunternehmen kommt dieses Instrument daher meist nicht in Frage, vgl. Bernhardt & Witt (1997: 85, 89 und 98), Chua et al. (2009: 365) oder Croci et al. (2012).

sprächspartner als Argument gegen Kapitalbeteiligungen von Fremdmanagern nicht zuletzt auch auf eine grundsätzliche Vermeidung von Abhängigkeiten und behalten daher Anteile innerhalb der Familie.

Über die nicht vorgesehene Weitergabe von Eigentümerrechten an Fremdmanager hinaus ist die Veräußerung von Anteilen an Nicht-Familienmitglieder in allen befragten Familienunternehmen grundsätzlich ausgeschlossen bzw. stark eingeschränkt.

5.2.2.3 Gesellschafterstatus für Fremdmanager

Die Themen Kapitalbeteiligung und Status eines persönlich haftenden Gesellschafters (phG) stehen bei Personengesellschaften rechtlich in direktem Zusammenhang. Wie vorab erwähnt, wird aber dem Status von den befragten Familienunternehmen eher Bedeutung beigemessen als der eigentlichen Kapitalbeteiligung. Bei zwei der befragten Unternehmen sind die jeweiligen Holdings als Kommanditgesellschaft organisiert. Die Fremdmanager halten dort aufgrund gesellschaftsrechtlicher Vorgaben zwar Kapitalanteile und gelten dadurch als phGs. Jedoch ist die Beteiligung nur sehr gering und schafft keine maßgeblichen Mitspracherechte.[732] In den Holdings der übrigen Unternehmen wurden direkt oder indirekt gesellschaftsrechtliche Konstellationen gewählt, in denen die Haftung durch eine Kapitalgesellschaft übernommen wird. Kapitalgesellschaften haben im Gegensatz zu Personengesellschaften angestellte Geschäftsführer, die nicht persönlich haften.[733] Die folgende Abbildung zeigt die Verteilung unter den befragten Familienunternehmen im Überblick.

[732] Über die genaue Höhe der Kapitalbeteiligung der als phG auftretenden Fremdmanager liegen keine Informationen vor. Bei zwei weiteren der befragten Unternehmen gab es in der Vergangenheit geringe Kapitalbeteiligungen von Fremdmanagern an Tochterunternehmen. Dabei standen jedoch steuerliche Vorteile im Vordergrund, nicht Anreizziele. In der Untersuchung von Albach & Freund (1989: 46) stellen die Autoren fest, dass 6% der Fremdmanager am Unternehmenskapital beteiligt sind.

[733] Vgl. auch Cravotta (2010: 16 und 24).

Rechtsform der Holding	Anzahl	Vollhafter	Status der Fremdmanager
AG & Co.KG	2	AG	Angestellte Geschäftsführer
GmbH	2	GmbH	Angestellte Geschäftsführer
KG	2	KG	Persönlich haftende Gesellschafter
KG	1	GmbH	Angestellte Geschäftsführer
AG	1	AG	Angestellte Geschäftsführer
KGaA	1	GmbH	Angestellte Geschäftsführer
GmbH & Co.KG	1	GmbH	Angestellte Geschäftsführer

Abbildung 24: Status der Fremdmanager in der Untersuchung

Insgesamt differenzieren die befragten Unternehmer kaum zwischen der Anreizwirkung aus einer Kapitalbeteiligung und der Anreizwirkung aus einem damit verbundenen Gesellschafterstatus. Eine maßgebliche Anreizwirkung wird keinem der beiden zugesprochen. Auch auf Seiten der Fremdmanager scheinen diese Themen eine Priorität zu haben. So konnte nur eines der befragten Unternehmen davon berichten, dass Fremdmanager ihrerseits den Wunsch einer Kapitalbeteiligung an die Gesellschafter herangetragen hätten.[734] Dies legt den Schluss nahe, dass Kapitalbeteiligungen zwar ein öffentlich diskutiertes Anreizinstrument sind, in der Praxis der Familienunternehmen jedoch keine Bedeutung besitzen.

5.3 Ableitung von Thesen

Die fallübergreifende Analyse der Forschungsinterviews führt im Hinblick auf die aufgeworfenen Forschungsfragen zu einer Reihe von Thesen. Thesen sind als Ergebnisse zu verstehen, denen die Möglichkeit übergreifender Gültigkeit auch für vergleichbare Familienunternehmen zugeschrieben wird. Sie sind aber nicht als statistisch valide und reliable Ergebnisse der empirischen Studie zu verstehen.[735]

Hinsichtlich des ersten Themenkomplexes „Führungsform" ist festzustellen, dass die Zufriedenheit deutscher Familienunternehmer mit der Beschäftigung von Fremdma-

[734] Von Schultzendorff (1984: 272) stellt in seiner Untersuchung fest, dass Kapitalbeteiligungen bei Fremdmanagern sogar eher auf Ablehnung stoßen.

[735] Auch gemäß Lamnek (2005: 118 ff. und 187 ff.) ist es nicht Ziel qualitativer Forschung, im Sinne quantitativer Methodologien zu generalisieren. Aus diesem Grund ist auch an die Stichprobengewinnung und -ziehung nicht der Anspruch der Repräsentativität zu richten.

nagern in den Geschäftsführungen ihrer Unternehmen groß ist. Nach ihrer Bewertung des Einsatzes von Fremdmanagern gefragt, äußerten sich alle Studienteilnehmer zufrieden bis äußerst zufrieden. Die Aussagen reichen von „(sehr) positiven bzw. guten Erfahrungen“ über „Bereicherung“ bis hin zu existenzieller Notwendigkeit („ohne Fremdmanager nicht denkbar“).[736] Grundlegende Nachteile eines Einsatzes von Fremdmanagern werden von keinem der befragten Unternehmen gesehen. Nachteile könnten allenfalls bei falscher Selektion oder Fehlern der Eigentümer im Umgang mit Fremdmanagern entstehen. Auf die hypothetische Frage, wo das Unternehmen heute ohne Fremdmanager stände, antworteten die meisten Gesprächspartner, dass die Unternehmensführung ohne Fremdmanager nicht zu leisten gewesen wäre. Einige gaben sogar an, dass es das Unternehmen ohne die Mithilfe von Fremdmanagern gar nicht mehr gäbe. Denn die erreichte geschäftliche Komplexität war in keinem der befragten Unternehmen allein mit familieninternen Managern zu bewältigen. Die Befragten äußerten auch, dass sich das Verhältnis der Eigentümerfamilie zum Unternehmen durch eine Umstellung auf Fremdmanagement nicht geändert habe.

Trotz der großen Zufriedenheit mit dem Einsatz von Fremdmanagern äußerten die interviewten Familienunternehmer eine deutliche Präferenz für familieneigene Nachfolger auf Geschäftsführerpositionen. Die Präferenz für familieneigene Nachfolger ist nicht auf mögliche negative Erfahrungen mit dem Einsatz von Fremdmanagern zurückzuführen, sondern basiert vielmehr größtenteils auf einem traditionsorientierten Selbstverständnis der Unternehmerfamilien. Dieses definiert die Vermittlung der Familienwerte und -ziele in das Unternehmen hinein als ureigene Aufgabe der Familie. Diese Aufgabe soll möglichst über die Wahrnehmung der operativen Führung durch Familienmanager umgesetzt werden.

Für die im Rahmen dieser Arbeit untersuchten Familienunternehmen lässt sich feststellen, dass sich für diese dennoch nicht die Frage stellt, ob sie Fremdmanager in der Geschäftsführung beschäftigen. Keines der interviewten Familienunternehmen kann und will die operative Geschäftsführung ausschließlich durch Familienmanager

[736] Die Bewertung fällt damit positiver aus als in einer PwC-Studie von 2008. Dort bewerteten nur 54% der Befragten Fremdmanagement als „eher positiv“, 34% sogar als „eher negativ“. Die Befragten sahen Fremdmanagement zu einem großen Teil als ungeliebte Notlösung, vgl. PricewaterhouseCoopers (2008b: 6).

wahrnehmen lassen. Die Frage ist vielmehr, in welcher Form die Familie ihr Selbstverständnis gemeinsam mit Fremdmanagern realisieren kann.[737] Daraus ergibt sich die erste These.

These 1: In Abhängigkeit der geschäftlichen Komplexität und der Verfügbarkeit familieninterner Nachfolger öffnen sich deutsche Familienunternehmen für Fremdmanager in ihrem obersten operativen Führungsorgan. Komplexität definiert sich dabei über verschiedene Faktoren. Unternehmensgröße, Wachstumsdynamik und Internationalisierungsgrad gehören regelmäßig zu diesen Faktoren. Ergänzende Faktoren können Gesellschafteranzahl und Generationenzahl sein.

Die Gespräche zeigen, dass fast alle untersuchten Familienunternehmer es grundsätzlich für unerlässlich erachten, mindestens eine Führungsposition im Unternehmen mit einem Familienmitglied zu besetzen. Dabei kommen aus Sicht der Befragten die operative Führung (Geschäftsführung) oder die strategische Führung (Aufsichtsgremium) in Betracht. Bevorzugt wird die operative Führung über den Vorsitz in der Geschäftsführung. Alternativ oder sogar ergänzend dazu wird die strategische Führung über den Vorsitz im Aufsichtsgremium angestrebt. Insgesamt führen in den untersuchten Unternehmen in drei Fällen Familienmanager sowohl die Geschäftsführung als auch das Aufsichtsgremium, bei zwei der drei Unternehmen handelt es sich um verschiedene Personen. Bei den übrigen sieben fremdgemanagten Unternehmen führen Familienmanager in fünf Fällen den Vorsitz im Aufsichtsgremium. In einem Unternehmen führt ein Fremdmanager den Vorsitz im Aufsichtsgremium, die Familie ist dort deutlich in der Unterzahl. In dem verbleibenden Unternehmen ist die Familie selbst in keinem der beiden Gremien vertreten.

Zwar wird die operative Unternehmensführung durch ein Familienmitglied bevorzugt, sie ist aber nicht mehr zwingendes Element des Selbstverständnisses der befragten Familienunternehmen. Die gleichzeitige Übernahme der operativen Unternehmensführung und der strategischen Führung über das Aufsichtsgremium durch unterschiedliche Familienmitglieder wird von einer Mehrheit der untersuchten Familienun-

---

[737] Der Untertitel „Gratwanderung zwischen Professionalisierung und Identitätswahrung" der PwC-Studie „Fremdmanager in Familienunternehmen" versucht genau dies auszudrücken, vgl. PricewaterhouseCoopers (2008b).

ternehmen vermieden, da darin Potenzial für Gesellschafterkonflikte befürchtet wird. Allerdings schließen es die meisten Befragten nicht aus, theoretisch beide Positionen mit unterschiedlichen Familienmanagern zu besetzen, wenn ausreichend viele geeignete Familienmitglieder zur Verfügung stehen.

Bewusst sind sich die meisten Gesprächspartner darüber, dass die Wahrscheinlichkeit von Konflikten im Gesellschafterkreis beeinflusst werden kann durch die Wahrnehmung von Führungsfunktionen durch Familienmanager. Vier der untersuchten Unternehmen berichteten explizit davon, solche Konflikte in der Vergangenheit erlebt zu haben. Eines dieser Unternehmen hat als Konsequenz daraus entschieden, insgesamt nur noch einen Familienvertreter in Geschäftsführung oder Aufsichtsgremium zu entsenden. Ein anderes Unternehmen hat beschlossen, alle nicht-operativen Unternehmensgremien mehrheitlich familienfremd zu besetzen. Insgesamt führt dies zu These 2.

These 2: Große Familienunternehmen üben mehrheitlich entweder die operative Führung oder die strategische Führung ihres Unternehmens durch Familienmitglieder aus. Um potenzielle Konflikte innerhalb der Familie zu verhindern, lässt sich die Tendenz feststellen, nicht beide Funktionen durch Familienmitglieder wahrnehmen zu lassen.[738]

Die Entscheidung hinsichtlich der Führungsform folgt in den befragten Familienunternehmen der geschäftlichen Komplexität und der Verfügbarkeit familiärer Führungskandidaten. Eine reine Familienführung schlossen die befragten Unternehmen für sich selbst und auch für vergleichbare Unternehmen jedoch aus. Hinsichtlich der Terminologie des Ward-Modells sind damit auch bei vergleichbar großen Familienunternehmen keine Vertreter vom Typus „Alleinherrscher" zu erwarten. Alle in dieser Arbeit untersuchten Familienunternehmen erfüllen Merkmale der Phase „Geschwistergesellschaft" (z.B. durch gemischte Geschäftsführung gekennzeichnet) oder „Vetternkonsortium" (z.B. durch Fremdmanagement gekennzeichnet). Das Modell geht

[738] Die These impliziert, dass immer ein geeignetes Familienmitglied für eine der beiden Funktionen zur Verfügung steht. Ist dies nicht der Fall, so kann die Familie diese Funktionen nicht nur nicht familienintern besetzen. Sie verfügt nach Meinung einzelner Fallstudienteilnehmer gleichzeitig auch nicht über die Kompetenz, die Fähigkeiten potenzieller Fremdmanager beurteilen zu können.

von einer Entwicklung vom „Alleinherrscher“ über die „Geschwistergesellschaft“ hin zum „Vetternkonsortium“ aus. Im Rahmen dieser Untersuchung zeigte sich, dass eine solche lineare Entwicklungsrichtung von Familienunternehmen in der Praxis nicht immer der Fall ist. Zwar ergab sich aus den Fallstudienuntersuchungen, dass für die befragten Familienunternehmen das Verlassen der Phase des „Alleinherrschers“ zwingend erforderlich war. Die weitere Entwicklung innerhalb der Modellphasen ist aber abhängig vom Vorhandensein eigener Führungskandidaten in der Familie. Ein Wechsel in die Phase der „Geschwistergesellschaft“ ist ebenso denkbar wie ein Wechsel in die Phase des „Vetternkonsortiums“. Die entscheidende Erkenntnis jedoch ist, dass es zwischen den Phasen „Geschwistergesellschaft“ und „Vetternkonsortium“ zu alternierenden Wechseln kommen kann. Daraus ergibt sich These 3.

These 3: Eine reine Familienführung ist für Familienunternehmen der hier untersuchten Größe aufgrund der geschäftlichen Komplexität nicht mehr umsetzbar. Sie weisen aber keine lineare Entwicklung ihrer Führungsform im Sinne des Ward-Modells auf. Für sie kommt abhängig vom Führungskräftepotenzial der Familie entweder eine gemischte Geschäftsführung oder Fremdmanagement in Betracht. Zwischen diesen Führungsformen wird in Abhängigkeit von individuellen Gegebenheiten gewechselt.

Die Ergebnisse dieser Untersuchung zeigen weiterhin, dass Familienunternehmen hinsichtlich der Besetzung ihrer Führungsorgane klare Präferenzen haben, die sie in Abhängigkeit individueller Verfügbarkeiten umsetzen. Zunächst wird geprüft, ob innerhalb des Familienkreises geeignete Kandidaten für Managementaufgaben zur Verfügung stehen. Kann dies bejaht werden, wird geprüft, welche Funktion übernommen werden kann – ob operative Führung über die Geschäftsführung oder strategische Führung über das Aufsichtsgremium. Stehen innerhalb des Familienkreises keine geeigneten Kandidaten zur Verfügung, wird hinsichtlich der operativen Geschäftsführung der Kreis der leitenden Mitarbeiter des Unternehmens geprüft. Stehen dort geeignete Kandidaten zur Verfügung, berufen Familienunternehmen diese bevorzugt in die Geschäftsführung. Erst wenn dies nicht der Fall ist, greifen Familienunternehmen auf den dritten Kreis zurück, den externen Arbeitsmarkt für Fremdmanager. Die folgende Abbildung verdeutlicht die Präferenzfolge der Familienunternehmer in der Führungsnachfolge. Die Proportionen der Kreise sind dabei nicht auf die Proportionen der jeweils zur Verfügung stehenden Kandidaten zu übertragen. Vielmehr bietet der externe Arbeitsmarkt in der Regel unbestimmbar mehr potenzielle Kandidaten als im Unternehmen selbst und in der Familie vorhanden sind.

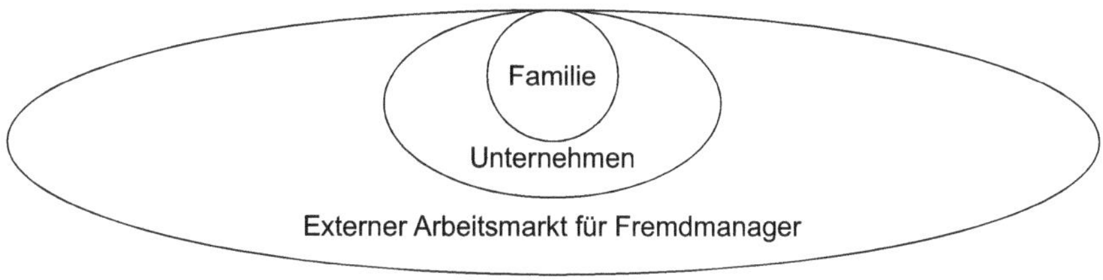

Abbildung 25: Präferenzfolge von Familienunternehmern

Der Mehrwert, den Familienmitglieder in den Geschäftsführungen von Familienunternehmen einbringen, ist noch weitgehend unerforscht. Vieles spricht dafür, dass eine stärkere Berücksichtigung soziologischer Erkenntnisse und eine stärkere Betrachtung der Eigentümerfamilie als eigenständiges Untersuchungsobjekt einen tieferen Einblick hinsichtlich dieser Frage gewähren könnten.[739] Die Interessen der Familie werden üblicherweise über ihre Vertreter in Geschäftsführung, Aufsichtsgremium oder Familienausschuss ausgeübt. Ein darüber hinausgehender direkter Einfluss von Familienmitgliedern konnte in der vorliegenden Untersuchung nicht festgestellt werden. Die Entsendung von Familienmitgliedern in gemischte Geschäftsführungen stellt die bevorzugte Form der Einflussnahme dar. Dies führt zu These 4.

These 4: Gemischte Geschäftsführungen sind die grundsätzlich bevorzugte Führungsform in großen Familienunternehmen. Die Eigentümer sehen diese Führungsform als Idealform und nicht als Zwischenschritt zu reinem Fremdmanagement an. Reines Fremdmanagement wird gleichwohl praktiziert, wenn eine gemischte Geschäftsführung nicht umsetzbar ist.

Die Neigung deutscher Familienunternehmer, Verantwortung bevorzugt an vorhandene Personalressourcen zu übertragen, zeigt sich in der tatsächlichen Zusammensetzung der obersten operativen Leitungsorgane der untersuchten Familienunter-

---

[739] Vgl. Chrisman et al. (2005: 555).

nehmen. Interne Fremdmanager sind dort häufiger vorzufinden als externe Fremdmanager. Die Fallstudien dieser Arbeit bestätigen damit die Ergebnisse der Untersuchung von ROYER ET AL. (2008) zur Notwendigkeit der langfristigen Heranbildung von Trägern der Familienwerte im Mitarbeiterkreis, falls keine geeigneten familieninternen Kandidaten zur Verfügung stehen. Denn der in den Interviews häufig genannte Vorteil der Transparenz über fachliche und charakterliche Qualifikationen umfasst implizit auch Transparenz darüber, in welchem Maße interne Fremdmanager familienspezifisches Wissen transportieren können, d.h. die Familienwerte teilen und diese weitergeben.[740] Die Präferenz für interne Fremdmanager ist zudem stimmig mit der starken Betonung der Bedeutung von Vertrauen durch die Befragten. Da Vertrauen für Familienunternehmen eine wichtige Rolle spielt und der Aufbau von Vertrauen Zeit erfordert, präferieren die Unternehmen Fremdmanager, zu denen sich bereits ein solches Vertrauensverhältnis entwickeln konnte. Daraus leitet sich These 5 ab.

These 5: Deutsche Familienunternehmen ziehen bei Nachfolgeentscheidungen für ihr oberstes operatives Leitungsgremium tendenziell Familienmanager Fremdmanagern vor, und interne Fremdmanager erhalten den Vorzug vor externen Fremdmanagern. Dabei wird jeweils eine mindestens gleiche Eignung vorausgesetzt.

Jedoch äußerten die befragten Familienunternehmer eine im Vergleich zur tatsächlichen Umsetzung deutlich höhere theoretische Präferenz für interne Fremdmanager. Dies deutet darauf hin, dass sie es nicht schaffen, die gewünschte Anzahl geeigneter interner Fremdmanager im Unternehmen zu entwickeln. Daraus ergibt sich These 6.

These 6: Große Familienunternehmen weisen Defizite in der Führungskräfteentwicklung auf und schaffen es nicht immer, interne Fremdmanager in ausreichender Anzahl für den Aufstieg in das oberste operative Leitungsorgan heranzubilden.

Bei den befragten Familienunternehmen mit gemischten Geschäftsführungen besteht ein ausgeglichenes Verhältnis zwischen internen und externen Fremdmanagern. Bei den Unternehmen mit Fremdmanagement war die Anzahl interner Fremdmanager (in

---

[740] Hennerkes (2005: 181) führt dazu an, dass Insiderkenntnisse für interne Fremdmanager ein unschätzbarer Vorteil sind. Die Sorge von Familienunternehmen um einen langfristigen Identitätsverlust unter Fremdmanagement bestätigt PricewaterhouseCoopers (2008b: 6).

Summe 20) höher als die externer Fremdmanager (in Summe 14). Die leichte Überzahl interner Fremdmanager könnte dadurch bedingt sein, dass die Eigentümer von Familienunternehmen diese noch stärker bevorzugen, wenn sie selbst keine Vertreter in der Geschäftsführung haben. Der Grund dafür liegt wiederum darin, dass ihnen die Fähigkeiten interner Fremdmanager zur Vertretung der Familienwerte in der Geschäftsführung transparenter sind. Dies führt zu These 7.

These 7: Große Familienunternehmen mit Fremdmanagement bevorzugen die Berufung interner Fremdmanager in die Geschäftsführung stärker als diejenigen mit gemischten Geschäftsführungen.

Auffallend war im Rahmen der Fallstudieninterviews, dass nahezu alle Gesprächspartner ein hohes Maß an unternehmerischen Freiräumen für Fremdmanager als sehr wichtig erachteten, gleichzeitig aber Teile der Entscheidungskompetenzen in das Kontrollorgan verlagern würden, wenn in der Geschäftsführung kein Familienmitglied mehr vertreten wäre. Die Widersprüchlichkeit in den Aussagen führt im Rahmen dieser Arbeit zu These 8.

These 8: Bei großen Familienunternehmen gibt es im Hinblick auf die den Fremdmanagern gewährten unternehmerischen Freiheitsgrade eine Diskrepanz zwischen Anspruch und Wirklichkeit. Denn in der Praxis sind diese nicht in dem gleichen Maße ausgeprägt, wie es die Gesprächsteilnehmer theoretisch für geboten halten.

Die Thesen zum Themenfeld Führungsform verdeutlichen das ausgeprägte Bedürfnis der Eigentümer deutscher Familienunternehmen, ihren Agenten in der Geschäftsführung vertrauen zu können. Treiber dieses Bedürfnisses ist, dass alle Entscheidungen der Agenten direkten Einfluss auf Unternehmensertrag und -substanz haben können sowie auf Einkommen und Vermögen der Eigentümerfamilie. Dieser Einfluss ist aus verschiedenen Gründen in Familienunternehmen besonders. Langfristig ist wie dargestellt für fast alle befragten Familienunternehmen die Übergabe des Unternehmens an nachfolgende Generationen das wichtigste Ziel. Der Substanzerhalt hat daher eine höhere Bedeutung als in Nicht-Familienunternehmen. Da jedoch die Anzahl der Gesellschafter zumeist mit zunehmender Generationenzahl steigt, ist sogar eine Substanzmehrung erforderlich, wenn der Anteilswert je Gesellschaftsanteil nicht sinken soll. Kurz- bis mittelfristig sind die Gesellschafter von großen Familienunternehmen zudem stärker auf die laufenden Erträge angewiesen als die Gesellschafter von vergleichbaren Nicht-Familienunternehmen, da sie zumeist die wichtigste Einkommensquelle der ganzen Familie sind. Anders als bei Aktionären von Nicht-Familienunternehmen sind Anteile der Gesellschafter von Familienunternehmen zudem weniger flexibel veräußerbar. Diese stärker als in Nicht-Familienunternehmen ausgeprägte wirtschaftliche Abhängigkeit der Gesellschafter führt zu These 9:

These 9: Vertrauen hat bei der Auswahl von Fremdmanagern in Familienunternehmen deshalb einen höheren Stellenwert als in Nicht-Familienunternehmen, weil ihr oberstes Ziel in der Übergabe des Unternehmens an nachfolgende Generationen besteht und die wirtschaftliche Abhängigkeit der Gesellschafter vom Unternehmen stärker und direkter ausgeprägt ist.

Die monetären Anreize, die Fremdmanagern in den befragten Familienunternehmen gesetzt werden, können in Bezug auf die absolute Vergütungshöhe als marktüblich bezeichnet werden. Hinsichtlich der Struktur der einzelnen Anreizkomponenten wird kaum individuell differenziert. Die Komponenten sind zumeist für alle Mitglieder des obersten operativen Entscheidungsgremiums gleich. Daraus ergibt sich These 10.

These 10: Große Familienunternehmen orientieren sich hinsichtlich der Höhe der Bezahlung ihrer Fremdmanager an marktüblichen Vergütungen. Die Struktur der Vergütungskomponenten ist in aller Regel für sämtliche Mitglieder der Geschäftsführung gleich.

In Bezug auf die operativen Führungspositionen hat in den untersuchten Familienunternehmen eine weitgehende Öffnung für Fremdmanager stattgefunden. Hinsichtlich der Kapitalanteile ist eine Öffnung jedoch nicht vollzogen worden und auch nicht geplant. Die Anteile werden im Familienverbund gehalten, um den Einfluss Familienfremder auf das Unternehmen möglichst gering zu halten.[741] In aller Regel ist eine

[741] Vgl. auch Dawson (2011: 196). Das charakteristische Bestreben der Vermeidung von Abhängigkeiten zeigt sich z.B. auch in Fragen der Fremdfinanzierung, vgl. Achleitner et al. (2011).

Anteilsveräußerung außerhalb der Familie in den Unternehmensstatuten ausgeschlossen, mindestens jedoch durch Vorkaufsrechte für die übrigen Gesellschafter oder das Unternehmen selbst eingeschränkt. Dies ist konsistent mit der Neigung, familienfremd besetzten Geschäftsführungen weniger Entscheidungskompetenzen einzuräumen als solchen mit Familienbeteiligung. Dies führt zu These 11.

These 11: Große Familienunternehmen sind bestrebt, Abhängigkeiten von Dritten zu vermeiden. Hinsichtlich der eigentumsrechtlichen Verfügungsrechte geschieht dies insbesondere durch einen zumeist auch formell verankerten nahezu kategorischen Ausschluss einer Kapitalbeteiligung von Familienfremden, auch bei Fremdmanagern.

Nur vier der zehn befragten Familienunternehmen nutzen bisher langfristige variable Vergütungsanreize, um das Handeln der Fremdmanager auf ihre Unternehmensziele auszurichten. Dies ist angesichts der üblicherweise langfristigen Ziele von Familienunternehmen ein überraschend geringer Anteil und legt die Vermutung nahe, dass Familienunternehmen insgesamt noch nicht eine ausreichende Abstimmung der Anreizinstrumente auf ihre Unternehmensziele vorgenommen haben. Insbesondere besteht noch Handlungsbedarf hinsichtlich der Abstimmung auf die Fristigkeit dieser Ziele. Zwar haben langfristige monetäre Anreize in den vergangenen Jahren an Bedeutung gewonnen, sie werden aber immer noch wenig genutzt. Dennoch hat keiner der Befragten von konkreten Beispielen berichten können, in denen Fremdmanager individuelle kurzfristige Ziele über die langfristigen Unternehmensziele gestellt hätten. Dies führt zu These 12.

These 12: Die variablen Vergütungsanreize für Mitglieder des obersten operativen Leitungsorgans sind in großen Familienunternehmen nicht ausreichend auf die langfristigen Unternehmensziele ausgerichtet.

Auffallend sind auch die zeitliche Konstanz der gewählten Anreizstrukturen und die Vielfalt der für die variable Vergütung gefundenen Berechnungsbasen. Die befragten Familienunternehmen äußerten sich ganz überwiegend zufrieden mit ihren gewählten Lösungen. Es ergaben sich keine Hinweise darauf, dass die befragten Familienunternehmen hinsichtlich der Anreizstrukturen einen signifikanten Handlungsbedarf empfinden. Jedoch liefern die unternehmensintern einheitlichen Strukturen der Vergütungskomponenten ein starkes Indiz dafür, dass die vorhandene intrinsische Motivation von Fremdmanagern als vergleichbar mit der von Familienmitgliedern gesehen wird.

Wie bereits dargestellt, stehen alle Formen von Anreizen (intrinsisch/extrinsisch, monetär/nicht-monetär, etc.) in individueller Wechselwirkung zueinander.[742] Konflikte, Interdependenzen und die Ausgewogenheit der jeweiligen Anreize sind jedoch Themen, deren sorgfältige Analyse Potenziale zur individuellen Optimierung der Vertragsbeziehung offenbaren kann. Erkenntnisse daraus könnten auch helfen, Anforderungsprofile für zukünftige Fremdmanager präziser zu definieren. Einige der Gesprächspartner zeigten sich interessiert an der Idee einer stärkeren Individualisierung von Anreizen auf Basis persönlicher Merkmale von Fremdmanagern vor dem Hintergrund unterschiedlicher Menschenbilder in der Prinzipal-Agent- und der Stewardship-Theorie. Dies führt zu These 13.

These 13: Große Familienunternehmen differenzieren hinsichtlich der Anreizgestaltung für ihre Fremdmanager nicht nach deren persönlichen Merkmalen. Monetäre Anreize knüpfen pauschal an verschiedene Erfolgskennzahlen des Unternehmens an.

Die Aussagen der befragten Familienunternehmer zum zielgerichteten Einsatz nicht-monetärer Anreizinstrumente bestätigen bisherige Erkenntnisse der Literatur über die Komplementarität von Anreizen. Die meisten der Befragten sehen in der monetären Vergütung nur die Grundvoraussetzung für eine erfolgreiche Zusammenarbeit zwischen Unternehmenseigentümern und Fremdmanagern. Daneben werden weitere, nicht-monetäre Anreize genutzt. Am häufigsten wurden von den Befragten unternehmerische Freiheiten und Vertrauen genannt. Die Handlungsfreiheiten der Fremdmanager werden flankiert durch regelmäßige Reportings, pragmatische Governance-Strukturen und transparente Kommunikations- und Entscheidungsprozesse. Statussymbole und die Wahrnehmung repräsentativer Aufgaben sind für die

[742] Vgl. z.B. Gächter et al. (2001: 145, 157 und 161) oder Schulze et al. (2001: 111).

meisten Befragten ebenfalls wichtige nicht-monetäre Anreize. Dies führt zu These 14.

These 14: Große Familienunternehmen nutzen intensiv nicht-monetäre Anreize, um Fremdmanager zu motivieren, im Sinne der Gesellschafter zu agieren. Die größte Bedeutung haben umfassende Handlungsfreiräume für Fremdmanager und Statussymbole.

Die folgende Abbildung zeigt die Zuordnung der empirischen Ergebnisse zu den zuvor aufgestellten Forschungsthesen.[743] Die Thesen 8 und 9 wurden über die ursprünglichen Forschungsfragen hinaus zusätzlich als Ergebnisse gewonnen.

---

[743] Thesen in den Abbildungen aus Darstellungsgründen zum Teil leicht gekürzt.

	Forschungsthesen	Empirische Thesen
Führungsform	T1a: Auf lange Sicht ist familieninterne Führung dem Fremdmanagement als Nachfolgevariante in großen Familienunternehmen unterlegen.	These 1: In Abhängigkeit der geschäftlichen Komplexität und der Verfügbarkeit familieninterner Nachfolger öffnen sich deutsche Familienunternehmen für Fremdmanager in ihrem obersten operativen Führungsorgan. These 2: Große Familienunternehmen üben mehrheitlich entweder die operative Führung oder die strategische Führung ihres Unternehmens durch Familienmitglieder aus. These 3: Eine reine Familienführung ist für Familienunternehmen der hier untersuchten Größe aufgrund der geschäftlichen Komplexität nicht mehr umsetzbar. Sie weisen aber keine lineare Entwicklung ihrer Führungsform im Sinne des Ward-Modells auf. Für sie kommt abhängig vom Führungskräftepotenzial der Familie entweder eine gemischte Geschäftsführung oder Fremdmanagement in Betracht.
	T1b: Gemischte Geschäftsführungen sind reinem Fremdmanagement zunächst vorzuziehen, soweit geeignete Manager in der Familie zur Verfügung stehen. Ist dies nicht der Fall, sollte das Fremdmanagement durch eine starke Beteiligung der Familie (z.B. über einen Beirat) gesteuert werden.	These 4: Gemischte Geschäftsführungen sind die grundsätzlich bevorzugte Führungsform in großen Familienunternehmen. Die Eigentümer sehen diese Führungsform als Idealform und nicht als Zwischenschritt zu reinem Fremdmanagement an. Reines Fremdmanagement wird gleichwohl praktiziert, wenn eine gemischte Geschäftsführung nicht umsetzbar ist.
	T1c: Interne Fremdmanager sind externen Fremdmanagern vorzuziehen, soweit nicht strategische Umbrüche umgesetzt oder Krisensituationen bewältigt werden müssen.	These 5: Deutsche Familienunternehmen ziehen bei Nachfolgeentscheidungen für ihr oberstes operatives Leitungsgremium tendenziell Familienmanager Fremdmanagern vor, und interne Fremdmanager erhalten den Vorzug vor externen Fremdmanagern. These 6: Große Familienunternehmen weisen Defizite in der Führungskräfteentwicklung auf und schaffen es nicht immer, interne Fremdmanager in ausreichender Anzahl für den Aufstieg in das oberste operative Leitungsorgan heranzubilden. These 7: Große Familienunternehmen mit Fremdmanagement bevorzugen die Berufung interner Fremdmanager in die Geschäftsführung stärker als diejenigen mit gemischten Geschäftsführungen.

Abbildung 26: Übersicht der empirischen Ergebnisse zur Führungsform

	Forschungsthesen	Empirische Thesen
Anreizkonzept	T2a: Familienunternehmen bieten ihren Fremdmanagern langfristig orientierte leistungsabhängige Gehälter. Kapitalbeteiligungen werden nicht gewährt.	These 10: Große Familienunternehmen orientieren sich hinsichtlich der Höhe der Bezahlung ihrer Fremdmanager an marktüblichen Vergütungen. Die Struktur der Vergütungskomponenten ist in aller Regel für sämtliche Mitglieder der Geschäftsführung gleich. These 11: Große Familienunternehmen sind bestrebt, Abhängigkeiten von Dritten zu vermeiden. Hinsichtlich der eigentumsrechtlichen Verfügungsrechte geschieht dies insbesondere durch einen zumeist auch formell verankerten nahezu kategorischen Ausschluss einer Kapitalbeteiligung von Familienfremden, auch bei Fremdmanagern. These 12: Die variablen Vergütungsanreize für Mitglieder des obersten operativen Leitungsorgans sind in großen Familienunternehmen nicht ausreichend auf die langfristigen Unternehmensziele ausgerichtet. These 13: Große Familienunternehmen differenzieren hinsichtlich der Anreizgestaltung für ihre Fremdmanager nicht nach deren persönlichen Merkmalen. Monetäre Anreize knüpfen pauschal an verschiedene Erfolgskennzahlen des Unternehmens an.
	T2b: Anreizkonzepte für Fremdmanager in Familienunternehmen enthalten über monetäre Elemente hinausgehende (langfristige) Komponenten (z.B. weitreichende Handlungs- und Entscheidungsfreiräume).	These 14: Große Familienunternehmen nutzen intensiv nicht-monetäre Anreize, um Fremdmanager zu motivieren, im Sinne der Gesellschafter zu agieren. Die größte Bedeutung haben umfassende Handlungsfreiräume für Fremdmanager und Statussymbole.

Abbildung 27: Übersicht der empirischen Ergebnisse zu Anreizen

6 Implikationen und Zusammenfassung

6.1 Implikationen für die Wissenschaft

6.1.1 Verwendete Theorien und empirische Methodik

Betrachtet man den bisherigen Forschungsstand zu Familienunternehmen, so sind sowohl die theoriebezogenen Bewertungen als auch die bisherigen empirischen Ergebnisse teilweise widersprüchlich. Empirische Performancevergleiche mit Nicht-Familienunternehmen fallen meist zu Gunsten, gelegentlich aber auch zu Ungunsten von Familienunternehmen aus und erlauben somit keinen eindeutigen Rückschluss auf eine mögliche Überlegenheit einer dieser Unternehmensformen.[744] Auch grundlegende Theorien wie die Prinzipal-Agent-Theorie und die Stewardship-Theorie kommen für verschiedene Aspekte im Hinblick auf Familienunternehmen zu gegenteiligen Bewertungen. Arbeiten aus dem Fachgebiet der Psychologie belegen, dass das Verhalten von Menschen in der Praxis zudem nicht immer den Annahmen ökonomischer Theorien folgt.[745] Dies impliziert, dass ökonomische Theorien allein nicht geeignet sind, Existenz, Handeln und Erfolg von Familienunternehmen am Markt zu erklären.

Für eine theoretische Weiterentwicklung des Forschungsfeldes Familienunternehmen müssen neue Wege gegangen werden. Zwei viel versprechende Ansätze sind die fachgebietsübergreifende Zusammenarbeit von Forschern sowie eine stärkere Differenzierung der Untersuchungsobjekte. Hinsichtlich der Zusammenarbeit mit Forschern anderer Fachgebiete (z.B. Soziologen, Psychologen) zeigen sich erste Erfolge in der Anpassung der klassischen Prinzipal-Agent-Theorie sowie der zunehmend stärkeren Beachtung der Stewardship-Theorie.[746] Ein wesentliches Hindernis für eine schnellere Erschließung dieser Problematik liegt aber darin, dass man empirisch nur schwer zwischen Agenten und Stewards unterscheiden kann.

---

[744] Siehe Kapitel 3.1.1.2.

[745] Vgl. DellaVigna (2009).

[746] Auch Chrisman et al. (2005: 555) und James et al. (2012) empfehlen, neben ökonomischen Theorien insbesondere auch andere Wissenschaftsdisziplinen in die Evaluierung und Modifikation bestehender Konzepte und ggf. die Erarbeitung neuer theoretischer Grundlagen einzubeziehen. In dieser Hinsicht zeige sich die ökonomische Zunft bisher noch zu zögerlich.

Die seit einiger Zeit intensiv geführte Diskussion über die Praxistauglichkeit klassischer ökonomischer Theorien wie der Prinzipal-Agent-Theorie konzentriert sich auf ihre Annahmen (Beschränkung auf wirtschaftlichen Nutzen, Gewinnmaximierung, Egoismus, Opportunismus, Markttransparenz und -effizienz, etc.). Diese könnten durch zu starke Simplifizierung der Realität die Anwendbarkeit der Theorie einschränken. Tatsächlich belegen mehrere Studien, dass die Annahmen nicht immer geeignet sind, das Handeln von Marktteilnehmern treffend zu beschreiben.[747] Hinsichtlich der Anwendung der Prinzipal-Agent-Theorie auf Familienunternehmen muss zudem darauf aufmerksam gemacht werden, dass die ursprüngliche Konzeption des Prinzipal-Agent-Modells nach Ross (1973) und Jensen und Meckling (1976) auf Publikumsgesellschaften mit einem anonymen Anteilseignerkreis ausgerichtet war und nicht auf Familienunternehmen, bei denen im Regelfall sämtliche Eigentümer in verwandtschaftlichen Beziehungen zueinander stehen. Soziologische und psychologische Einflüsse treten in Familienunternehmen aufgrund dieser Beziehungen in anderer Form auf als in Nicht-Familienunternehmen.[748] Diese strukturelle Komplexität von Familienunternehmen sowie deren teils mehrdimensionalen Zielstrukturen implizieren zusätzlich den Bedarf an umfassenderen Modellen für die theoretische Analyse.[749] Die geforderte Integration von Altruismus (motiviert durch sozialen Nutzen – im Gegensatz zum eher monetären Nutzenverständnis klassischer ökonomischer Theorien) in die Prinzipal-Agent-Theorie macht zwar die Anwendung schwieriger, lässt aber im Gegenzug validere Ergebnisse erwarten.

Ein zweiter Ansatz besteht in einer Differenzierung der Untersuchungsobjekte. Familienunternehmen stellen keine homogene Gruppe dar, sondern unterscheiden sich

---

747 Vgl. Hendry (2002: 98). Lamnek (2005: 113 f.) führt dazu aus, dass Untersuchungsgegenstände zu häufig in die bestehenden festen Kategorien und Schemata einer eigentlich unpassenden Theorie gedrängt würden bzw. nur einer auf die Theorie verengten Überprüfung zugeführt würden. Z.B. zeigen Armstrong & Huck (2010: 31 ff.), dass die vereinfachende Modellannahme der Gewinnmaximierung in der Praxis oft nur in mittelbarer Form und mit mittelfristiger Perspektive vorkommt. Kurzfristig verfolgen Unternehmen häufig andere Ziele bzw. Subziele (z.B. Marktanteile, Umsatz).

748 Vgl. Jensen & Meckling (1994: 45) oder Schulze et al. (2001: 108) sowie Ross (1973) und Jensen & Meckling (1976). Die mangelnde Operationalisierbarkeit stellt eine weitere Limitation der Prinzipal-Agent-Theorie (und auch anderer Modelle) dar. Sie führe zu nicht hinreichend präzisen Tendenzaussagen oder alternativ zu formal richtigen Aussagen, die aber wenig Realitätsgehalt bieten, vgl. Ebers & Gotsch (2006: 276 f.).

749 Ähnlich äußern sich auch Chrisman et al. (2005: 565).

stark voneinander.[750] Denn abhängig vom individuellen Kontext und der Evolutionsstufe der Familienunternehmen sehen sich diese mit unterschiedlichen Herausforderungen konfrontiert. Die Erkenntnisse dieser Arbeit liefern Anhaltspunkte dafür, dass die vereinfachende Konstruktion bisheriger theoretischer Modelle nicht geeignet ist, die reale Komplexität von Familienunternehmen allgemeingültig abzubilden und dass eine Differenzierung der Analysen in Theorie und Empirie ein deutlicheres Bild dieser Unternehmensform zeichnen könnte.[751] Die evolutionäre Reife eines Familienunternehmens könnte auf Basis dieser Arbeit ein solches Differenzierungsmerkmal darstellen. Mit Hilfe von Kriterien für evolutionäre Reife (z.B. Anzahl der Gesellschafter, Generationenzahl, Anzahl der Familienstämme, Anteilsstreuung) können Subgruppen von Familienunternehmen identifiziert werden, die getrennt voneinander untersucht werden könnten.[752]

Modelle wie das von WARD (1987), ALBACH (2002) oder KLEIN (2004) könnten als Grundlage für eine erste Differenzierung von Familienunternehmen dienen.[753] LE BRETON-MILLER UND MILLER (2009) liefern mit dem gesellschaftlichen Entwicklungskontext, in dem ein Familienunternehmen operiert, einen weiteren Ansatz für differenzierte Analysen. Sie sehen eine wachsende Bedeutung der Stewardship-Theorie in Gesellschaften, in denen die physischen Grundbedürfnisse der Menschen weitgehend gedeckt sind. Die Prinzipal-Agent-Theorie dagegen fokussiere sich auf den Eigennutz, der bei entsprechendem Entwicklungsniveau des betrachteten Wirtschafts-

---

[750] Vgl. Witt (2008: 1). In der Anwendung von Prinzipal-Agent- bzw. Stewardship-Theorie auf definierte Subgruppen wird ein erfolgsversprechender Ansatz gesehen, um die Gültigkeit der Theorien im Kontext von Familienunternehmen zu prüfen oder um sie weiterzuentwickeln, vgl. Le Breton-Miller & Miller (2009: 1170). Auch Pardo-del-Val (2009) spricht sich für differenzierte Analysen und die Prüfung weiterer Theorien aus. Sie wendet diesen Gedanken auf die Phasen eines Nachfolgeprozesses an und nutzt dafür die Change Management Theory.

[751] Corbetta & Salvato (2004a: 360) kommen zu einem vergleichbaren Schluss.

[752] Generationenzahl oder Größe des Gesellschafterkreises bieten deshalb einen vielversprechenden Ansatz, weil sie u.a. als wesentliche Treiber der Komplexität des Unternehmens gelten können, vgl. Collins & O'Regan (2011: 6). Auch Vertragsdauern können ein Kriterium darstellen, denn gemäß Albach (1997: 1277) verändert sich das Verhältnis zwischen Vertragsparteien im Zeitablauf und entwickelt sich von einem Konfliktmodell hin zu einem Harmoniemodell, d.h. ausgehend von einer Prinzipal-Agent-Beziehung zunehmend zu einer Prinzipal-Steward-Beziehung, vgl. auch Witt (2003: 12).

[753] Generationenzahl oder Größe des Gesellschafterkreises sind Bestandteil einiger der in Kapitel 3.1.1.3 vorgestellten Entwürfe zu Evolutionsmodellen für Familienunternehmen. Die Arbeit von van den Berghe & Carchon (2003) bietet einen ersten Ansatz einer differenzierten Analyse. Auch die vorliegende Untersuchung nimmt bereits eine Differenzierung nach Unternehmensgröße vor.

raumes gegenüber höherrangigen Bedürfnissen zurücktrete. Dieser Ansatz könnte insbesondere für länderübergreifende Studien hilfreich sein.[754]

Auch hinsichtlich der Grundlagenbildung im Forschungsfeld Familienunternehmen sind weitere Forschungsanstrengungen notwendig. So fehlt z.B. weiterhin eine einheitliche und akzeptierte Definition dessen, was ein Familienunternehmen ausmacht. Die fehlende Definition erschwert in entscheidendem Maße die Vergleichbarkeit von Studien.

In methodischer Hinsicht bestätigte sich im Verlauf der durchgeführten Forschungsinterviews die besondere Vorteilhaftigkeit von Fallstudien für die Untersuchung von Familienunternehmen. Es konnten individuelle Gegebenheiten einbezogen werden und durch kontextabhängiges gezieltes Nachfragen konnte eine Klarheit im Verständnis geschaffen werden, die auf Basis einer standardisierten Fragebogenerhebung nicht hätte erreicht werden können.[755] Ebenso konnten Ergebnisse generiert werden, die über die definierten Forschungsfragen hinausgingen.

Neben der regelmäßig höheren Datenqualität ist insbesondere die noch unzureichende Ausarbeitung theoretischer Grundlagen das wichtigste Argument für qualitative Verfahren. Eine Bearbeitung des Forschungsfeldes mit Hilfe quantitativer Forschungsmethodiken erscheint erst nach einer weiteren Ausarbeitung der theoretischen Grundlagen und nach hinreichender qualitativer Untersuchung hilfreich.[756]

6.1.2 Limitationen dieser Arbeit

Basis dieser Arbeit ist eine empirische Erhebung in Form von Fallstudieninterviews in deutschen Familienunternehmen mit einem Umsatz von 0,5 bis 12 Mrd. Euro.[757] Die Aussagen dieser Arbeit richten sich daher zunächst an vergleichbar große Familien-

---

[754] Vgl. Le Breton-Miller & Miller (2009: 1171).

[755] Vgl. Handler (1989: 270 f.) Dieser ermutigt dazu, bei Familienunternehmen verstärkt alternative Forschungsmethoden zu nutzen. Brockhaus (2004: 171) sieht besonderen Bedarf für Langzeitstudien. Diese seien aber u.a. wegen der generellen Zurückhaltung von Familienunternehmen, an Erhebungen teilzunehmen, nur schwierig zu erstellen.

[756] Venter et al. (2005: 284) fordern quantitative Untersuchungen.

[757] Zu Details und Eckdaten der ausgewählten Unternehmen siehe Kapitel 4.3.2. Eine Limitation der Ergebnisse dieser Untersuchung durch Ausschluss von Handels- und Finanzdienstleistungsunternehmen wird nicht erwartet, kann aber nicht vollständig ausgeschlossen werden.

unternehmen – bei kleineren Familienunternehmen könnten sich abweichende Resultate ergeben. Die Wahrscheinlichkeit, dass eine Übertragbarkeit auf größere Familienunternehmen eingeschränkt ist, muss erwogen werden, wird aber als gering eingeschätzt. Diese Auffassung wird durch gleichgerichtete Einschätzungen von Interviewpartnern gestützt. Betont werden muss jedoch, dass die vorliegende Untersuchung auf Basis der gewählten Methodik nicht den Anspruch erheben kann, Repräsentativität bzw. generalisierbare Ergebnisse zu erzeugen.

Diese Arbeit untersucht Fremdmanagement-Beziehungen auf Basis einer Auswahl deutscher Familienunternehmen und damit vor dem Hintergrund deutscher Governance-Strukturen. Im internationalen Vergleich aber sind alternative Governance-Systeme anzutreffen. Auch könnte die Haltung nicht-deutscher Familienunternehmer zu denselben Fragestellungen bedingt durch den jeweiligen gesellschaftlich-kulturellen oder national-rechtlichen Kontext verschieden sein. Die Übertragbarkeit der Aussagen dieser Arbeit auf nicht-deutsche Familienunternehmen könnte insofern eingeschränkt sein.[758]

Nicht erhoben wurde in dieser Untersuchung die Wirkung von Führungsformen und Anreizkonzepten auf den Unternehmenserfolg. Zu der Tatsache, dass dieser durch zahlreiche Faktoren beeinflusst wird und die jeweiligen Einflussgrößen nur schwer separierbar sind, tritt der Umstand, dass Unternehmen nur ungern über etwaige Misserfolge berichten, so dass entsprechende Auskünfte häufig verzerrt sein dürften. In der Literatur basieren insbesondere Arbeiten mit Erfolgsmessung in der Regel auf Untersuchungen von börsennotierten Familienunternehmen. In dieser Arbeit wurden nicht-börsennotierte Familienunternehmen analysiert. Inwieweit Unterschiede durch dieses Merkmal bedingt sein könnten, bedarf ebenfalls weiterer Forschungsleistungen.

Grundlage der empirischen Erhebung waren Fallstudien in zehn Familienunternehmen. Die Erhebungsmethodik der Fallstudieninterviews erlaubt ein tiefes Kontextverständnis und eine hohe Qualität der gewonnenen Daten, generiert in Summe aber

[758] Vgl. auch Venter et al. (2005: 299). Zur Bedeutung kultureller Unterschiede vgl. auch Bertrand & Schoar (2006), Carr & Bateman (2010) oder Wong (2011). Bertrand & Schoar (2006: 94) ziehen den gesellschaftlichen Stellenwert von Familie als Kriterium heran.

nur eine im Vergleich zu großzahligen quantitativen Erhebungen geringere Anzahl von Datenpunkten.[759] Obwohl die Qualität der erhobenen Daten zumeist höher ist als bei anderen Erhebungsmethoden, könnte die Übertragbarkeit der Erkenntnisse dadurch eingeschränkt sein, dass diese in starkem Maße kontextabhängig sind.[760]

6.1.3 Weiterführender Forschungsbedarf

Das Forschungsfeld Familienunternehmen ist insgesamt noch vergleichsweise wenig erschlossen. Dies gilt sowohl hinsichtlich der thematischen Durchdringung als auch der theoretischen und empirischen Bearbeitung. Die Notwendigkeit einer theoretischen Bearbeitung des Forschungsfeldes durch Evaluierung, Präzisierung, Modifikation bzw. Erweiterung der theoretischen Grundlagen über die ökonomische Prinzipal-Agent-Theorie hinaus sowie ein Bedarf an sonstiger Grundlagenbildung (Definitionen) wurde in den vorhergehenden Kapiteln umfassend dargestellt. Dieses Kapitel widmet sich daher thematischen und empirischen Forschungsbedarfen.

LE BRETON-MILLER ET AL. (2004) und CHITTOOR (2007) bemängeln am bisherigen Forschungsstand mit Bezug auf die Nachfolge in Familienunternehmen, dass die vorliegenden Arbeiten nicht-kumulativ sind, sondern disjunkt, d.h. dass sie zu wenig aufeinander aufbauen.[761] Sie fordern, einzelne Themenbereiche detaillierter zu bearbeiten und erst dann sukzessive andere Themen zu erschließen. Anknüpfend an diese Arbeit könnten weitere Untersuchungen daher darauf abzielen, die im vorherigen Kapitel aufgezeigten potenziellen Limitationen zu prüfen. Beispielsweise könnten die Forschungsfragen in einem internationalen Kontext untersucht werden. Auch eine nach individuellen Merkmalen von Familienunternehmen differenzierte Analyse der Forschungsfragen dieser Arbeit ist denkbar, z.B. nach Generationenzahl oder Größe des Gesellschafterkreises.

---

[759] Vgl. Carrigan & Buckley (2008: 664).

[760] Auch Ergebnisse aus anderen Erhebungsmethodiken sind nur eingeschränkt übertragbar. So können selbst großzahlige Erhebungen aus Zufallsstichproben keine universelle Verallgemeinerung allein durch die Menge der erhobenen Datenpunkte begründen. Vielmehr sind deren Ergebnisse aufgrund der standardisierten und für jeden Datenpunkt gleichartigen Auswertung zu hinterfragen, vgl. Bechtle (1983: 12 f.).

[761] Vgl. Le Breton-Miller et al. (2004: 305 f.), Chittoor & Das (2007: 65) oder auch Venter et al. (2005: 284).

Sollte sich die erwartete Bedeutung individueller Merkmale von Familienunternehmen in nachfolgenden Untersuchungen bestätigen, könnten weitere Forschungsthemen für einzelne Subgruppen von Familienunternehmen definiert werden. Z.B. könnten im Kontext der Nachfolge Erkenntnisse über Strategien zur Konfliktbewältigung bzw. -vermeidung im Gesellschafterkreis erarbeitet werden. Weitere Fragestellungen könnten sich auf Möglichkeiten und Nutzen der Förderung des familiären Zusammenhaltes sowie der inhaltlichen Einbeziehung aller Gesellschafter in geschäftliche Vorgänge beziehen. Auch könnte diskutiert werden, ob, wann und wie eine Unternehmerfamilie einen negativen Einfluss auf ein Familienunternehmen entwickeln kann.[762] Solche Fragen könnten insbesondere für gereifte Familienunternehmen mit großem bzw. wachsendem Gesellschafterkreis hohe Bedeutung haben und in einem Themenfeld „Family Relationship Management" gebündelt werden. Erkenntnisse daraus könnten wiederum in einer präziseren Ausarbeitung von Lebenszykluskonzepten für Familienunternehmen münden.[763]

Familienmitgliedern wurde in den Interviews häufig eine spezifische, bei Familienexternen nicht vorhandene und auch nicht imitierbare Qualifikation nachgesagt, die aber nicht näher definiert werden konnte. Häufig wird diese mit der „Fähigkeit zur Vermittlung von Familienwerten" umschrieben. Worin die spezifische Qualifikation von Familienmitgliedern genau liegt, bedarf ebenfalls weiterer Forschungsanstrengungen. Einige Ansätze dazu liegen vor, meist auf Basis ressourcen- oder wissensbasierter Konzepte.[764] Insbesondere bei allen Untersuchungen zur Rolle der Familie erscheint die Nutzung interdisziplinärer Forschungsansätze erfolgsversprechend, etwa durch Zusammenarbeit von Ökonomen mit Forschern der Fachbereiche Soziologie, Anthropologie und Psychologie.[765]

---

[762] Eine besondere Schwierigkeit liegt in dieser Hinsicht darin, valide Primärdaten solcher Familienunternehmen erheben zu können, die aus diesem Grund vom Markt verschwunden sind.

[763] Während bisher Führung die dominante Perspektive dieser Konzepte darstellt, besteht eine denkbare Erweiterung in einer Öffnung für Familienfremde auch auf Eigentumsseite (z.B. durch strategische Investoren und/oder als börsennotiertes Familienunternehmen).

[764] Vgl. Royer et al. (2008: 28) zu familienspezifischen Erfahrungswissen, Habbershon & Williams (1999), Pearson et al. (2008), Rutherford et al. (2008) oder Minichilli et al. (2010) zu „familiness". Die Arbeiten basieren meist auf dem ressourcenbasierten Ansatz (resource based view).

[765] Vgl. u.a. Klein (2009: 70). Z.B. will sich das 2011 neu aufgelegte Journal of Family Business Management verstärkt der interdisziplinären Sichtweise widmen, vgl. Collins & O'Regan (2011: 5), Tucker (2011) oder auch Laakkonen & Kansikas (2011). Pardo-del-Val (2009) fordert, die Anwendbarkeit auch anderer ökonomischer Konzepte zu prüfen, z.B. Change Management Theory oder Organizational Change.

Ein Thema, welches ebenfalls bislang in der Literatur kaum Erwähnung gefunden hat und mit dem sich viele Familienunternehmen heute konfrontiert sehen, ist die Beurteilung der Qualifikation von Familienmitgliedern für Managementaufgaben und für die Auswahl von Fremdmanagern. Auch könnte näher untersucht werden, welche Qualifikationen Familienmitglieder aufweisen müssen, um im Aufsichtsgremium Verantwortung übernehmen zu können.[766]

Untersucht werden könnten auch Fragen der Entwicklung von Führungskräften in Familienunternehmen im Vergleich zu Nicht-Familienunternehmen. Insbesondere wäre es interessant, ob ein Zusammenhang zwischen Führungskräfteentwicklung und der Präferenz deutscher Familienunternehmen für interne Fremdmanager besteht. Auch zu den Anteilen interner und externer Fremdmanager in deutschen Familienunternehmen liegen noch nicht ausreichend empirische Ergebnisse vor. Erste Daten dazu deuten darauf hin, dass der Anteil intern entwickelter Manager in Nicht-Familienunternehmen leicht höher ist als in Familienunternehmen.[767] Zukünftige Untersuchungen könnten auch stärker analysieren, ob Merkmale des Unternehmens selbst (z.B. aktuelle Geschäftslage, strategische Ziele) Bedeutung für die Auswahl interner oder externer Manager haben.

Eine weitere denkbare Fragestellung betrifft den Umgang mit angeheirateten Familienmitgliedern/Schwiegerkindern, soweit sie Verantwortung im Familienunternehmen übernehmen. Bisher liegen noch keine wissenschaftlichen Untersuchungen vor, die sich mit den Besonderheiten der Rolle dieser Familienmitglieder beschäftigen.[768]

Hinsichtlich der Fremdmanagern gesetzten Anreize wird auf Basis dieser Untersuchung insbesondere ein Potenzial für die Optimierung der Anreizwirkung durch indi-

---

[766] Diese Aspekte wurden auch von einem Interviewteilnehmer angesprochen. Obermaier (2006: 9) sieht die Entwicklung qualifizierter Mitglieder für das Aufsichtsgremium als dauerhafte Herausforderung für Familien.

[767] Vgl. z.B. Jeuschede (2004: 65) und Beiertz et al. (2011: 1 und 10). Gemäß Beiertz et al. (2011) beträgt der Anteil intern entwickelter Manager in Nicht-Familienunternehmen 63%. In Familienunternehmen beträgt er in dieser Untersuchung 57%, bei Jeuschede (2004) nur 40%.

[768] Bechtle (1983: 254) erwähnt diesen Fall am Rande und spricht sich dafür aus, Schwiegerkinder wie Fremdmanager zu behandeln. Ansätze zu diesem Thema finden sich in Mehrota et al. (2011) oder Chrisman et al. (2011). Die meisten in dieser Untersuchung befragten Unternehmen äußerten sich neutral zur Rolle angeheirateter Familienmitglieder bzw. von Schwiegerkindern. Eines verwies auf sehr gute Erfahrungen, eines will nach schlechten Erfahrungen mit Schwiegerkindern grundsätzlich auf deren Einsatz im Unternehmen verzichten.

vidualisierte Gestaltung aller Anreizkomponenten als zukünftiger Forschungsbedarf erkennbar. Grundlage weiterführender Forschung könnte u.a. das Kooperationsdesign der Offenbarung sein sowie die Konzepte des Selbstwahlschemas oder des Signalisierens.[769] Die zwischen den untersuchten Familienunternehmen festgestellten Unterschiede bei den angewendeten Anreizkonzepten führen darüber hinaus zu zwei möglichen Schlussfolgerungen. Zum einen könnte es sein, dass deutsche Familienunternehmen eine variable Vergütung erst seit vergleichsweise kurzer Zeit anwenden und sich die zielführende Austarierung der Gewichtung erst noch finden muss. Zum zweiten könnte es sein, dass die unterschiedlichen Kriterien der Erfolgsmessung auf einen stark unterschiedlichen Stellenwert der jeweiligen Messgröße in den untersuchten Unternehmen zurückzuführen sind. Beide Schlussfolgerungen bedürfen weiterer empirischer Bestätigung.

Ergänzend zu der zuvor beschriebenen konzeptionellen Kritik an der Prinzipal-Agent-Theorie besteht ein weiterer Schwachpunkt in ihrer zu einseitigen Anwendung auf die Vertragsbeziehung zwischen Eigentümer und Manager. Weitere Prinzipal-Agent-Konflikte können z.B. in der Beziehung zwischen Kontrollgremien und Managern oder Kontrollgremien und Gesellschaftern entstehen.[770] Diese weiteren Prinzipal-Agent-Beziehungen könnten ebenfalls ergänzend zu der vorliegenden Untersuchung Gegenstand zukünftiger Forschungsarbeiten sein.

Letztlich ist auch die Unternehmensperformance immer ein wichtiges Kriterium bei der Beurteilung von Führungsformen. Empirische Nachweise zur Beziehung zwischen den unterschiedlichen Führungsformen und der Unternehmensperformance

[769] Vgl. Spremann (1990: 578 ff.). Beide Konzepte zielen darauf ab, persönliche Merkmale des Vertragspartners zu bestimmen. Das Selbstwahlschema konstruiert zu diesem Zweck Entscheidungssituationen. Das Signaling beschreibt von einem Marktteilnehmer ausgesendete und im Markt für andere Teilnehmer kostenlos wahrnehmbare Signale z.B. zu Qualitätsmerkmalen, vgl. auch Mertens (2004: 23 ff.), Backes-Gellner & Wolff (2001: 397, 400 und 403), Winter (2001: 498), Chua et al. (2009: 359) oder Institut für Mittelstandsforschung Bonn (2008).

[770] Vgl. Blumentritt et al. (2007: 323). Die Autoren kritisieren an vorliegenden Arbeiten auf Basis von Prinzipal-Agent- aber auch Stewardship-Theorie, dass diese bei der Untersuchung des Verhaltens des Agenten bzw. Stewards zumeist implizit annehmen, dass Prinzipale bereits die dazu passenden Governance-Bedingungen geschaffen hätten.

bzw. zum Performanceeffekt eines Führungswechsels sind ebenfalls noch nicht in ausreichendem Maße erbracht worden.[771]

6.2 Implikationen für die unternehmerische Praxis

Die vorliegende Fallstudienuntersuchung belegt, dass Fremdmanager in großen deutschen Familienunternehmen unabdingbar gebraucht werden. Keine Eigentümerfamilie eines solchen Familienunternehmens ist in der Lage, die Komplexität der operativen und strategischen Unternehmensführung alleine zu bewältigen. Als Implikation für die Eigentümer von Familienunternehmen hat sich aber gezeigt, dass diese trotzdem nicht auf einen starken Familieneinfluss verzichten müssen. Vielmehr belegt die vorliegende Untersuchung, wie große Familienunternehmen erfolgreich eine Zusammenarbeit zwischen Eigentümerfamilie und Fremdmanagern zu organisieren verstehen. Sowohl gemischte Geschäftsführungen als auch reines Fremdmanagement mit individuell ausgestalteter Einflussnahme der Eigentümerfamilie über Aufsichts- oder Kontrollgremien sind geeignete Modelle, um den Einfluss der Eigentümerfamilie zu erhalten. Besondere Bedeutung hat daher in diesem Zusammenhang die Entwicklung von Potenzialträgern aus den Reihen der Eigentümerfamilie im Rahmen eines aktiven Familienmanagements.

Von der Mehrzahl der untersuchten Familienunternehmen wird eine gemischte Geschäftsführung präferiert. Diese Erkenntnis impliziert aber nicht, dass dies pauschal die „passende Führungsform“ für Familienunternehmen ist. Welche Form für welches Familienunternehmen passend ist, hängt vielmehr von der Verfügbarkeit familieneigener Manager sowie vom jeweiligen Unternehmenskontext ab.[772]

Als weitere Implikation der hier vorgestellten Untersuchung hat sich ergeben, dass die Verfügbarkeit geeigneter Familienmitglieder den wesentlichen Parameter für das Maß der operativen Einflussnahme durch die Eigentümerfamilie darstellt. Deutsche

[771] Vgl. Witt (2008: 14) und Chittoor & Das (2007: 66). Die Messung eines einzig auf eine Umstellung auf Fremdmanagement basierenden Performanceeffektes dürfte schwierig sein, da andere Parameter die Performance beeinflussen (können).

[772] Unternehmenskontext umfasst insbesondere die Unternehmensgröße und die geschäftliche Komplexität, vgl. Kap. 5.1.1.1. Die Implikation deckt sich mit Erkenntnissen von Klein (2004: 217) und Ibrahim et al. (2008: 104).

Familienunternehmer knüpfen die Ausübung operativen Einflusses dabei nicht zwingend an eine eigene Präsenz im obersten operativen Leitungsorgan ihres Unternehmens. Vielmehr bieten gesellschaftsrechtliche Gestaltungsfreiheiten die Möglichkeit der Einflussnahme, ohne dass Fremdmanager und Familienmanager zwingend derselben rechtlichen Einheit angehören müssen. Ein Wechsel zwischen gemischten Geschäftsführungen und Fremdmanagement ist möglich und wird in Abhängigkeit der Verfügbarkeit familieninterner Manager auch vollzogen. Es bestehen zudem Gestaltungsmöglichkeiten für die Eigentümer, um auch unter Fremdmanagement operativ Einfluss nehmen zu können. Es ist aber übereinstimmende Auffassung der Befragten, dass sich die familiären Interessen der Eigentümer den Interessen ihres Unternehmens unterordnen sollten. Sind keine geeigneten Familienmitglieder verfügbar, darf ein operativer Führungsanspruch in großen Familienunternehmen daher nicht als elementarer Bestandteil der Familienidentität angesehen werden. Bei den fremdgemanagten Familienunternehmen wird auch zumeist nur in geringem Maße Einfluss auf operative Entscheidungen genommen. Die Eigentümer beschränken sich auf die strategische Führung über das Kontrollgremium.

Die bisher aufgeführten Implikationen zeigen, dass sich die Frage einer rein familieninternen Führung für Familienunternehmen der hier untersuchten Größe nicht stellt. Aus ihrem Bestreben zur operativen Einflussnahme sowie dem erfolgreichen Abschneiden von Familienunternehmen am Markt ergibt sich aber, dass in der Eigentümerfamilie an sich ein Wert bestehen könnte, der zum Erfolg dieser Unternehmensform beiträgt.[773] Die Ergebnisse der vorliegenden Untersuchung implizieren, dass familieneigene Manager durch die Wahrnehmung operativer Verantwortung oder durch Einflussnahme in Kontrollgremien tatsächlich Qualifikationen und Werte einbringen können, die durch Fremdmanager nicht imitierbar sind. Insbesondere die Vermittlung von Familienwerten in das Unternehmen ist über die Einflussnahme von Familienmanagern direkter und authentischer und damit leichter erreichbar als über Fremdmanager. Hingegen verfügen Fremdmanager häufig über profundere Managementqualifikation, weshalb die Entscheidung über die Beteiligung von Familienmanagern oder Fremdmanagern an der Geschäftsführung zumindest partiell auch

[773] Das erfolgreiche Abschneiden im Vergleich zu Nicht-Familienunternehmen wird durch eine Reihe empirischer Studien bestätigt, vgl. Kapitel 3.1.1.2.

immer ein Trade-off zwischen Managementqualifikation und „Unternehmerkind-qualifikation“ ist.

Auch die Präferenz der befragten Familienunternehmer für die Berufung interner Fremdmanager in die Geschäftsführung resultiert aus der hohen Bedeutung der Vermittlung von Familienwerten. Interne Fremdmanager werden Fremdmanagern von außerhalb des Unternehmens tendenziell vorgezogen, weil Qualifikationen, Fähigkeiten und Charakter dieser Mitarbeiter transparenter sind und damit auch ihr Potenzial, im Sinne der Familie zu agieren. Dies impliziert eine hohe Bedeutung der Führungskräfteentwicklung in Familienunternehmen, die neben fachlicher Qualifizierung auch Familienwerte einschließt. Der hohe Stellenwert von Familienwerten impliziert, dass sich die Eigentümerfamilie in besonderem Maße bei deren Vermittlung engagieren muss. Bezüglich der fachlichen Qualifizierung sowie einer regelmäßigen Entwicklungsbeurteilung der Führungskräfte gilt wie auch bei der Beurteilung von Familienmitgliedern, dass die Expertise familienfremder Experten ergänzend genutzt werden sollte, soweit die Familie die notwendigen Qualifikationen dafür nicht vollständig selbst zur Verfügung stellen kann.[774]

Die hinsichtlich der Anreizgestaltung praktizierten Lösungen basieren in den befragten Familienunternehmen nicht auf einer individuell auf den jeweiligen Fremdmanager ausgerichteten Analyse. Eine individuelle Anreizgestaltung, die Merkmalen in der Person des Fremdmanagers Rechnung trägt, könnte aber nach Ansicht der Befragten Potenzial eröffnen für eine optimierte Anreizwirkung. Als wichtige Implikation ergibt sich hieraus für Familienunternehmen die Aufgabe, eine sorgfältigere individuelle Analyse und Bewertung von Merkmalen und Leistungen ihrer Fremdmanager durchzuführen.

Eine individuelle Anreizgestaltung ist nicht auf monetäre Komponenten beschränkt. Die Differenzierung bietet auch die Möglichkeit der Nutzung von Wechselwirkungen zwischen verschiedenen Komponenten von Anreizsystemen. Je nach Neigung könn-

[774] Grundsätzlich ist aber immer der Unternehmenseigentümer verantwortlich für die Planung und Gestaltung der Nachfolge. Es handelt sich um eine originäre und nicht delegierbare Aufgabe, vgl. Aronoff et al. (2003: 9 f.). Le Breton-Miller et al. (2004: 308) und Ward (1987; 186 ff.) sehen in dem „business owner“ den erfolgskritischen Faktor eines Nachfolgeprozesses. Dieser sei für den Erfolg verantwortlich, nicht der Nachfolger.

te ein Fremdmanager z.B. ein geringeres Gehalt in Kauf nehmen, wenn ihm dafür größere unternehmerische Freiheiten eingeräumt würden. Als nicht-monetäre Anreize kommen auf Basis dieser Untersuchung insbesondere unternehmerische Freiräume und vertrauensvolle Zusammenarbeit in Betracht.[775] Status- und prestigeorientierte Instrumente sowie die Übernahme von repräsentativen Aufgaben durch Fremdmanager (z.B. im Rahmen von Verbandsfunktionen, Presseterminen, Werkseinweihungen, etc.) werden von den befragten Familienunternehmen ergänzend eingesetzt.

---

[775] Den Trade-off zwischen Handlungsfreiheiten und Fixgehalt bestätigen auch Voeth & Partner (2011).

Studienteilnehmer

Boehringer Ingelheim, *Ingelheim*	Christian Boehringer, Vorsitzender des Gesellschafterausschusses der C. H. Boehringer Sohn AG & Co. KG
Freudenberg, *Weinheim*	Dr. Wolfram Freudenberg, Vorsitzender des Gesellschafterausschusses der Freudenberg & Co. KG
Georgsmarienhütte, *Hamburg*	Dr. Jürgen Großmann, alleiniger Gesellschafter der Georgsmarienhütte Holding GmbH
Hella, *Lippstadt*	Dr. Jürgen Behrend, Vorsitzender des Gesellschafterausschusses der Hella KGaA Hueck & Co.
Hoyer, *Hamburg*	Thomas Hoyer, Vorsitzender des Beirates und der Gesellschafterversammlung der Hoyer GmbH
Rethmann, *Lünen*	Norbert Rethmann, Vorsitzender des Aufsichtsrates der Rethmann AG & Co. KG
Schaeffler, *Herzogenaurach*	Maria-Elisabeth Schaeffler, Vorsitzende des Beirates der INA-Holding Schaeffler KG
Schoeller, *Osnabrück*	Hans-Michael Gallenkamp, Vorsitzender der Beirates der Felix Schoeller Holding GmbH & Co. KG
Voith, *Heidenheim*	Dr. Michael Rogowski, Vorsitzender des Aufsichtsrates und des Gesellschafterausschusses der Voith AG
Werhahn, *Neuss*	Nikolaus Ley, Vorsitzender des Verwaltungsrates der Wilh. Werhahn KG

Leitfragebogen

Allgemeine Angaben

Name und Position des Gesprächspartners

Art der Geschäftsführung (FM/GGF)

Generationenzahl (Summe der bisherigen Generationen des FU)

Gesellschaftsanteile der Familienmitglieder / der einzelnen Familienstämme

Gibt es ein festgelegtes Verfahren für den Fall, dass Gesellschafter Anteile veräußern möchten?

Anzahl aktiver Familienmitglieder in der Geschäftsführung des FU

Anzahl aktiver Familienmitglieder im FU

Anzahl potenzieller Geschäftsführer aus der Familie in den nächsten 5 Jahren

Wie lange liegt das letzte Nachfolgeereignis mit einem Familienmitglied zurück?

Anzahl der FM in der Geschäftsführung

Fremdmanagement

Welche Rolle nimmt die Familie/n in Ihrem Unternehmen wahr?

Wie verläuft die Entscheidungsfindung innerhalb der Gesellschafter /-stämme?

Wie nehmen weitere Familienmitglieder, die nicht Gesellschafter sind, auf Ihr Unternehmen Einfluss?

Nehmen andere Interessensgruppen Einfluss auf Entscheidungen des Unternehmens?

Wer entscheidet über grundlegende strategische Fragen?

Wer entscheidet über die Besetzung von Leitungsfunktionen (Vorstand, Aufsichtsrat, Beirat, etc.), wer ist dabei eingebunden?

Gibt es eine Policy zur Mitarbeit von Familienmitgliedern im Unternehmen?

Durch welche Arten von Strukturen ist Ihr Unternehmen gekennzeichnet?

Was war ursprünglich der Grund, FM in Ihrem Unternehmen einzusetzen?

Welche Entscheidungsspielräume haben FM in Ihrem Unternehmen? Wie verhalten sich diese zu den Entscheidungsspielräumen, die geschäftsführende Gesellschafter der Familie in derselben Position hätten?

Wie gestalten Sie die Zusammenarbeit zwischen Familie und FM?

Welche Erfahrungen haben Sie bis dato mit der Führungsform FM/GGF in Ihrem Unternehmen gemacht?

Wo sehen Sie heute für Ihr Unternehmen die größten Vorteile und -nachteile des Einsatzes von FM?

Gab es Situationen, in denen das Vorhandensein von FM sich besonders positiv oder negativ ausgewirkt hat?

Ist eine ausreichende Nähe der Familie/n zum Geschäft für Sie weiterhin gegeben (nur bei FM)?

Wie wurde der Übergang von einem familiengeführten Unternehmen zu einem Unternehmen mit FM/GGF organisiert?

Kommt es während und/oder nach dem Übergang zu FM/GGF zu dadurch bedingten Veränderungen im Verhältnis der Familie zum Unternehmen?

Gibt es aus Ihrer Sicht Unterschiede in der Nachfolge-Eignung zwischen internen und externen FM?

Anzahl potenzieller interner FM in den nächsten 5 Jahren?

Bitte nehmen Sie eine vergleichende Einschätzung der Führungsformen GGF/Familienführung vor.

Bitte nehmen Sie eine vergleichende Einschätzung der Führungsformen FM/Familienführung vor.

Bitte nehmen Sie eine vergleichende Einschätzung der Führungsformen FM/GGF vor.

Sehen Sie Ihr Unternehmen als attraktiv für FM an?

Was ist Ihr Erfolgsgeheimnis, um die Attraktivität Ihres Unternehmens für FM zu halten oder zu steigern?

Anreizkonzept

Welche Formen von Leistungsanreizen werden FM in Ihrem Unternehmen gesetzt (z.B. Bonuszahlungen, fringe benefits, nicht-monetäre Leistungen, intrinsische Anreize,...)

Welchen Umfang haben variable Komponenten?

Weichen die Gehälter Ihrer FM von denen ab, die geschäftsführende Gesellschafter der Familie in derselben Position bekommen würden?

Wie stehen Sie zu Kapitalbeteiligungen von FM an Ihrem Unternehmen?

Nutzen Sie Formen nicht-monetärer Leistungsanreize?

Sind in Ihrem Unternehmen Anreizpakete individuell gestaltet oder gelten für Familienmitglieder und FM in vergleichbaren Positionen dieselben Anreize?

Was sind aus Ihrer Sicht die entscheidenden Einflussgrößen auf die einem FM zu setzenden Leistungsanreize?

Welche Ziele verfolgen Sie mit Leistungsanreizen für Ihre FM (Performance/Bindung)?

Zielen Elemente der angewendeten Anreizkonzepte auf eine langfristige Motivierung bzw. Bindung der FM ab?

Welche Erfahrungen haben Sie mit verschiedenen Anreizkonzepten gemacht?

Gibt es weitere Merkmale, die aus Ihrer Sicht die Steuerung der Zusammenarbeit mit FM in Ihrem Unternehmen entscheidend bestimmen?

Literaturverzeichnis

Achleitner, Ann-Kristin et al. (2011): *Die Kapitalmarktfähigkeit von Familienunternehmen,* Center for Entrepreneurial and Financial Studies (CEFS), herausgegeben von: Stiftung Familienunternehmen, München (www.familienunternehmen.de, 04.12.2011).

Achmad, Tarmizi et al. (2009): *The Iniquitous Influence of Family Ownership Structures on Corporate Performance,* Journal of Global Business Issues, 3 (1), S. 41-49.

Aghion, Philippe & Tirole, Jean (1997): *Formal and Real Authority in Organizations,* Journal of Political Economy, 105 (1), S. 1-29.

Ahrens, Heinz (1989): *Zur Führungsstruktur in Familienunternehmen,* Zeitschrift Führung + Organisation, 58 (4), S. 256-257.

Akerlof, George (1970): *The Market for 'Lemons'. Quality Uncertainty and the Market Mechanism,* Quarterly Journal of Economics, 84 (3), S. 488-500.

Albach, Horst (1995): *Öffnungsmanagement – Vom Familienunternehmen zur Unternehmensfamilie,* in: Albach & Delfmann (Hrsg.): Dynamik und Risikofreude in der Unternehmensführung, ZfB-Edition (65), Gabler, Wiesbaden, S. 51-69.

Albach, Horst (1997): *Gutenberg und die Zukunft der Betriebswirtschaftslehre,* Zeitschrift für Betriebswirtschaftslehre, 67 (12), S. 1257-1283.

Albach, Horst (2002): *Hat das Familienunternehmen eine Zukunft?,* Zeitschrift für Betriebswirtschaftslehre, 72 (Ergänzungsheft 5), S. 163-173.

Albach, Horst (2006): *Do we need a Code of Corporate Ethics?,* Zeitschrift für Betriebswirtschaftslehre, 76 (Ergänzungsheft 1), S. 33-42.

Albach, Horst & Freund, Werner (1989): *Generationswechsel und Unternehmenskontinuität – Chancen, Risiken, Maßnahmen,* Bertelsmann Stiftung, Gütersloh.

Albach, Horst & Letmathe, Peter (2008): *Editorial,* Zeitschrift für Betriebswirtschaftslehre, 78 (Ergänzungsheft 2), S. VII-IX.

Alesina, Alberto & Giuliano, Paola (2007): *The Power of the Family,* herausgegeben von: Forschungsinstitut zur Zukunft der Arbeit (IZA), Discussion Paper (2750), Bonn.

Anderson, Ronald C. & Reeb, David M. (2003): *Founding-Family Ownership and the Agency Cost of Debt – Evidence from the S&P 500,* Journal of Finance, 58 (3), S. 1301-1329.

Armstrong, Mark & Huck, Steffen (2010): *Behavioral Economics as Applied to Firms: A Primer,* Competition Policy International, 6 (1), S. 2-45.

Aronoff, Craig E. & Ward, John L. (1996): *Family Business Governance: Maximizing Family and Business Potential,* Family Business Leadership Series (8), 3. Auflage, Business Owner Ressources, Marietta (GA).

Aronoff, Craig E. & Ward, John L. (2000): *More than Family: Non-Family Executives,* Family Business Leadership Series (13), 2. Auflage, Family Enterprise Publishers, Marietta (GA).

Aronoff, Craig E. et al. (2003): *Family Business Succession,* Family Business Leadership Series (1), 2. Auflage, Family Enterprise Publishers, Marietta (GA).

Arrow, Kenneth J. (1980): *Wo Organisation endet – Management an den Grenzen des Machbaren,* Gabler-Bibliothek, Gabler, Wiesbaden.

Backes-Gellner, Uschi & Wolff, Brigitta (2001): *Personalmanagement,* in: Jost (Hrsg.): Die Prinzipal-Agenten-Theorie in der Betriebswirtschaftslehre, Schäffer-Poeschel, Stuttgart, S. 395-438.

Bagby, Ray (2004): *Enhancing Succession Research in the Family Firm: "Toward an Integrative Model of Effective FOB Succession",* Entrepreneurship Theory & Practice, 28 (4), S. 329-333.

Bailey, Elizabeth E. & Helfat, Constance E. (2003): *External Management Succession, Human Capital, and Firm Performance: An Integrative Analysis,* Managerial & Decision Economics, 24 (4), S. 347-369.

Balafoutas, Loukas et al. (2011): *What Drives Taxi Drivers?,* herausgegeben von: Forschungsinstitut zur Zukunft der Arbeit (IZA), Discussion Paper (5700), Bonn.

Bamberg, Günter & Coenenberg, Adolf G. (2000): *Betriebswirtschaftliche Entscheidungslehre,* 10. Auflage, Vahlen, München.

Barnett, Tim & Kellermanns, Franz W. (2006): *Are We Family and Are We Treated as Family? Nonfamily Employees' Perceptions of Justice in the Family Firm,* Entrepreneurship Theory & Practice, 30 (6), S. 837-854.

Baus, Kirsten (2007): *Die Familienstrategie,* 2. Auflage, Gabler, Wiesbaden.

Bechtle, Christine (1983): *Die Sicherung der Führungsnachfolge in der Familienunternehmung (Diss.),* Barudio & Hess, Frankfurt am Main.

Becker, Fred G. (2006): *Führung von Familienunternehmen – zwischen Familien- und Fremdmanagement,* in: Böllhoff et al. (Hrsg.): Spitzenleistungen in Familienunternehmen, Schäffer-Poeschel, Stuttgart, S. 31-46.

Becker, Gary S. (1974): *A Theory of Social Interactions,* Journal of Political Economy, 82 (6), S. 1063-1093.

Beiertz, Yvonne et al. (2011): *CEO succession: making the right choices,* herausgegeben von: Spencer Stuart, Frankfurt am Main.

Bengtson, Vern L. et al. (2005): *Sourcebook of Family Theory and Research,* Sage Publications, Thousand Oaks (CA).

Berger, Ulrike & Bernhard-Mehlich, Isolde (2006): *Die Verhaltenswissenschaftliche Entscheidungstheorie,* in: Kieser & Ebers (Hrsg.): Organisationstheorien, 6. Auflage, Kohlhammer, Stuttgart, S. 169-214.

Bergstrom, Theodore C. (1989): *A Fresh Look at the Rotten Kid Theorem – and Other Household Mysteries,* Journal of Political Economy, 97 (5), S. 1138-1159.

Berle, Adolph A. & Means, Gardiner C. (1932): *The Modern Corporation and Private Property,* Macmillan, New York.

Bernhardt, Wolfgang & Witt, Peter (1997): *Stock Options und Shareholder Value,* Zeitschrift für Betriebswirtschaftslehre, 67 (1), S. 85-101.

Bertrand, Marianne & Mullainathan, Sendhil (2000): *Do CEOs Set Their Own Pay?,* Working Paper, Princeton.

Bertrand, Marianne & Schoar, Antoinette (2006): *The Role of Family in Family Firms,* Journal of Economic Perspectives, 20 (2), S. 73-96.

Beyer, Jens (2004): *Leistungsabhängige Entgeltformen bei kooperativen Arbeitsstrukturen,* Deutscher Universitätsverlag, Wiesbaden.

Bigliardi, Barbara & Dormio, Alberto Ivo (2009): *Successful generational change in family business,* Measuring Business Excellence, 13 (2), S. 44-50.

Bloom, Nicholas & van Reemen, John (2007): *Measuring and explaining management practices across firms and countries,* Quarterly Journal of Economics, 72 (4), S. 1351-1408.

Blumentritt, Timothy P. et al. (2007): *Creating an Environment for Successful Nonfamily CEOs: An Exploratory Study of Good Principals,* Family Business Review, 20 (4), S. 321-335.

Bocatto, Eduardo et al. (2010): *Family-Owned Business Succession: The Influence of Pre-performance in the Nomination of Family and Nonfamily Members: Evidence from Spanish Firms,* Journal of Small Business Management, 48 (4), S. 497-523.

Boyd, Britta (2007): *Nachhaltige Unternehmensführung in langlebigen Familienunternehmen (Diss.),* Flensburg.

Brenes, Esteban R. et al. (2011): *Corporate governance and family business performance,* Journal of Business Research, 64 (3), S. 280-285.

Breuninger, Hildegard (1998): *Generationswechsel aus psychologischer Sicht,* in: Hennerkes & Kirchdörfer (Hrsg.): Unternehmenshandbuch Familiengesellschaften, 2. Auflage, Heymann, Köln, S. 752-767.

Brockhaus, Robert H. (2004): *Family Business Succession: Suggestions for future Research,* Family Business Review, 17 (2), S. 165-177.

Bruce, Alistair et al. (2005): *Top Executive Remuneration: A View from Europe,* Journal of Management Studies, 42 (7), S. 1493-1506.

Burkhart, Mike et al. (2003): *Family Firms,* The Journal of Finance, 58 (5), S. 2167-2201.

Cabrera-Suárez, Katiuska et al. (2001): *The Succession Process from a Resource- and Knowledge-Based View of the Family Firm,* Family Business Review, 19 (1), S. 37-47.

Campell, Noel D. et al. (2007): *The Black Box: Unraveling Family Business Succession,* New England Journal of Entrepreneurship, 10 (2), S. 9-14.

Carr, Chris & Bateman, Suzanne (2010): *Does culture count? Comparative performances of top family and non-family firms,* International Journal of Cross Cultural Management, 10 (2), S. 241-262.

Carrigan, Marylyn & Buckley, Joan (2008): *What's so special about family business?,* International Journal of Consumer Studies, 32 (6), S. 656-666.

Carsud, Alan L. (2006): *Commentary: "Are We Family and Are We Treated as Family? Nonfamily Employees Perceptions of Justice in the Family Firm": It All Depends on Perceptions of Family, Fairness, Equity and Justice,* Entrepreneurship Theory & Practice, 30 (6), S. 855-860.

Caspar, Christian et al. (2010): *The five attributes of enduring family businesses,* McKinsey Quaterly (Januar).

Cassia, Lucio et al. (2012): *Strategic innovation and new product development in family firms,* International Journal of Entrepreneurial Behaviour & Research, 18 (2), S. 141-158.

Cater, John J. & Justis, Robert T. (2010): *The development and implementation of shared leadership in multi-generational family firms,* Management Research Review, 33 (6), S. 563-585.

Chirico, Fransesco & Salvato, Carlo (2008): *Knowledge Integration and Dynamic Organizational Adaptation in Family Firms,* Family Business Review, 21 (2), S. 169-181.

Chittoor, Raveendra & Das, Ranjan (2007): *Professionalization of Management and Succession Performance – A Vital Linkage,* Family Business Review, 20 (1), S. 65-79.

Chrisman, James J. et al. (1998): *Important Attributes of Successors in Family Businesses: An Exploratory Study,* Family Business Review, 11 (1), S. 19-34.

Chrisman, James J. et al. (2004): *Comparing the Agency Costs of Family and Non-Family Firms: Conceptual Issues and Exploratory Evidence,* Entrepreneurship Theory & Practice, 28 (4), S. 335-354.

Chrisman, James J. et al. (2005): *Trends and Directions in the Development of a Strategic Management Theory of the Family Firm,* Entrepreneurship Theory & Practice, 29 (5), S. 555-575.

Chrisman, James J. et al. (2006): *Personalism, Particularism, and the Competitive Behaviors and Advantages of Family Firms: An Introduction,* Entrepreneurship Theory & Practice, 30 (6), S. 719-729.

Chrisman, James J. et al. (2007a): *Are family managers agents or stewards?,* Journal of Business Research, 60 (10), S. 1030-1038.

Chrisman, James J. et al. (2007b): *Family influences on firms: An introduction,* Journal of Business Research, 60 (10), S. 1005-1011.

Chrisman, James J. et al. (2008): *Toward a Theoretical Basis for Understanding the Dynamics of Strategic Performance in Family Firms,* Entrepreneurship Theory & Practice, 32 (6), S. 935-947.

Chrisman, James J. et al. (2011): *Resilience of Family Firms: An Introduction,* Entrepreneurship Theory & Practice, 35 (6), S. 1107-1119.

Chua, Jess H. et al. (1999): *Defining the Family Business by Behaviour,* Entrepreneurship Theory & Practice, 23 (4), S. 19-39.

Chua, Jess H. et al. (2003a): *Succession and Nonsuccession Concerns of Family Firms and Agency Relationship with Nonfamily Managers,* Family Business Review, 16 (2), S. 89-107.

Chua, Jess H. et al. (2003b): *Extending the Theoretical Horizons of Family Business Research,* Entrepreneurship Theory & Practice, 27 (4), S. 331-338.

Chua, Jess H. et al. (2004): *Are Family Firms Born or Made?,* Family Business Review, 17 (1), S. 37-54.

Chua, Jess H. et al. (2009): *An Agency Theoretic Analysis of the Professionalized Family Firm,* Entrepreneurship Theory & Practice, 33 (2), S. 355-372.

Coase, Ronald H. (1937): *The Nature of the Firm,* Economica, 4 (16), S. 386-405.

Collins, Lorna & O'Regan, Nicholas (2011): *The evolving field of family business,* Journal of Family Business Management, 1 (1), S. 5-13.

Corbetta, Guido & Salvato, Carlo (2004a): *Self-Serving or Self-Actualizing? Models of Man and Agency Costs in Different Types of Family Firms,* Entrepreneurship Theory & Practice, 28 (4), S. 355-362.

Corbetta, Guido & Salvato, Carlo A. (2004b): *The Board of Directors in Family Firms: One Size Fits All?,* Family Business Review, 17 (2), S. 119-134.

Cornelli, Francesca et al. (2009): *Monitoring Managers: Does it Matter?,* Centre for Economic Policy Research (CEPR), London (http://www.cepr.org/pubs/dps/DP7571.asp, 11.11.2012).

Corstjens, Marcel et al. (2006): *Performance of Family Firms: Evidence from US and European firms and investors,* Insead, Fontainebleau.

Cravotta, Sven (2010): *Managementstrukturen in älteren deutschen Familienunternehmen (verarbeitendes Gewerbe),* WIFU Working Paper Series (6), Witten.

Croci, Ettore et al. (2012): *CEO compensation, family control, and institutional investors in Continental Europe,* Journal of Banking & Finance, 36 (12), S. 3318-3335.

Cruz, Cristina & Nordqvist, Mattias (2012): *Entrepreneurial orientation in family firms: a generational perspective,* Small Business Economics, 38 (1), S. 33-49.

Davis, James H. et al. (1997): *Toward a Stewardship Theory of Management,* Academy of Management Review, 22 (1), S. 20-47.

Davis, James H. et al. (2000): *The Trusted General Manager and Business Unit Performance: Empirical Evidence of a Competitive Advantage,* Strategic Management Journal, 21 (5), S. 563-576.

Davis, Peter (1983): *Realizing the Potential of the Family Business,* Organizational Dynamics, 12 (1), S. 47-56.

Dawson, Alexandra (2011): *Private equity investment decisions in family firms: The role of human resources and agency costs,* Journal of Business Venturing, 26 (2), S. 189-199.

DellaVigna, Stefano (2009): *Psychology and Economics: Evidence from the Field,* Journal of Economic Literature, 47 (2), S. 315-372.

Diekmann, Andreas (2010): *Empirische Sozialforschung,* Rororo Rowohlts Enzyklopädie, 4. Auflage, Rowohlt-Taschenbuch-Verlag, Reinbek bei Hamburg.

Dirwisch, Denise Sandra et al. (2009): *Succession and firm growth: results from a non-parametric matching approach,* Small Business Economics, 32 (1), S. 45-56.

Donaldson, Lex (1990): *The Ethereal Hand: Organizational Economics and Management Theory,* Academy of Management Review, 15 (3), S. 369-381.

Donaldson, Lex & Davis, James H. (1991): *Stewardship Theory or Agency Theory: CEO Governance and Shareholder Returns,* Australian Journal of Management, 16 (1), S. 49-64.

Drake, Dwight (2008): *Transitioning the Family Business,* Washington Law Review, 83 (2), S. 123-217.

Duden (1990): *Das Fremdwörterbuch,* 5. Auflage, Dudenverlag, Mannheim.

Duh, Mojca (2010): *Applying Agency Theory and the Resource-based View in Explaining Performance Differences between Family and Non-family Businesses,* Our Economy (Nase Gospodarstvo), 56 (1-2), S. 45-52.

Duh, Mojca et al. (2009): *Growth ambitions and succession solution in family businesses,* Journal of Small Business and Enterprise Development, 16 (2), S. 256-269.

Dyer, W. G. (1989): *Integrating Professional Management into a Family Owned Business,* Family Business Review, 2 (3), S. 221-235.

Dyer, W. G. (2003): *The Family: The Missing Variable in Organizational Research,* Entrepreneurship Theory & Practice, 27 (4), S. 401-416.

Dyer, W. G. & Wilkins, Alan L. (1991): *Better Stories, not better Constructs to generate better Theory,* Academy of Management Review, 16 (3), S. 613-619.

Ebers, Mark & Gotsch, Wilfried (2006): *Institutionenökonomische Theorien der Organisation,* in: Kieser & Ebers (Hrsg.): Organisationstheorien, 6. Auflage, Kohlhammer, Stuttgart, S. 247-308.

Eddleston, Kimberly A. & Kellermanns, Franz W. (2007): *Destructive and productive family relationships: A stewardship theory perspective,* Journal of Business Venturing, 22 (4), S. 545-565.

Eisenhardt, Kathleen M. (1989a): *Agency Theory: An Assessment and Review,* Academy of Management Review, 14 (1), S. 57-74.

Eisenhardt, Kathleen M. (1989b): *Building Theories from Case Study Research,* Academy of Management Review, 14 (4), S. 532-550.

Eisenhardt, Kathleen M. & Graebner, Melissa E. (2007): *Theory building from Cases: Opportunities and Challenges,* Academy of Management Journal, 50 (1), S. 25-32.

Europäische Kommission (2006): *Märkte für Unternehmensübertragungen,* Brüssel.

Fabbri, Francesca & Marin, Dalia (2012): *What Explains the Rise in CEO Pay in Germany?,* herausgegeben von: Forschungsinstitut zur Zukunft der Arbeit (IZA), Discussion Paper (6420), Bonn.

Fama, Eugene F. (1980): *Agency Problems and the Theory of the Firm,* Journal of Political Economy, 88 (2), S. 288-307.

Felden, Birgit & Klaus, Annekatrin (2007): *Nachfolgeregelung,* in: Handelsblatt (Hrsg.): Handelsblatt Mittelstands-Bibliothek, Schäffer-Poeschel, Stuttgart.

Ferstl, Jürgen (2000): *Managervergütung und Shareholder Value,* Gabler Edition Wissenschaft, Deutscher Universitätsverlag, Wiesbaden.

Forst, Martin (1992): *Management-Buy-out und Buy-in als Form der Übernahme mittelständischer Unternehmen,* Schriften zur Mittelstandsforschung (48), Schäffer-Poeschel, Stuttgart.

Freund, Werner (2004): *Unternehmensnachfolgen in Deutschland,* in: Institut für Mittelstandsforschung Bonn (Hrsg.): Jahrbuch zur Mittelstandsforschung 1/2004, Deutscher Universitätsverlag, Wiesbaden, S. 59-88.

Frey, Bruno S. et al. (2001): *Grenzen variabler Leistungslöhne: Die Rolle intrinsischer Motivation,* in: Jost (Hrsg.): Die Prinzipal-Agenten-Theorie in der Betriebswirtschaftslehre, Schäffer-Poeschel, Stuttgart, S. 561-579.

Fritsch, Amelie & Grotz, Christine (2007): *Fremdmanagement in Familienunternehmen,* Schriftenreihe des Kirsten Baus Instituts für Familienstrategie, Stuttgart.

Gächter, Simon et al. (2001): *Wie wirken Anreizverträge?,* Zeitschrift für Betriebswirtschaftslehre, 71 (Ergänzungsheft 4), S. 145-173.

Gatti, Roberta (2005): *Family Altruism and Incentives,* Scandinavian Journal of Economics, 107 (1), S. 67-81.

Gayle, George-Levi & Miller, Robert A. (2009): *Has Moral Hazard Become a More Important Factor in Managerial Compensation?,* American Economic Review, 99 (5), S. 1740-1769.

Georg, Kirsten & Rüsen, Tom A. (2011): *Attraktivität von Familienunternehmen als Arbeitgeber,* Wittener Institut für Familienunternehmen, herausgegeben von: Stiftung Familienunternehmen, WIFU Working Paper Series (9), München.

Gerke-Holzhäuer, Franziska (1996): *Generationswechsel in Familienunternehmen,* Gabler Edition Wissenschaft, Deutscher Universitätsverlag, Wiesbaden.

Gersick, Kelin E. (1997): *Generation to Generation,* Harvard Business School Press, Boston (MA).

Gersick, Kelin E. et al. (1999): *Stages and Transitions: Managing Change in the Family Business,* Family Business Review, 12 (4), S. 287-297.

Gessner, Petra (2002): *MBO als Nachfolgelösung,* Finance: Studienreihe im FAZ-Institut, FAZ-Institut für Management-, Markt- und Medieninformationen, Frankfurt am Main.

Gillham, Bill (2000): *Case Study Research Methods,* Continuum, London.

Gillham, Bill (2003): *The Research Interview,* Reprint., Continuum, London.

Goehler, Axel W. (1993): *Der Erfolg großer Familienunternehmen im fortgeschrittenen Marktlebenszyklus (Diss.),* St. Gallen.

Gomez-Mejia, Luis R. et al. (2003): *The Determinants of Excecutive Compensation in Family-Controlled Public Corporations,* Academy of Management Journal, 46 (2), S. 225-237.

Gomez-Mejia, Luis R. et al. (2005): *Agency Problems in Diverse Contexts: A Global Perspective,* Journal of Management Studies, 42 (7), S. 1507-1517.

Gomez-Mejia, Luis R. et al. (2010): *Diversification Decisions in Family-Controlled Firms,* Journal of Management Studies, 47 (2), S. 223-252.

Gomez-Mejia, Luis R. et al. (2001): *The Role of Family Ties in Agency Contracts,* Academy of Management Journal, 44 (1), S. 81-95.

Greenwood, Royston (2003): *Commentary on: "Toward a theory of agency and altruism in family firms",* Journal of Business Venturing, 18 (4), S. 491-494.

Griffeth, Rodger W. et al. (2006): *Integration of family-owned business succession with turnover and life cycle models: Development of a successor retention process model,* Human Resource Management Review, 16 (4), S. 490-507.

Gruhler, Wolfram (1998): *Familienfremde Nachfolge,* in: Sobanski & Gutmann (Hrsg.): Erfolgreiche Unternehmensnachfolge, Gabler, Wiesbaden, S. 173-181.

Gutenberg, Erich (1983): *Grundlagen der Betriebswirtschaftslehre, Band I: Die Produktion,* Enzyklopädie der Rechts- und Staatswissenschaft (1), 24. Auflage, Springer-Verlag, Berlin.

Habbershon, Timothy G. & Williams, Mary L. (1999): *A Resource-Based Framework for Assessing the Strategic Advantages of Family Firms,* Family Business Review, 12 (1), S. 1-15.

Habig, Helmut & Berninghaus, Jochen (1998): *Die Nachfolge im Familienunternehmen ganzheitlich regeln,* Springer-Verlag, Berlin.

Hack, Andreas (2009): *Sind Familienunternehmen anders? Eine kritische Bestandsaufnahme des aktuellen Forschungsstandes,* Zeitschrift für Betriebswirtschaftslehre, 79 (Ergänzungsheft 2), S. 1-29.

Hall, Annika & Nordqvist, Mattias (2008): *Professional Management in Family Businesses: Toward an Extended Understanding,* Family Business Review, 21 (1), S. 51-69.

Hamilton, Eleanor (2011): *Entrepreneurial learning in family business: A situated learning perspective,* Journal of Small Business and Enterprise Development, 18 (1), S. 8-26.

Handler, Wendy C. (1989): *Methodological Issues and Considerations in Studying Family Businesses,* Family Business Review, 2 (3), S. 257-276.

Harris, Milton & Raviv, Artur (1979): *Optimal Incentive Contracts with Imperfect Information,* Journal of Economic Theory, 20 (2), S. 231-259.

Haucap, Justus et al. (2011): *In Vino Veritas: Theory and Evidence on Social Drinking,* Universität Düsseldorf, Düsseldorf.

Hayek, Friedrich A. von (1945): *The Use of Knowledge in Society,* The American Economic Review, 35 (4), S. 519-530.

Heinrich, Ralph P. (2002): *Complementarities in corporate governance,* in: Sieber (Hrsg.): Complementarities in corporate governance, Kieler Studien (316), Springer, Berlin, S. 1-234.

Helfat, Constance E. & Bailey, Elizabeth E. (2005): *External succession and disruptive change: heirs-apparent, forced turnover and firm performance,* Strategic Organization, 3 (1), S. 47-83.

Hendry, John (2002): *The Principal's other Problems: Honest Incompetence and the Specification of Objectives,* Academy of Management Review, 27 (1), S. 98-113.

Hennerkes, Brun-Hagen (2005): *Die Familie und ihr Unternehmen,* 2. Auflage, Campus-Verlag, Frankfurt am Main.

Herzberg, Frederick et al. (2010): *The motivation to work,* 12. Auflage, Transaction Publishers, New Brunswick, NY.

Hienerth, Christoph & Kessler, Alexander (2006): *Measuring Success in Family Businesses: The Concept of Configurational Fit,* Family Business Review, 19 (2), S. 115-134.

Hillier, David & McColgan, Patrick (2009): *Firm Performance and Managerial Succession in Family Managed Firms,* Journal of Business Finance & Accounting, 36 (3&4), S. 461-484.

Hofer, Charles W. & Charan, Ram (1984): *The Transition to Professional Management: Mission Impossible?,* American Journal of Small Businesses, 9 (1), S. 1-11.

Hofer, Charles W. & Charan, Ram (1991): *The Transition to Professional Management: Mission Impossible?,* in: Aronoff & Ward (Hrsg.): Family business sourcebook, Omnigraphics, Detroit (MI), S. 271-281.

Ibrahim, A. B. et al. (2001): *A Study of Succession in a Family Firm,* Family Business Review, 14 (3), S. 245-258.

Ibrahim, Nabil A. et al. (2008): *Strategic Management of Family Businesses: Current Findings and Directions for Future Research,* International Journal of Management, 25 (1), S. 95-110.

Institut für Mittelstandsforschung Bonn (2004): *Unternehmensnachfolgen in Deutschland,* herausgegeben von: Institut für Mittelstandsforschung Bonn, Schriften zur Mittelstandsforschung (106), Bonn.

Institut für Mittelstandsforschung Bonn (2006): *BDI-Mittelstandspanel,* Institut für Mittelstandsforschung Bonn, herausgegeben von: Institut für Mittelstandsforschung Bonn, IfM Materialien (168), Bonn (http://www.ifm-bonn.org, 30.10.2012).

Institut für Mittelstandsforschung Bonn (2007): *Die volkswirtschaftliche Bedeutung der Familienunternehmen,* herausgegeben von: Stiftung Familienunternehmen, Stuttgart.

Institut für Mittelstandsforschung Bonn (2008): *Familienexterne Nachfolge,* herausgegeben von: Institut für Mittelstandsforschung Bonn, Working Paper (06/08), Bonn.

Institut für Mittelstandsforschung Bonn (2010a): *Die größten Familienunternehmen in Deutschland,* Institut für Mittelstandsforschung Bonn, herausgegeben von: Institut für Mittelstandsforschung Bonn, IfM Materialien (192), Bonn (http://www.ifm-bonn.org, 30.10.2012).

Institut für Mittelstandsforschung Bonn (2010b): *Informationsasymmetrien in der familienexternen Nachfolge und ihre Überwindung,* Institut für Mittelstandsforschung Bonn, herausgegeben von: Institut für Mittelstandsforschung Bonn, IfM-Materialien (191), Bonn (http://www.ifm-bonn.org, 30.12.2012).

Institut für Mittelstandsforschung Bonn (2010c): *Unternehmensnachfolgen in Deutschland 2010-2014,* Institut für Mittelstandsforschung Bonn, herausgegeben von: Institut für Mittelstandsforschung Bonn, IfM Materialien (198), Bonn (http://www.ifm-bonn.org, 30.10.2012).

Institut für Mittelstandsforschung Bonn (2010d): *Volkswirtschaftliche Bedeutung von Familien- und Frauenunternehmen,* herausgegeben von: Institut für Mittelstandsforschung Bonn, IfM-Materialien (199), Bonn (http://www.ifm-bonn.org, 30.12.2012).

Institut für Mittelstandsforschung Bonn (2012): *Die größten Familienunternehmen in Deutschland,* herausgegeben von: Bundesverband der deutschen Industrie (BDI), Frankfurt am Main (http://www.ifm-bonn.org/index.php?id=1027, 12.06.2012).

Institut für Mittelstandsforschung Mannheim (2010): *Die Verweildauer des Managements von Familienunternehmen und Unternehmen im Streubesitz,* herausgegeben von: Stiftung Familienunternehmen, München.

Irlenbusch, Bernd & Sliwka, Dirk (2003): *Zu impliziten Anreizen – eine experimentelle Studie,* Zeitschrift für Betriebswirtschaftslehre, 73 (Ergänzungsheft 5), S. 71-94.

James, Albert E. et al. (2012): *Worlds Apart? Rebridging the Distance Between Family Science and Family Business Research,* Family Business Review, 25 (1), S. 87-108.

James, Harvey S. (1999): *Owner as Manager, Extended Horizons and the Family Firm,* Journal of the Economics of Business, 6 (1), S. 41-55.

Janjuha-Jivraj, Shaheena & Spence, Laura J. (2009): *The Nature of Reciprocity in Family Firm Succession,* International Small Business Journal, 27 (6), S. 702-719.

Jensen, Michael C. (1994): *Self-interest, Altruism, Incentives, and Agency-Theory,* Journal of Applied Corporate Finance, 7 (2), S. 40-45.

Jensen, Michael C. & Meckling, William H. (1976): *Theory of the Firm: Managerial Behaviour, Agency Costs and Ownership Structure,* Journal of Financial Economics, 3 (4), S. 305-360.

Jensen, Michael C. & Meckling, William H. (1994): *The Nature of Man,* Journal of Applied Corporate Finance, 7 (2), S. 4-19.

Jensen, Michael C. & Murphy, Kevin J. (1990): *Performance Pay and Top-Management Incentives,* Journal of Political Economy, 98 (2), S. 225-264.

Jeuschede, Gerhard (2004): *Manager in Familienunternehmen,* 2. Auflage, Heidrick & Struggles, Berlin.

Jiang, Yi & Peng, Mike W. (2011): *Principal-principal conflicts during crisis,* Asia Pacific Journal of Management, 28 (4), S. 683-695.

Kahn, Robert L. & Cannell, Charles F. (1957): *The Dynamics of Interviewing,* John Wiley & Sons, New York.

Kahneman, Daniel & Tversky, Amos (1979): *Prospect Theory: An Analysis of Decision under Risk,* Econometrica, 47 (2), S. 263-292.

Kapitza, Rüdiger (2004): *Führung von und Kooperation mit Fremdmanagern,* in: Böllhoff et al. (Hrsg.): Management in industriellen Familienunternehmen, Schäffer-Poeschel, Stuttgart, S. 125-134.

Karra, Neri et al. (2006): *Altruism and Agency in the Family Firm: Exploring the Role of Family, Kinship, and Ethnicity,* Entrepreneurship Theory & Practice, 30 (6), S. 861-877.

Kashmiri, Saim & Mahajan, Vijay (2010): *What's in a name?,* International Journal of Research in Marketing, 27 (3), S. 271-280.

Kayser, Gunter & Wallau, Frank (2002): *Industrial Family Businesses in Germany – Situation and Future,* Family Business Review, 15 (2), S. 111-115.

Kets de Vries, Manfred F. (1993): *The Dynamics of Family Controlled Firms: The Good and the Bad News,* Organizational Dynamics, 21 (3), S. 59-71.

Kieser, Alfred (2002): *Evolutorische Ansätze in der Organisationstheorie,* Zeitschrift für Betriebswirtschaftslehre, 72 (Ergänzungsheft 2), S. 67-74.

Kieser, Alfred & Walgenbach, Peter (2007): *Organisation,* 5. Auflage, Schäffer-Poeschel, Stuttgart.

Kirchdörfer, Rainer & Kögel, Rainer (2000): *Corporate Governance und Familienunternehmen,* in: Jeschke et al. (Hrsg.): Planung, Finanzierung und Kontrolle im Familienunternehmen, C.H. Beck, München, S. 221-244.

Klein, Sabine B. (2000): *Family Businesses in Germany: Significance and Structure,* Family Business Review, 13 (3), S. 157-181.

Klein, Sabine B. (2003a): *Der strategische Wandel während des Nachfolgeprozesses im Familienunternehmen,* in: Schmeisser et al. (Hrsg.): Handbuch Unternehmensnachfolge, Schäffer-Poeschel, Stuttgart, S. 23-60.

Klein, Sabine B. (2003b): *Family Business Research in German Publications,* IIFE – The INSEAD Initiative for Family Enterprises, Fontainebleau.

Klein, Sabine B. (2004): *Familienunternehmen,* 2. Auflage, Gabler, Wiesbaden.

Klein, Sabine B. (2008): *Commentary and Extension: Moderating the Outcome of Identity Confirmation in Family Firms,* Entrepreneurship Theory & Practice, 32 (6), S. 1083-1088.

Klein, Sabine B. (2009): *Komplexitätstheorem der Corporate Governance in Familienunternehmen,* Zeitschrift für Betriebswirtschaftslehre, 79 (Ergänzungsheft 2), S. 63-82.

Klein, Sabine B. et al. (2005): *The F-PEC Scale of Family Influence: Construction, Validation, and Further Implication for Theory,* Entrepreneurship Theory & Practice, 29 (3), S. 321-339.

Kleindienst, Ingo (2007): *The Dynamics of Managerial Discretion (Diss.),* Vallendar.

Kleine, Andreas (1996): *Entscheidungstheoretische Aspekte der Principal-Agent-Theorie,* Physica-Schriften zur Betriebswirtschaft (53), Physica-Verlag, Heidelberg.

Koeberle-Schmid, Alexander & Nützel, Oliver (2005): *Family Business Governance: Herausforderungen und Mechanismen,* WHU, Vallendar.

Kommission Governance Kodex für Familienunternehmen (2011): *Governance Kodex für Familienunternehmen,* Bonn (http://www.kodex-fuer-familienunternehmen.de, 1.11.11).

Koropp, Christian & Grichnick, Dietmar (2007): *Nachfolgeentscheidung in Familienunternehmen,* Wirtschaftswissenschaftliches Studium, 36 (6), S. 295-302.

Krapp, Michael (2000): *Kooperation und Konkurrenz in Prinzipal-Agent-Beziehungen,* Gabler Edition Wissenschaft, Deutscher Universitätsverlag, Wiesbaden.

Kraus, Sascha et al. (2011): *Family firm research: sketching a research field,* international Journal of Entrepreneurship and Innovation Management, 13 (1), S. 32-47.

Krüger, Wolfgang (2006): *Generationswechsel in Familienunternehmen – zwischen familiärer Gerechtigkeit und nachhaltiger Unternehmensentwicklung,* in: Böllhoff et al. (Hrsg.): Spitzenleistungen in Familienunternehmen, Schäffer-Poeschel, Stuttgart, S. 237-250.

La Porta, Rafael et al. (1999): *Corporate Ownership Around the World,* Journal of Finance, 54 (2), S. 471-517.

Laakkonen, Anne & Kansikas, Juha (2011): *Evolutionary selection and variation in family businesses,* Management Research Review, 34 (9), S. 980-995.

Lam, Tin Yan & Lee, Shu Kam (2008): *CEO duality and firm performance: evidence from Hong Kong,* Corporate Governance: An International Review, 8 (3), S. 299-316.

Lam, Wing (2011): *Dancing to two tunes: Multi-entity roles in the family business succession process,* International Small Business Journal, 29 (5), S. 508-533.

Lambrecht, Johan (2005): *Multigenerational Transition in Family Businesses: A New Explanatory Model,* Family Business Review, 18 (4), S. 267-282.

Lamnek, Siegfried (2005): *Qualitative Sozialforschung,* 4. Auflage, Beltz Verlag, Weinheim.

Landsberg, Ivan (1988): *The Succession Conspiracy,* Family Business Review, 1 (2), S. 119-143.

Landsberg, Ivan (1999): *Succeeding Generations: Realizing the Dream of Families in Business,* Harvard Business School Press, Boston (MA).

Laux, Helmut & Liermann, Felix (2003): *Grundlagen der Organisation,* 5. Auflage, Springer, Berlin.

Laux, Helmut & Schenk-Mathes, Heike Y. (1992): *Lineare und nichtlineare Anreizsysteme,* Heidelberger betriebswirtschaftliche Studien, Physica-Verlag, Heidelberg.

Le Breton-Miller, Isabelle & Miller, Danny (2006): *Why Do Some Family Businesses Out-Compete? Governance, Long-Term Orientations, and Sustainable Capability.,* Entrepreneurship Theory & Practice, 30 (6), S. 741-746.

Le Breton-Miller, Isabelle & Miller, Danny (2009): *Agency vs. Stewardship in Public Family Firms: A Social Embeddedness Reconciliation,* Entrepreneurship Theory & Practice, 33 (6), S. 1169-1191.

Le Breton-Miller, Isabelle et al. (2004): *Toward an Integrative Model of Effective FOB Succession,* Entrepreneurship Theory & Practice, 28 (4), S. 305-328.

Lee, Jim (2006): *Family Firm Performance: Further Evidence,* Family Business Review, 19 (2), S. 103-114.

Lee, Khai Sheang et al. (2003): *Family Business Succession: Appropriation Risk and Choice of Successor,* Academy of Management Review, 28 (4), S. 657-666.

Letmathe, Peter & Hill, Martin (2006): *Strukturbrüche der Unternehmensnachfolge,* Zeitschrift für Betriebswirtschaftslehre, 76 (11), S. 1113-1138.

Long, Rebecca G. & Mathews, Michael (2011): *Ethics in the Family Firm: Cohesion through Reciprocity and Exchange,* Business Ethics Quaterly, 21 (2), S. 287-308.

Lubatkin, Michael H. et al. (2007): *The missing lens in family firm governance theory: A self-other typology of parental altruism,* Journal of Business Research, 60 (10), S. 1022-1029.

Lubatkin, Michael H. et al. (2005): *The effects of parental altruism on the governance of family-managed firms,* Journal of Organizational Behaviour, 26 (3), S. 313-330.

Lussier, Robert N. & Sonfield, Matthew C. (2009): *Founder Influence in Family Businesses: Analyzing Combined Data from Six Diverse Countries,* Journal of small Business Strategy, 20 (1), S. 103-118.

Lussier, Robert N. & Sonfield, Matthew C. (2012): *Family businesses' succession planning: a seven-country comparison,* Journal of Small Business and Enterprise Development, 19 (1), S. 7-19.

Lutz, Eva & Schraml, Stephanie (2012): *Family firms: should they hire an outside CFO?,* Journal of Business Strategy, 33 (1), S. 39-44.

Malone, Stewart C. (1989): *Selected Correlates of Business Continuity Planning in the Family Business,* Family Business Review, 2 (4), S. 341-353.

Martin, Roger L. (2011): *Fixing the game,* Harvard Business Review Press, Boston (MA).

Maslow, Abraham H. (1954): *Motivation and personality,* Harper & Row, New York.

Massis, Alfredo de et al. (2008): *Factors Preventing Intra-Family Succession,* Family Business Review, 21 (2), S. 182-200.

Mauritz, Alfred (2004): *Corporate Citizenship: Das Unternehmen als Bürger,* in: Böllhoff et al. (Hrsg.): Management in industriellen Familienunternehmen, Schäffer-Poeschel, Stuttgart, S. 277-284.

May, Peter (2003): *Fremdmanager in Familienunternehmen – wie man sie findet, wie man sie bindet,* in: May & Rieder (Hrsg.): Familienunternehmen heute, Bonn, S. 89-94.

May, Peter (2007): *Die Renaissance des Familienunternehmens,* in: Haasis et al. (Hrsg.): Mittelstand hat Zukunft, Gabler, Wiesbaden, S. 58-66.

May, Peter et al. (2006): *Good Governance in Familienunternehmen,* herausgegeben von: Intes – Akademie für Familienunternehmen, Bonn.

May, Peter et al. (2005): *Fremdmanager in Familienunternehmen,* herausgegeben von: Intes – Akademie für Familienunternehmen, Bonn.

May, Peter & Sieger, Gert (2000): *Der Beirat im Familienunternehmen zwischen Beratung, Kontrolle, Ausgleich und Personalfindung,* in: Jeschke et al. (Hrsg.): Planung, Finanzierung und Kontrolle im Familienunternehmen, C.H. Beck, München, S. 246-255.

McConaughy, Daniel L. (2000): *Family CEOs vs. Nonfamily CEOs in the Family-Controlled Firm: An Examination of the Level and Sensitivity of Pay to Performance,* Family Business Review, 13 (2), S. 121-131.

McGuire, Jean et al. (2012): *All in the family? Social performance and corporate governance in the family firm,* Journal of Business Research, 65 (11), S. 1643-1650.

McWilliams, Abagail et al. (2006a): *Corporate Social Responsibility: International Perspective,* Journal of Business Strategies, 23 (1), S. 1-12.

McWilliams, Abagail et al. (2006b): *Corporate Social Responsibility: Strategic Implications,* Journal of Management Studies, 43 (1), S. 1-18.

Mehran, Hamid (1995): *Executive compensation structure, ownership, and firm performance,* Journal of Financial Economics, 38 (2), S. 163-184.

Mehrota, Vikas et al. (2011): *Must Love Kill the Family Firm? Some Exploratory Evidence,* Entrepreneurship Theory & Practice, 35 (6), S. 1121-1148.

Mertens, Raphael (2003): *Varianten der Unternehmernachfolge im Mittelstand,* Finanz Betrieb, 5 (5), S. 283-289.

Mertens, Raphael (2004): *Effiziente Gestaltung der familienexternen Unternehmernachfolge,* Reihe Finanzmanagement (23), Verlag Dr. Kovac, Hamburg.

Miles, Matthew B. & Huberman, A. M. (1994): *Qualitative data analysis,* 2. Auflage, Sage Publications, Thousand Oaks (CA).

Miller, Danny & Le Breton-Miller, Isabelle (2005): *Managing for the long run,* Harvard Business School Press, Boston (MA).

Miller, Danny & Le Breton-Miller, Isabelle (2006): *Family Governance and Firm Performance: Agency, Stewardship, and Capabilities,* Family Business Review, 19 (1), S. 73-87.

Miller, Danny et al. (2003): *Lost in time: intergenerational succession, change, and failure in family business,* Journal of Business Venturing, 18 (4), S. 513-531.

Milton, Laurie P. (2008): *Unleashing the Relationship Power of Family Firms: Identity Confirmation as a Catalyst for Performance,* Entrepreneurship Theory & Practice, 32 (6), S. 1063-1081.

Minichilli, Alessandro et al. (2010): *Top Management Teams in Family-Controlled Companies: 'Familiness', 'Faultlines', and Their Impact on Financial Performance,* Journal of Management Studies, 47 (2), S. 205-222.

Mitchell, Ronald K. et al. (2011): *Toward a Theory of Stakeholder Salience in Family Firms,* Business Ethics Quaterly, 21 (2), S. 235-255.

Müller-Ganz, Jörg (2000): *Nachfolgeregelung in Familienunternehmen,* in: Brauchlin & Pichler (Hrsg.): Unternehmer und Unternehmensperspektiven für Klein- und Mittelunternehmen, Duncker und Humblot, Berlin, S. 369-383.

Munoz-Bullón, Fernando & Sánchez-Bueno, Maria J. (2012): *Do family ties shape the performance consequences of diversification? Evidence from the European Union,* Journal of World Business, 47 (3), S. 469-477.

Neubauer, Friedrich & Lank, Alden G. (1998): *The Family Business: Its Governance for Sustainability,* Macmillan, New York.

Niedermeyer, Christian et al. (2010): *'Can't get no satisfaction?' Evaluating the sale of the family business from the family's perspective and deriving implications for new venture activities.*, Entrepreneurship & Regional Development, 22 (3&4), S. 293-320.

Obermaier, Otto Werner (2006): *Gratwanderung zwischen Macht und Mäßigung,* herausgegeben von: Spencer Stuart, Frankfurt am Main.

O'Boyle, Ernest H. et al. (2012): *Exploring the relation between family involvement and firms' financial performance: A meta-analysis of main and moderator effects,* Journal of Business Venturing, 27 (1), S. 1-18.

Odehnalová, Pavla & Olsevicová, Kamila (2009): *Agent-based Simulation of Development Stages of Family Businesses,* E+M Ekonomie a Management (4), S. 77-83.

Oesterle, Michael-Jörg (2002): *Unternehmensentwicklung im Spannungsfeld von Führungskontinuität und Führungswechseln im Top-Management,* Zeitschrift für Betriebswirtschaftslehre, 72 (Ergänzungsheft 2), S. 101-109.

Olbrich, Michael (2005): *Unternehmungsnachfolge durch Unternehmungsverkauf,* Gabler Edition Wissenschaft, Deutscher Universitätsverlag, Wiesbaden.

Olson, Patricia D. et al. (2003): *The impact of the family and the business on family business sustainability,* Journal of Business Venturing, 18 (5), S. 639-666.

Pardo-del-Val, Manuela (2009): *Succession in family firms from a multistaged perspective,* International Entrepreneurship and Management Journal, 5 (2), S. 165-179.

Parrish, Steve (2009): *Successfully Transferring the Family Business: A New Methodology,* Journal of Financial Service Professionals, 63 (3), S. 47-55.

Payne, Tyge G. et al. (2011): *Organizational Virtue Orientation and Family Firms,* Business Ethics Quaterly, 21 (2), S. 257-285.

Pearson, Allison W. et al. (2008): *Toward a Theory of Familiness: A Social Capital Perspective,* Entrepreneurship Theory & Practice, 32 (6), S. 949-969.

Pérez-González, Francisco (2006): *Inherited Control and Firm Performance,* American Economic Review, 96 (5), S. 1559-1580.

Petersen, Thieß (2007): *Adverse Selektion,* Wirtschaftswissenschaftliches Studium, 36 (6), S. 309-311.

Pfaff, Dieter & Pfeiffer, Thomas (2001): *Controlling,* in: Jost (Hrsg.): Die Prinzipal-Agenten-Theorie in der Betriebswirtschaftslehre, Schäffer-Poeschel, Stuttgart, S. 359-393.

Picot, Arnold & Fiedler, Marina (2002): *Evolution von Institutionen und Management des Wandels,* Zeitschrift für Betriebswirtschaftslehre, 72 (Ergänzungsheft 2), S. 83-93.

Pieper, Torsten M. (2003): *Corporate Governance in Family Firms: A Literature Review,* Insead, Fontainebleau.

Pieper, Torsten M. & Klein, Sabine B. (2007): *The Bulleye: A Systems Approach to Modeling Family Firms,* Family Business Review, 20 (4), S. 301-319.

Pieper, Torsten M. et al. (2008): *The Impact of Goal Alignment on Board Existence and Top Management Team Composition: Evidence from Family-Influenced Businesses,* Journal of Small Business Management, 46 (3), S. 372-394.

Pratt, John W. & Zeckhauser, Richard J. (1985): *Principals and Agents: An Overview,* in: Pratt & Zeckhauser (Hrsg.): Principals and Agents, Harvard Business School Press, Boston (MA), S. 1-35.

PricewaterhouseCoopers (2006): *Familienunternehmen Deutschland 2006,* PricewaterhouseCoopers AG Wirtschaftsprüfungsgesellschaft, herausgegeben von: PricewaterhouseCoopers AG Wirtschaftsprüfungsgesellschaft, Frankfurt am Main (http://www.pwc.com/de/mittelstand, 30.10.2012).

PricewaterhouseCoopers (2008a): *Familienunternehmen 2008,* PricewaterhouseCoopers AG Wirtschaftsprüfungsgesellschaft, herausgegeben von: PricewaterhouseCoopers, Frankfurt am Main (http://www.pwc.com/de/mittelstand, 30.12.2012).

PricewaterhouseCoopers (2008b): *Fremdmanager in Familienunternehmen,* PricewaterhouseCoopers AG Wirtschaftsprüfungsgesellschaft, herausgegeben von: PricewaterhouseCoopers AG Wirtschaftsprüfungsgesellschaft, Hannover (http://www.pwc.com/de/mittelstand, 30.10.2012).

PricewaterhouseCoopers (2010): *Fels in der Brandung?,* PricewaterhouseCoopers AG Wirtschaftsprüfungsgesellschaft, herausgegeben von: PricewaterhouseCoopers AG Wirtschaftsprüfungsgesellschaft, Hamburg (http://www.pwc.com/de/mittelstand, 30.10.2012).

PricewaterhouseCoopers (2012): *Making executive pay work,* London (http://www.pwc.com, 03.11.2012).

Prudent, Carsten (2003a): *Die Top 50 – Deutschlands wichtigste Erben,* in: May & Rieder (Hrsg.): Familienunternehmen heute, Bonn, S. 77-80.

Prudent, Carsten (2003b): *Eitelkeiten überwinden,* in: May & Rieder (Hrsg.): Familienunternehmen heute, Bonn, S. 81-83.

Prügl, Reinhard (2011): *Deutschlands nächste Unternehmergeneration,* Friedrichshafener Institut für Familienunternehmen, Zeppelin University, herausgegeben von: Stiftung Familienunternehmen, München (http://www.familienunternehmen.de, 04.12.2011).

Rajan, Raghuram G. & Zingales, Luigi (2003): *Saving capitalism from the capitalists,* Crown Business, New York, NY.

Rappaport, Alfred (1995): *Shareholder value,* Schäffer-Poeschel, Stuttgart.

Rappaport, Alfred (1998): *Creating shareholder value,* Free Press, New York.

Redlefsen, Matthias (2002): *Der Ausstieg von Gesellschaftern aus großen Familienunternehmen,* WHU-Forschungspapier (Nr. 90), Vallendar.

Redlefsen, Matthias (2004): *Der Ausstieg von Gesellschaftern aus großen Familienunternehmen,* Deutscher Universitätsverlag, Wiesbaden.

Redlefsen, Matthias & Witt, Peter (2005): *Ex und hopp,* enable (Beilage zur Financial Times Deutschland), 03/2005, S. 14-15.

Redlefsen, Matthias & Witt, Peter (2006): *Gesellschafterausstieg in großen Familienunternehmen,* Zeitschrift für Betriebswirtschaftslehre, 76 (1), S. 7-27.

Regnér, Patrick (2003): *Strategy Creation in the Periphery: Inductive Versus Deductive Strategy Making,* Journal of Management Studies, 40 (1), S. 57-82.

Reimers, Nico (2004): *Private Equity für Familienunternehmen,* Deutscher Universitätsverlag, Wiesbaden.

Rhomberg, Markus & Jansen, Stephan A. (2009): *Die Wahrnehmung der Wirtschaft in der Öffentlichkeit,* herausgegeben von: Stiftung Familienunternehmen, München.

Riedel, Hannspeter (2003a): *Die Gründer gehen, aber wie ...?,* in: Riedel (Hrsg.): Unternehmensnachfolge regeln, 3. Auflage, Gabler, Wiesbaden, S. 1-7.

Riedel, Hannspeter (2003b): *Gar nicht so einfach: die familieninterne Übergabe,* in: Riedel (Hrsg.): Unternehmensnachfolge regeln, 3. Auflage, Gabler, Wiesbaden, S. 31-38.

Riedel, Hannspeter (2003c): *Warum nicht arbeiten lassen?,* in: Riedel (Hrsg.): Unternehmensnachfolge regeln, 3. Auflage, Gabler, Wiesbaden, S. 38-41.

Riedel, Hannspeter (2003d): *Wer soll in die Fußstapfen des Unternehmers treten?,* in: Riedel (Hrsg.): Unternehmensnachfolge regeln, 3. Auflage, Gabler, Wiesbaden, S. 19-20.

Ross, Stephen A. (1973): *The Economic Theory of Agency: The Principal's Problem,* American Economic Review, 73 (2), S. 134-139.

Rost, Katja & Osterloh, Margit (2009): *Management Fashion Pay-for-Performance for CEOs,* Schmalenbach Business Review, 61 (2), S. 119-149.

Royer, Susanne et al. (2008): *Promoting Family: A Contingency Model of Family Business Succession,* Family Business Review, 21 (1), S. 15-30.

Ruhl, Frank (1990): *Erfolgsabhängige Anreizsysteme in ein- und zweistufigen Hierarchien,* Physica-Schriften zur Betriebswirtschaft (29), Physica, Heidelberg.

Rutherford, Matthew W. et al. (2008): *Examining the Link Between "Familiness" and Performance: Can the F-PEC Untangle the Family Business Theory Jungle?,* Entrepreneurship Theory & Practice, 32 (6), S. 1089-1109.

Schachner, Markus et al. (2006): *Steuerung mittelständischer Unternehmen: Größeneffekte und Einfluss der Eigentums- und Führungsstruktur,* Zeitschrift für Betriebswirtschaftslehre, 76 (6), S. 589-614.

Schackmann, Valentin (2003): *Unternehmensnachfolge im Familienbetrieb,* Gabler, Wiesbaden.

Schäfer, Waldemar (2006): *Die Gesellschafterstruktur von Familienunternehmen – zwischen Familienclan und Beteiligungsgesellschaft,* in: Böllhoff et al. (Hrsg.): Spitzenleistungen in Familienunternehmen, Schäffer-Poeschel, Stuttgart, S. 15-24.

Scherer, Stephan (2005): *Familienunternehmen,* Verlag Recht und Wirtschaft, Frankfurt am Main.

Schlömer, Nadine et al. (2008): *Unternehmensnachfolge im Mittelstand,* in: KfW et al. (Hrsg.): MittelstandsMonitor 2008, Frankfurt am Main, S. 155-178.

Schmeisser, Wilhelm & Grothe, Jan (2003): *Aspekte der Unternehmensnachfolge im Mittelstand: Eine Herausforderung,* in: Schmeisser et al. (Hrsg.): Handbuch Unternehmensnachfolge, Schäffer-Poeschel, Stuttgart, S. 3-8.

Schmid-Schönbein, Thomas (2003): *Der Eigentümer als Verkaufsleiter – Nachfolge- und Finanzierungsprobleme in kleinen und mittleren gewerblichen Unternehmen,* in: Schmeisser et al. (Hrsg.): Handbuch Unternehmensnachfolge, Schäffer-Poeschel, Stuttgart, S. 61-82.

Schneider, Dieter (2002): *Theorie der Evolution der Unternehmung im Wettbewerb,* Zeitschrift für Betriebswirtschaftslehre, 72 (Ergänzungsheft 2), S. 111-118.

Schoar, Antoinette & Washington, Ebonya L. (2011): *Are the Seeds of Bad Governance Sown in Good Times?,* herausgegeben von: National Bureau of Economic Research (NBER), NBER Working Paper Series (w17061), Cambridge (http://www.nber.org, 31.10.2011).

Scholes, Louise et al. (2010): *Strategic changes in family firms post management buyout: Ownership and governance issues,* International Small Business Journal, 28 (5), S. 505-521.

Schröer, Evelyn & Freund, Werner (1999): *Neue Entwicklungen auf dem Markt für die Übertragung mittelständischer Unternehmen,* herausgegeben von: Institut für Mittelstandsforschung Bonn, IfM Materialien (136), Bonn.

Schultzendorff, Dankwart von (1984): *Fremdmanager in Familienunternehmen – Eine empirische Analyse (Diss.),* Maus, Konstanz.

Schulze, William S. et al. (2001): *Agency Relationships in Family Firms: Theory and Evidence,* Organization Science, 12 (2), S. 99-116.

Schulze, William S. et al. (2002): *Altruism, Agency, and the Competitiveness of Family Firms,* Managerial & Decision Economics, 23 (4&5), S. 247-259.

Schulze, William S. et al. (2003a): *Exploring the Agency Consequences of Ownership Dispersion among the Directors of Private Family Firms,* Academy of Management Journal, 46 (2), S. 179-194.

Schulze, William S. et al. (2003b): *Toward a theory of agency and altruism in family firms,* Journal of Business Venturing, 18 (4), S. 473-490.

Schwarz, Guenter C. (2001): *Die Stiftung als Instrument der mittelständischen Unternehmensnachfolge,* Betriebs-Berater (47), S. 2381-2390.

Schwass, Joachim (2003): *Die richtige Nachfolgeplanung in Familienunternehmen,* in: Riedel (Hrsg.): Unternehmensnachfolge regeln, 3. Auflage, Gabler, Wiesbaden, S. 175-182.

Schween, Karsten et al. (2011): *Die Familienverfassung,* herausgegeben von: Intes – Akademie für Familienunternehmen, Bonn.

Seth, Anju & Thomas, Howard (1994): *Theories of the Firm: Implications for Strategy Research,* Journal of Management Studies, 31 (2), S. 165-191.

Shanker, Melissa Carey & Astrachan, Joseph H. (1996): *Myths and Realities: Family Businesses' Contribution to the US Economy – A Framework for Assessing Family Business Statistics,* Family Business Review, 9 (2), S. 107-123.

Sharma, Pramodita (2004): *An Overview of the Field of Family Business Studies: Current Status and Directions for the Future,* Family Business Review, 17 (1), S. 1-36.

Sharma, Pramodita et al. (1997): *Strategic Management of the Family Business: Past Research and Future Challenges,* Family Business Review, 10 (1), S. 1-35.

Sharma, Pramodita et al. (2007): *The practice-driven evolution of family business education,* Journal of Business Research, 60 (10), S. 1012-1021.

Sharma, Pramodita et al. (2012): *25 Years of Family Business Review: Reflections on the Past and Perspectives for the Future,* Family Business Review, 25 (1), S. 5-15.

Shim, Jungwook & Okamuro, Hiroyuki (2011): *Does ownership matter in mergers?,* Journal of Banking & Finance, 35 (1), S. 193-203.

Siebels, Jan-Folke & Knyphausen-Aufseß, Dodo zu (2012): *A Review of Theory in Family Business Research: The Implications for Corporate Governance,* International Journal of Management Reviews, 14 (3), S. 280-304.

Siefer, Thomas (1996): *"Du kommst später mal in die Firma!",* Carl-Auer-Systeme Verlag, Heidelberg.

Simon, Fritz B. et al. (2005): *Mehr-Generationen-Familienunternehmen,* Management, Carl-Auer, Heidelberg.

Simon, Herbert A. (1993): *Altruism and Economics,* American Economic Review, 83 (2), S. 156-161.

Smeja, Alexander (2006): *Erfolgsfaktoren in Familienunternehmen mit familienfremden Management,* WHU, Vallendar.

Sonfield, Matthew C. & Lussier, Robert N. (2004): *First-, Second-, and Third-Generation Family Firms: A Comparison,* Family Business Review, 17 (3), S. 189-202.

Sonfield, Matthew C. & Lussier, Robert N. (2009a): *Family-member and non-family-member in family businesses,* Journal of Small Business and Enterprise Development, 16 (2), S. 196-209.

Sonfield, Matthew C. & Lussier, Robert N. (2009b): *Non-family-members in the family business management team: a multinational investigation,* International Entrepreneurship and Management Journal, 5 (4), S. 395-415.

Spranger, Jennifer L. et al. (2012): *Effects of kin density within family-owned businesses,* Organizational Behavior and Human Decision Processes, 119 (2), S. 151-162.

Spremann, Klaus (1987): *Agent and Principal,* in: Bamberg & Spremann (Hrsg.): Agency Theory, Information, and Incentives, Springer-Verlag, Berlin, S. 3-38.

Spremann, Klaus (1990): *Asymmetrische Information,* Zeitschrift für Betriebswirtschaftslehre, 60 (5&6), S. 561-586.

Staehle, Wolfgang H. (1999): *Management,* Vahlens Handbücher der Wirtschafts- und Sozialwissenschaften, 8. Auflage, Vahlen, München.

Stiglitz, Joseph E. (1987): *The design of labor contracts: The economics of incentives and risk sharing,* in: Nalbantian (Hrsg.): Incentives, cooperation, and risk sharing, Rowman & Littlefield, Totowa, S. 47-68.

Tagiuri, Renato & Davis, John (1996): *Bivalent Attributes of the Family Firm,* Family Business Review, 9 (2), S. 199-208.

Thomas, Jill & Graves, Chris (2005): *Internationalization of the Family Firm: The Contribution of an Entrepreneurial Orientation,* Journal of Business Venturing, 17 (2), S. 91-113.

Trefelik, Rainer (1998): *Erfolgsfaktoren für den Generationenwechsel (Diss.),* Service Fachverlag, Wien.

Trevino, Lourdes & Alvarado-Rodriguez, Alejandro (2011): *The Effect of Family Control on Corporate Performance,* Quarterly Journal of Finance and Accounting, 50 (1), S. 97-114.

Tucker, John (2011): *Keeping the business in the family and the family in business: "What is the legacy?",* Journal of Family Business Management, 1 (1), S. 65-73.

Uhlaner, Lorraine M. et al. (2012): *The entrepreneuring family: a new paradigm for family business research,* Small Business Economics, 38 (1), S. 1-11.

Vallejo, Manuel Carlos (2009): *The Effects of Commitment of Non-Family Employees of Family Firms from the Perspective of Stewardship Theory,* Journal of Business Ethics, 87 (3), S. 379-390.

van den Berghe, L.A.A. & Carchon, Stephen (2003): *Agency Relations within the Family Business System: an exploratory approach,* Corporate Governance: An International Review, 11 (3), S. 171-179.

Venter, E. et al. (2005): *The Influence of Successor-Related Factors on the Succession Process in Small and Medium-Sized Family Businesses,* Family Business Review, 18 (4), S. 283-304.

Villalonga, Belen & Amit, Raphael (2006): *How do family ownership, control and management affect firm value?,* Journal of Financial Economics, 80 (2), S. 385-417.

Voeth & Partner (2011): *Präferenzen und Akzeptanz von Vergütungskomponenten bei Vorständen und Geschäftsführern von Familienunternehmen,* herausgegeben von: Dr. Heimeier & Partner und Binz & Partner, Stuttgart (http://www.binz-partner.de, 29.11.2011).Voigt, Jörn F. (1990): *Familienunternehmen,* Gabler, Wiesbaden.

Vought, Kimber L. et al. (2008): *Practitioner Commentary: Moving from Theory to Practice in Family Business Research,* Entrepreneurship Theory & Practice, 32 (6), S. 1111-1121.

Ward, John L. (1987): *Keeping the Family Business healthy,* The Jossey-Bass management series, Jossey-Bass, San Francisco.

Werner, Steve et al. (2005): *Organizational Governance and Employee Pay: How Ownership Structure affects The Firm's Compensation Strategy,* Strategic Management Journal, 26 (4), S. 377-384.

Wiedmann, Thilo (2002): *Unternehmensnachfolge in einem krisenbedrohten Familienunternehmen mit Berücksichtigung persönlicher Ansprüche der Unternehmer (Diss.),* Hochschule St. Gallen, St. Gallen.

Williamson, Oliver E. (1975): *Markets and Hierarchies: Some Elementary Considerations,* American Economic Review, 63 (2), S. 316-325.

Winter, Stefan (2001): *Empirische Untersuchungen zur Managemententlohnung,* in: Jost (Hrsg.): Die Prinzipal-Agenten-Theorie in der Betriebswirtschaftslehre, Schäffer-Poeschel, Stuttgart, S. 491-539.

Witt, Peter (2001a): *Corporate Governance,* in: Jost (Hrsg.): Die Prinzipal-Agenten-Theorie in der Betriebswirtschaftslehre, Schäffer-Poeschel, Stuttgart, S. 85-116.

Witt, Peter (2001b): *Konsistenz und Wandlungsfähigkeit von Corporate Governance-Systemen,* Zeitschrift für Betriebswirtschaftslehre, 71 (Ergänzungsheft 4), S. 73-97.

Witt, Peter (2003): *Corporate Governance-Systeme im Wettbewerb,* Neue betriebswirtschaftliche Forschung (309), Deutscher Universitätsverlag, Wiesbaden.

Witt, Peter (2008): *Corporate Governance in Familienunternehmen,* Zeitschrift für Betriebswirtschaftslehre, 78 (Ergänzungsheft 2), S. 1-19.

Wong, Loong (2011): *Corporate governance in small firms: The need for cross-cultural analysis?,* International Journal of Cross Cultural Management, 11 (2), S. 167-184.

Wulf, Torsten & Stubner, Stephan (Juli 2010): *Unternehmernachfolge in Familienunternehmen,* Handelshochschule Leipzig (HHL), Leipzig.

Yin, Robert K. (2003a): *Applications of case study research,* Applied social research methods series (34), 2. Auflage, Sage Publications, Thousand Oaks (CA).

Yin, Robert K. (2003b): *Case study research,* Applied social research methods series (5), 3. Auflage, Sage Publications, Thousand Oaks (CA).

Zellweger, Thomas et al. (2012): *Coming home or breaking free?,* herausgegeben von: Hochschule St. Gallen und Ernst & Young, St. Gallen (http://www.alexandria.unisg.ch, 26.05.2012).

Zentrum für europäische Wirtschaftsforschung GmbH (2009): *Die volkswirtschaftliche Bedeutung der Familienunternehmen,* herausgegeben von: Stiftung Familienunternehmen, München.

Zentrum für europäische Wirtschaftsforschung GmbH (2011): *Die volkswirtschaftliche Bedeutung der Familienunternehmen,* herausgegeben von: Stiftung Familienunternehmen, München (http://www.familienunternehmen.de/, 19.02.2012).

Zhara, Shaker A. et al. (2004): *Entrepreneurship in Family vs. Non-Family Firms: A Resource- Based Analysis of the Effect of Organizational Culture,* Entrepreneurship Theory & Practice, 28 (4), S. 363-381.

Zhara, Shaker A. et al. (2008): *Culture of Family Commitment and Strategic Flexibility: The Moderating Effect of Stewardship,* Entrepreneurship Theory & Practice, 32 (6), S. 1035-1054.

Zhara, Shaker A. & Sharma, Pramodita (2004): *Family Business Research: A Strategic Reflection,* Family Business Review, 17 (4), S. 331-346.